高职高专“十二五”规划教材

高 等 数 学

林　峰　马　俊　主编

张立群　吕睿星
王　彬　裴　琳　参编

化学工业出版社

·北京·

《高等数学》是在编者多年的教学实践基础上，根据高等职业教育对数学的基本要求编写而成的. 书中引入了建模案例，渗透了数学史的知识，而且设置了上机实验内容.

《高等数学》内容分为函数的极限与连续、导数与微分、导数的应用、不定积分、定积分及其应用、常微分方程、无穷级数、上机实验八章，书末还附有常用初等数学公式和常用积分公式以及习题与单元测试部分参考答案.

《高等数学》力求能够激发高职学生学习数学的兴趣、强化学生应用数学的能力、培养学生运用数学软件解决实际问题中的数学计算能力. 本书内容丰富，难易程度适中，适合高职各专业高等数学课程作为教材使用.

图书在版编目（CIP）数据

高等数学/林峰，马俊主编. —北京：化学工业出版社，2015.8

高职高专“十二五”规划教材

ISBN 978-7-122-24697-4

Ⅰ.①高… Ⅱ.①林…②马… Ⅲ.①高等数学-高等职业教育-教材 Ⅳ.①O13

中国版本图书馆 CIP 数据核字（2015）第 167600 号

责任编辑：唐旭华　郝英华　　装帧设计：张　辉

责任校对：边　涛

出版发行：化学工业出版社（北京市东城区青年湖南街 13 号　邮政编码 100011）

印　　装：三河市万龙印装有限公司

710mm×1000mm　1/16　印张 12½　字数 262 千字　2015 年 9 月北京第 1 版第 1 次印刷

购书咨询：010-64518888（传真：010-64519686）　售后服务：010-64518899

网　　址：http://www.cip.com.cn

凡购买本书，如有缺损质量问题，本社销售中心负责调换。

定　　价：26.00 元

前言

高等数学是以微积分为主体内容的一门数学课程，内容包括极限、微分学、积分学和无穷级数等．微积分由牛顿和莱布尼茨于 17 世纪后期创立，到 19 世纪基本完善．微积分是在代数学、三角学、几何学的基础上建立起来的，分为微分学和积分学两部分．微分学研究的是变化率的理论，以及导数的计算；积分学研究面积、体积等无限求和问题，以及积分运算．

世间万物无时无刻不在运动、变化，数学就是研究、表达其中的数量关系的科学．微积分更是针对运动变化而产生的数学分支．它用无限逼近的思想解决了变速运动在一点处瞬时速度定义，任意弯曲的一条曲线在一点处的切线定义，速度的变化率的计算，复杂图形的面积、体积的计算等问题．微积分解决复杂问题的思路是无限细分、局部近似．例如在变速直线运动求位移时，将起始时刻到终止时刻之间分割成若干段，每一段都看成匀速直线运动，各段位移求和即为所求位移的近似值．分割得越细，近似程度越高．再利用极限这一工具，就可以得到位移的精确值．这种思想方法早在 3 世纪中期我国数学家刘徽的割圆术中就有使用，直到微积分完善后才从定性描述发展成为可以定量计算的严密理论和算法．

微积分在物理学、生物学、工程学、经济学各个领域都有广泛的应用．例如，飞机、汽车的外形设计、参数优化，汽车悬挂系统、飞机飞行控制系统的研究都离不开微积分．

本书主要针对高职学生，介绍一元函数微积分、微分方程、无穷级数的基本概念、基本理论和基本计算．并以数学实验的形式利用 Maple 软件加深学生对课程内容的理解，增强计算能力以及解决实际问题的能力．

编　者

2015 年 6 月

目录

第 3 章 导数的应用 46

第 1 章　函数的极限与连续

极限是研究变量的变化趋势的基本工具，极限理论是微积分的理论基础，极限的思想方法是研究函数的一种最基本方法．连续函数是高等数学主要讨论的函数类型. 本章将重点介绍函数的极限、极限的运算以及函数的连续性等基本概念和性质.

1.1　极限

1.1.1　数列的极限

【引例 1-1】 战国时期《庄子》一书中有一段至理名言“一尺之棰，日取其半，万世不竭”．此句可诠释为：一尺长的木棒，第一天截取它的$\frac{1}{2}$，第二天截取第一天余下的$\frac{1}{2}$，第三天截取第二天余下的$\frac{1}{2}$，……如此天天这样截取下去，木棒永远也截取不完．如果将每天剩下的木棒长度写出来就有

$$\frac{1}{2}，\frac{1}{2^2}，\frac{1}{2^3}，\cdots，\frac{1}{2^n}，\cdots.$$

可以看出，无论 n 有多大，$\frac{1}{2^n}$永远都不会等于 0. 但当 n 无限增大时，$\frac{1}{2^n}$无限地趋近于 0. 这就是数列的极限．

【引例 1-2】 观察数列 $1,\frac{1}{2},\frac{1}{3},\frac{1}{4},\cdots,\frac{1}{n},\cdots$，从图 1-1 可知，当 n 无限增大时，表示数列 $\{x_n\}$ 的项的点从 $x=0$ 的右侧无限趋近于点 $x=0$，即数列的通项 $x=\frac{1}{n}$无限趋近于常数 0.

【引例 1-3】 观察数列 $2,\frac{1}{2},\frac{4}{3},\frac{3}{4},\cdots,\frac{n+(-1)^{n-1}}{n},\cdots$，从图 1-2 可知，当项数 n 无限增大时，表示数列 $\{x_n\}$ 的项的点从 $x=1$ 两侧无限趋近于点$x=1$，即

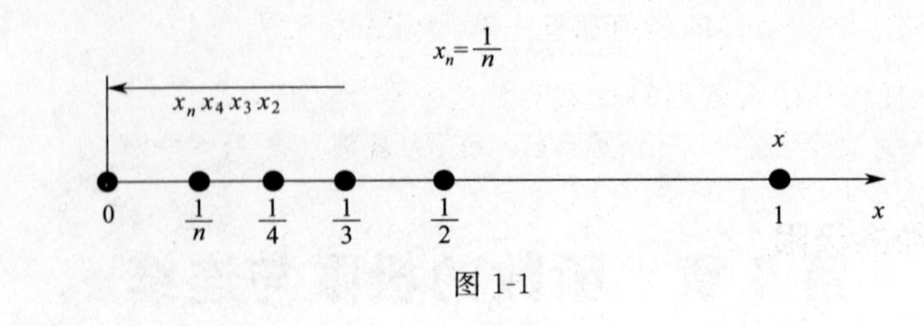

图 1-1

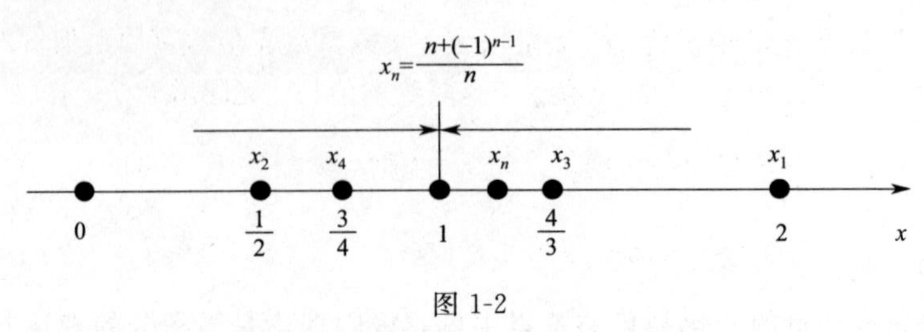

图 1-2

通项 $x_n=\dfrac{n+(-1)^n}{n}$无限趋近于常数 1.

【引例 1-4】 观察数列 $1,2,4,8,\cdots,2^{n-1},\cdots$，当 n 无限增大时，数列的通项 $x_n=2^{n-1}$无限增大，不能趋近于任何一个常数．

下面给出数列极限的定义．

定义 1-1 对于数列 $\{x_n\}$，若当 n 无限增大时，数列的通项 x_n 无限接近于一个确定的常数 A，则称当 $n\to\infty$时，A 是数列 $\{x_n\}$ 的极限，或称数列 $\{x_n\}$ 收敛于 A，

$$\text{记为} \lim_{n\to\infty} x_n=A \text{ 或 } x_n\to A \quad (n\to\infty).$$

若数列 $\{x_n\}$ 没有极限，则称该数列是发散的．

【例 1-1】 观察下列数列的变化趋势，指出它们的极限．

① $1,\ \frac{4}{5},\ \frac{4}{3},\ \cdots,\ \frac{3n-1}{2n},\ \cdots$；② $2,\ \frac{1}{2},\ \frac{4}{3},\ \cdots,\ \frac{n+(-1)^{n-1}}{n},\ \cdots$；

③ $-1,\ 1,\ -1,\ \cdots,\ (-1)^n,\ \cdots$.

解 ① 因 $x_n=\dfrac{3n-1}{2n}=\dfrac{3}{2}-\dfrac{1}{2n}$，当 n 无限增大时，x_n 无限趋近于$\dfrac{3}{2}$. 所以

$$\lim_{n\to\infty}\frac{3n-1}{2n}=\frac{3}{2}，\text{即数列}\left\{\frac{3n-1}{2n}\right\}\text{收敛}.$$

② 因 $x_n=\dfrac{n+(-1)^n}{n}=1+\dfrac{(-1)^n}{n}$，当 n 无限增大时，x_n 无限趋近于 1. 所以

$$\lim_{n\to\infty}\frac{n+(-1)^n}{n}=1，\text{即数列}\left\{\frac{n+(-1)^n}{n}\right\}\text{收敛}.$$

③ 因当 n 为偶数形式无限增大时，$x_n=(-1)^n$ 趋近于常数 1；当 n 为偶数形式无限增大时，$x_n=(-1)^n$ 趋近于常数-1. 所以当 n 无限增大时，$x_n=(-1)^n$ 不能趋近于一个确定的常数，即 $\lim\limits_{n\to\infty}(-1)^n$ 不存在．

【例 1-2】 求常数列 $\{-2\}$ 的极限．

解　这个数列 $\{-2\}$ 的各项都是 -2，故 $\lim\limits_{n\to\infty}(-2)=-2$.

一般地，任何一个常数列的极限就是这个常数本身，即

$$\lim_{n\to\infty}C=C \quad (C\text{ 为常数}).$$

1.1.2　函数的极限

(1) 当 $x\to\infty$ 时，函数 $f(x)$ 的极限

“$x\to\infty$”表示 x 的绝对值 $|x|$ 无限增大，x 既可取正值也可取负值．若 x 取正值且无限增大，记作 $x\to+\infty$；若 x 取负值且其绝对值 $|x|$ 无限增大，记作 $x\to-\infty$.

函数 $f(x)=\dfrac{1}{x}$，当 $x\to\infty$ 时，$f(x)$ 的值无限趋近于 0. 即

当 $x\to\infty$ 时，$f(x)=\dfrac{1}{x}\to 0$.

定义 1-2　如果当 x 的绝对值 $|x|$ 无限增大（$x\to\infty$）时，函数 $f(x)$ 无限趋近于一个确定的常数 A，那么 A 称为函数 $f(x)$ 当 $x\to\infty$ 时的极限，记为

$$\lim_{x\to\infty}f(x)=A \quad \text{或} \quad \text{当 } x\to\infty \text{ 时，} f(x)\to A.$$

一般地说，如果 $\lim\limits_{x\to\infty}f(x)=C$，则称直线 $y=C$ 是函数 $y=f(x)$ 的图形的水平渐近线．

由定义可知，当 $x\to\infty$ 时，$\dfrac{1}{x}$ 的极限是 0，即 $\lim\limits_{x\to\infty}\dfrac{1}{x}=0$.

有时只需研究 $x\to+\infty$（或 $x\to-\infty$）时，函数的变化趋势．

定义 1-3　如果当 $x\to+\infty$ 时，函数 $f(x)$ 无限接近于一个确定的常数 A，则称 A 为函数 $f(x)$ 当 $x\to+\infty$ 时的极限，记为

$$\lim_{x\to+\infty}f(x)=A \quad (\text{或当 } x\to+\infty \text{ 时，} f(x)\to A).$$

如果当 $x\to-\infty$ 时，函数 $f(x)$ 无限接近于一个确定的常数 A，则称 A 为函数 $f(x)$ 当 $x\to-\infty$ 时的极限，记为

$$\lim_{x\to-\infty}f(x)=A \quad (\text{或当 } x\to-\infty \text{ 时，} f(x)\to A).$$

由上述极限的定义，不难得出下面结论．

定理 1-1　$\lim\limits_{x\to\infty}f(x)=A \Leftrightarrow \lim\limits_{x\to+\infty}f(x)=A$ 且 $\lim\limits_{x\to-\infty}f(x)=A$.

【例 1-3】　求下列极限．

① $\lim\limits_{x\to\infty}\mathrm{e}^{\frac{1}{x}}$；　　　　② $\lim\limits_{x\to\infty}\dfrac{2x^2+x}{x^2}$.

解　① $\lim\limits_{x\to\infty}\mathrm{e}^{\frac{1}{x}}=1$.

② $\lim\limits_{x\to\infty}\dfrac{2x^2+x}{x^2}=\lim\limits_{x\to\infty}2+\dfrac{1}{x}=2$.

(2) 当 $x\to x_0$ 时，函数 $f(x)$ 的极限

定义 1-4　设函数 $f(x)$ 在 x 的某一去心邻域 $\mathring{U}(x)(x_0,\delta)$ 内有定义，如果当

x 无限趋近于 x_0 时，函数 $f(x)$ 无限接近于一个确定的常数 A，那么 A 就称为函数 $f(x)$ 当 $x \to x_0$ 时的极限，记作

$$\lim_{x \to x_0} f(x)=A \quad 或 \quad 当 x \to x_0 时，f(x) \to A.$$

注 在上述的定义中，$\lim\limits_{x \to x_0} f(x)$ 是否存在与 $f(x)$ 在点 x_0 处是否有定义无关.

【例 1-4】 求下列极限.

① $\lim\limits_{x \to x_0} C$（$C$ 为常数）；　② $\lim\limits_{x \to 1}(2x+1)$；　③ $\lim\limits_{x \to 2}\dfrac{x^2+3x-10}{x-2}$.

解 ① $\lim\limits_{x \to x_0} f(x)=\lim\limits_{x \to x_0} C=C$.

② $\lim\limits_{x \to 1}(2x+1)=3$.

③ $\lim\limits_{x \to 2}\dfrac{x^2+3x-10}{x-2}=\lim\limits_{x \to 2}\dfrac{(x+5)(x-2)}{x-2}=\lim\limits_{x \to 2}(x+5)=7$.

（3）当 $x \to x_0$ 时，函数 $f(x)$ 的单侧极限

我们讨论当 $x \to x_0$ 时，函数 $f(x)$ 的极限，其中 x 以任意方式趋近于 x_0，但有时只需或只能讨论 x 从 x_0 的左侧无限趋近于 x_0（记为 $x \to x_0^-$）或从 x_0 的右侧无限趋近于 x_0（记为 $x \to x_0^+$）时，函数的变化趋势.

定义 1-5 如果当 $x \to x_0^-$ 时，函数 $f(x)$ 无限接近于一个确定的常数 A，那么 A 就称为函数 $f(x)$ 当 $x \to x_0$ 时的左极限，记为

$$\lim_{x \to x_0^-} f(x)=A \quad 或 \quad f(x_0^-)=A.$$

如果当 $x \to x_0^+$ 时，函数 $f(x)$ 无限接近于一个确定的常数 A，那么 A 就称为函数 $f(x)$ 当 $x \to x_0$ 时的右极限，记为

$$\lim_{x \to x_0^+} f(x)=A \quad 或 \quad f(x_0^+)=A.$$

左极限和右极限都称为单侧极限.

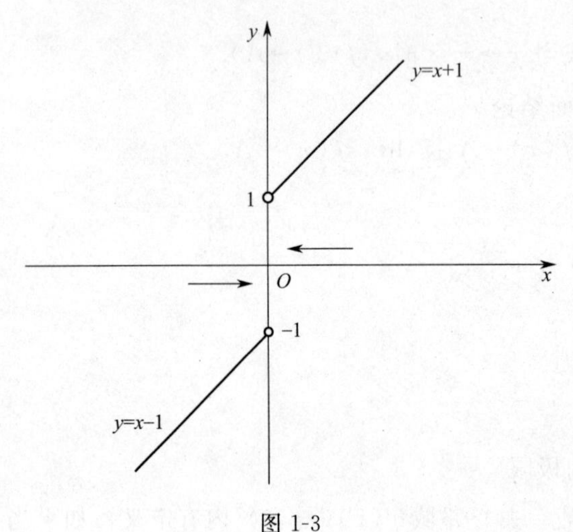

图 1-3

定理 1-2 $\lim\limits_{x \to x_0} f(x)=A \Leftrightarrow f(x_0^+)=f(x_0^-)=A$.

这通常用于求分段函数在分界点处的极限。

【例 1-5】 讨论函数 $f(x)=\begin{cases} x-1, & x<0, \\ 0, & x=0, \\ x+1, & x>0, \end{cases}$ 当 $x \to 0$ 时的极限是否存在.

解 作出这个分段函数的图形（图 1-3），由图 1-3 可知，

左极限为 $f(0^-)=\lim\limits_{x \to 0^-} f(x)=$

$\lim\limits_{x \to 0^-}(x-1)=-1$,

右极限为 $f(0^+)=\lim\limits_{x \to 0^+} f(x)=\lim\limits_{x \to 0^+}(x+1)=1$,

由定理 1-2 可知 $\lim\limits_{x \to 0} f(x)$ 不存在.

1.1.3　无穷大量与无穷小量

(1) 无穷小量

定义 1-6　如果函数 $f(x)$ 当 $x \to x_0$（或 $x \to \infty$）时的极限为 0，那么称函数 $f(x)$ 为 $x \to x_0$（或 $x \to \infty$）时的无穷小量，简称无穷小.

例如，因为 $\lim\limits_{x \to 0} x^2=0$，$\lim\limits_{x \to 0} \sin x=0$，$\lim\limits_{x \to 0} \sqrt[3]{x^2}=0$，所以当 $x \to 0$ 时，x^2，$\sin x$，$\sqrt[3]{x^2}$ 均是无穷小量.

因为 $\lim\limits_{x \to 1}(x-1)=0$，$\lim\limits_{x \to 1}(x^2-1)=0$，所以当 $x \to 1$ 时，$x-1$，x^2-1 均是无穷小量.

因为 $\lim\limits_{x \to \infty} \dfrac{1}{x}=0$，$\lim\limits_{x \to \infty} \dfrac{1}{x-1}=0$，所以当 $x \to \infty$ 时，$\dfrac{1}{x}$，$\dfrac{1}{x-1}$ 均是无穷小量.

注　① 一个函数 $f(x)$ 是无穷小，必须指明自变量的变化趋势.

② 不要把一个绝对值很小很小的常数说成是无穷小.

③ 常数“0”是无穷小，但无穷小不一定是 0.

无穷小具有如下性质定理.

定理 1-3　有限个无穷小的代数和仍是无穷小.

例如，$\lim\limits_{n \to \infty}\left(\dfrac{1}{n^2}+\dfrac{2}{n^2}+\dfrac{3}{n^2}\right)=0$.

但应该注意到无限个无穷小的和不一定是无穷小. 例如

$$\lim_{n \to \infty}\left(\frac{1}{n^2}+\frac{2}{n^2}+\frac{3}{n^2}+\cdots+\frac{n}{n^2}\right)=\lim_{n \to \infty}\frac{1+2+3+\cdots+n}{n^2}$$

$$=\lim_{n \to \infty}\frac{n(1+n)}{2n^2}=\lim_{n \to \infty}\left(\frac{1}{2}+\frac{2}{2n}\right)=\frac{1}{2}.$$

定理 1-4　有限个无穷小的乘积仍是无穷小.

例如，$x \to 0$ 时，x^2，$\tan x$ 都是无穷小，所以 $x^2\tan x$ 也是无穷小.

定理 1-5　有界函数与无穷小的乘积仍是无穷小.

【例 1-6】　求 $\lim\limits_{x \to \infty} \dfrac{1}{x}\arctan x$.

解　因 $x \to \infty$ 时，$\dfrac{1}{x} \to 0$，而 $|\arctan x|<\dfrac{\pi}{2}$，所以 $\lim\limits_{x \to \infty} \dfrac{1}{x}\arctan x=0$.

【例 1-7】　求 $\lim\limits_{x \to \infty} \dfrac{\sin x}{x}$.

解　因 $x \to \infty$ 时，$\dfrac{1}{x} \to 0$，而 $|\sin x| \leqslant 1$，所以 $\lim\limits_{x \to \infty} \dfrac{\sin x}{x}=0$.

（2）无穷大量

定义 1-7　如果当 $x\to x_0$（或 $x\to\infty$）时，函数 $f(x)$ 的绝对值 $|f(x)|$ 无限增大，那么称函数 $f(x)$ 为当 $x\to x_0$ 或 $x\to\infty$ 时的无穷大量，简称无穷大，记作

$$\lim_{x\to x_0} f(x)=\infty\quad（或 \lim_{x\to\infty} f(x)=\infty）.$$

注：① 一个函数 $f(x)$ 是无穷大，必须指明自变量的变化趋势．

② 不要把一个绝对值很大很大的常数说成是无穷大．

（3）无穷小与无穷大的关系

定理 1-6　自变量在同一变化过程中，如果 $f(x)$ 为无穷大，则 $\frac{1}{f(x)}$ 为无穷小，如果 $f(x)$ 为无穷小，且 $f(x)\neq 0$，则 $\frac{1}{f(x)}$ 为无穷大．

【例 1-8】　求 $\lim\limits_{x\to 1}\frac{1}{x^2-1}$.

解　因为 $\lim\limits_{x\to 1}x^2-1=0$，及当 $x\to 1$ 时，x^2-1 是无穷小，因此它的倒数 $\frac{1}{x^2-1}$ 是当 $x\to 1$ 时的无穷大，即

$$\lim_{x\to 1}\frac{1}{x^2-1}=\infty.$$

习题 1.1

1. 观察下列数列当 $n\to\infty$ 时的变化趋势，并写出它们的极限．

（1）$x_n=\frac{1}{n}+4$；　（2）$x_n=(-1)^n\frac{1}{n}$；　（3）$x_n=\frac{n}{3n+1}$；

（4）$x_n=\frac{n-1}{n+1}$；　（5）$x_n=n\cdot(-1)^n$；　（6）$x_n=\sin n\pi$.

2. 观察并写出下列极限值．

（1）$\lim\limits_{x\to 3}\left(\frac{1}{3}x+1\right)$；　（2）$\lim\limits_{x\to\infty}\left(2+\frac{1}{x}\right)$；　（3）$\lim\limits_{x\to\infty}\frac{1}{1+x}$；

（4）$\lim\limits_{x\to-\infty}2^x$；　（5）$\lim\limits_{x\to+\infty}\left(\frac{1}{2}\right)^x$；　（6）$\lim\limits_{x\to-\infty}\left(\frac{1}{2}\right)^x$；

（7）$\lim\limits_{x\to\infty}\frac{1}{x-1}$；　（8）$\lim\limits_{x\to\frac{\pi}{2}}\cos x$；　（9）$\lim\limits_{x\to 1}\frac{x^2-1}{x-1}$；

（10）$\lim\limits_{x\to 1}\ln x$.

3. 若 $\lim\limits_{x\to x_0^-}f(x)=1$，$\lim\limits_{x\to x_0^+}f(x)=-1$，则 $\lim\limits_{x\to x_0}f(x)=$______．

4. 设 $f(x)=\begin{cases}x, & x<2,\\ 2x-1, & x\geqslant 2,\end{cases}$ 求：（1）$\lim\limits_{x\to 2^-}f(x)$；（2）$\lim\limits_{x\to 2^+}f(x)$；（3）$\lim\limits_{x\to 2}f(x)$．

5. 求函数 $f(x)=\frac{|x|}{x}$ 当 $x\to 0$ 时的左极限、右极限，并说明 $f(x)$ 当 $x\to 0$ 时的极限是否存在.

6. 设函数 $f(x)=\begin{cases}x-1, & x<0,\\ 0, & x=0,\\ x+1, & x>0,\end{cases}$ 画出函数的图形，求当 $x\to 0$ 时，函数的左、右极限，并判别当 $x\to 0$ 时函数的极限是否存在.

7. 以下各数列中，哪些是无穷小？哪些是无穷大？

(1) $x_n=\frac{1}{2n}$；　　(2) $x_n=-n$；

(3) $x_n=\frac{n+(-1)^n}{2}$；　　(4) $x_n=\frac{2}{n^2+1}$.

8. 指出在下列条件下，哪些函数是无穷小，哪些函数是无穷大？

(1) $x\to 2$，$y=x^2-3x+2$；(2) $x\to\infty$，$y=\frac{2}{x^2+1}$；(3) $x\to\infty$，$y=4^x$；

(4) $x\to-\infty$，$y=4^x$；　(5) $x\to\pi$，$y=\sin x$；　(6) $x\to-1$，$y=\frac{1}{x+1}$.

9. 计算下列极限.

(1) $\lim\limits_{x\to 0}x\sin x$；　(2) $\lim\limits_{x\to\infty}\frac{\cos x}{x}$；　(3) $\lim\limits_{x\to-2}\frac{1+x}{2+x}$；

(4) $\lim\limits_{x\to\infty}(x^2+x+1)$；　(5) $\lim\limits_{x\to\infty}\frac{1}{x^3+x^2}$；　(6) $\lim\limits_{x\to 0}x\cos\frac{1}{x}$.

1.2 极限的运算

本节讨论极限的求法，重点介绍极限的四则运算法则和两个重要极限，同时给出无穷小的比较.

1.2.1 极限的四则运算法则

在下面的讨论中，记号“lim”下面没有标明自变量的变化过程，是指对 $x\to x_0$ 和 $x\to\infty$ 以及单侧极限均成立.

定理 1-7 设 $\lim f(x)=A$，$\lim g(x)=B$，则

① $\lim[f(x)\pm g(x)]=\lim f(x)\pm\lim g(x)=A\pm B$.

② $\lim[f(x)g(x)]=\lim f(x)\lim g(x)=AB$.

③ $\lim\frac{f(x)}{g(x)}=\frac{\lim f(x)}{\lim g(x)}=\frac{A}{B}$ $(B\neq 0)$.

法则①和法则②可以推广到有限多个函数的情形，并有如下推论：

推论 1-1 $\lim[Cf(x)]=C\lim f(x)=CA$（$C$ 为常数）.

推论 1-2 $\lim[f(x)]^n=[\lim f(x)]^n=A^n$.

利用极限的四则运算法则求解极限，通常分为以下几种类型．

（1）直接运用法则

【例 1-9】 求$\lim\limits_{x\to 4}\left(\frac{1}{4}x+2\right)$.

解 $\lim\limits_{x\to 4}\left(\frac{1}{4}x+2\right)=\lim\limits_{x\to 4}\frac{1}{4}x+\lim\limits_{x\to 4}2=\frac{1}{4}\lim\limits_{x\to 4}x+\lim\limits_{x\to 4}2=\frac{1}{4}\times 4+2=3.$

【例 1-10】 求$\lim\limits_{x\to 1}\frac{x^2-2x+5}{x^2+7}$.

解 当 $x\to 1$ 时，分母的极限不为 0，则

$$\lim_{x\to 1}\frac{x^2-2x+5}{x^2+7}=\frac{\lim\limits_{x\to 1}(x^2-2x+5)}{\lim\limits_{x\to 1}(x^2+7)}=\frac{\lim\limits_{x\to 1}x^2-\lim\limits_{x\to 1}2x+\lim\limits_{x\to 1}5}{\lim\limits_{x\to 1}x^2+\lim\limits_{x\to 1}7}$$

$$=\frac{(\lim\limits_{x\to 1}x)^2-2\lim\limits_{x\to 1}x+\lim\limits_{x\to 1}5}{(\lim\limits_{x\to 1}x)^2+\lim\limits_{x\to 1}7}=\frac{1-2+5}{1+7}=\frac{1}{2}.$$

（2）$\frac{0}{0}$型，先分解约分，再用四则运算求极限

【例 1-11】 求$\lim\limits_{x\to 3}\frac{x-3}{x^2-9}$.

解 $\lim\limits_{x\to 3}\frac{x-3}{x^2-9}=\lim\limits_{x\to 3}\frac{x-3}{(x+3)(x-3)}=\lim\limits_{x\to 3}\frac{1}{x+3}=\frac{1}{6}.$

（3）$\frac{\infty}{\infty}$型，首先同时除以分子、分母的最高次项，再求极限

【例 1-12】 求$\lim\limits_{x\to\infty}\frac{3x^3+2x+1}{5x^3+7x^2-3}$.

解 $\lim\limits_{x\to\infty}\frac{3x^3+2x+1}{5x^3+7x^2-3}=\lim\limits_{x\to\infty}\frac{3+\frac{2}{x^2}+\frac{1}{x^3}}{5+\frac{7}{x}-\frac{3}{x^3}}=\frac{3+0+0}{5+0-0}=\frac{3}{5}.$

【例 1-13】 求$\lim\limits_{x\to\infty}\frac{3x^2-2x+100}{2x^3+x^2-3}$.

解 $\lim\limits_{x\to\infty}\frac{3x^2-2x+100}{2x^3+x^2-3}=\lim\limits_{x\to\infty}\frac{\frac{3}{x}-\frac{2}{x^2}+\frac{100}{x^3}}{2+\frac{1}{x}-\frac{10}{x^3}}=\frac{3\times 0-2\times 0+100\times 0}{2+0-10\times 0}=\frac{0}{2}=0.$

【例 1-14】 求$\lim\limits_{x\to\infty}\frac{2x^3+x^2-10}{3x^2-2x+100}$.

解 应用例 1-13 的结果并根据无穷小与无穷大的关系，得

$$\lim_{x\to\infty}\frac{2x^3+x^2-10}{3x^2-2x+100}=\infty.$$

（4）$\infty-\infty$型，先通分或先将分子、分母有理化，再求极限

【例 1-15】　求$\lim\limits_{x\to1}\left(\dfrac{1}{1-x}-\dfrac{3}{1-x^3}\right)$.

解　$$\lim_{x\to1}\left(\frac{1}{1-x}-\frac{3}{1-x^3}\right)=\lim_{x\to1}\frac{1+x+x^2-3}{1-x^3}=\lim_{x\to1}\frac{(x-1)(x+2)}{(1-x)(1+x+x^2)}$$
$$=\lim_{x\to1}\frac{-(x+2)}{1+x+x^2}=-1.$$

【例 1-16】　求$\lim\limits_{x\to+\infty}(\sqrt{x^2+2x}-\sqrt{x^2+3})$.

解　$$\lim_{x\to+\infty}(\sqrt{x^2+2x}-\sqrt{x^2+3})=\lim_{x\to+\infty}\frac{2x-3}{\sqrt{x^2+2x}+\sqrt{x^2+3}}$$
$$=\lim_{x\to+\infty}\frac{2-\dfrac{3}{x}}{\sqrt{1+\dfrac{2}{x}}+\sqrt{1+\dfrac{3}{x^2}}}=1.$$

1.2.2　两个重要的极限

（1）第一重要极限公式
$$\lim_{x\to0}\frac{\sin x}{x}=1\quad\left(\frac{0}{0}\text{型}\right).$$

【例 1-17】　求$\lim\limits_{x\to0}\dfrac{\sin2x}{x}$.

解　$$\lim_{x\to0}\frac{\sin2x}{x}=\lim_{x\to0}\left(\frac{\sin2x}{2x}\times2\right)=2\lim_{x\to0}\frac{\sin2x}{2x}.$$

设 $t=2x$，则当 $x\to0$ 时，$t\to0$，所以
$$2\lim_{x\to0}\frac{\sin2x}{2x}=2\lim_{t\to0}\frac{\sin t}{t}=2\times1=2.$$

由例 1-17 的换元法知：若 $x\to x_0$ 时，$\varphi(x)\to0$，则 $\lim\limits_{x\to x_0}\dfrac{\sin\varphi(x)}{\varphi(x)}=1$.

【例 1-18】　求$\lim\limits_{x\to0}\dfrac{\tan x}{x}$.

解　$$\lim_{x\to0}\frac{\tan x}{x}=\lim_{x\to0}\left(\frac{\sin x}{x}\times\frac{1}{\cos x}\right)=\lim_{x\to0}\frac{\sin x}{x}\times\lim_{x\to0}\frac{1}{\cos x}=1\times1=1.$$

【例 1-19】　求$\lim\limits_{x\to0}\dfrac{1-\cos x}{x^2}$.

解　方法 1，$$\lim_{x\to0}\frac{1-\cos x}{x^2}=\lim_{x\to0}\frac{2\sin^2\dfrac{x}{2}}{x^2}=\frac{1}{2}\lim_{x\to0}\frac{\sin^2\dfrac{x}{2}}{\left(\dfrac{x}{2}\right)^2}$$
$$=\frac{1}{2}\lim_{x\to0}\left(\frac{\sin\dfrac{x}{2}}{\dfrac{x}{2}}\right)^2=\frac{1}{2}\times1^2=\frac{1}{2}.$$

方法 2，$\lim\limits_{x\to 0}\dfrac{1-\cos x}{x^2}=\lim\limits_{x\to 0}\dfrac{1-\cos^2 x}{x^2(1+\cos x)}=\lim\limits_{x\to 0}\left(\dfrac{\sin^2 x}{x^2}\times\dfrac{1}{1+\cos x}\right)$

$$=\lim_{x\to 0}\frac{\sin^2 x}{x^2}\lim_{x\to 0}\frac{1}{1+\cos x}=\frac{1}{2}.$$

（2）第二重要极限公式

$$\lim_{x\to\infty}\left(1+\frac{1}{x}\right)^x=\mathrm{e}\quad(1^\infty\text{型})$$

对于上述公式，

① 令 $t=\dfrac{1}{x}$，当 $x\to\infty$时，$t=0$，于是得到$\lim\limits_{t\to 0}(1+t)^{\frac{1}{t}}=\mathrm{e}$；

② 当 $x\to x_0$ 时，$\varphi(x)\to\infty$，于是得到 $\lim\limits_{x\to x_0}\left[1+\dfrac{1}{\varphi(x)}\right]^{\varphi(x)}=\mathrm{e}$；

③ 当 $x\to x_0$ 时，$\varphi(x)\to 0$，于是得到 $\lim\limits_{x\to x_0}[1+\varphi(x)]^{\frac{1}{\varphi(x)}}=\mathrm{e}.$

【例 1-20】 求极限 $\lim\limits_{x\to\infty}\left(1+\dfrac{2}{x}\right)^x$.

解 $\lim\limits_{x\to\infty}\left(1+\dfrac{2}{x}\right)^x=\lim\limits_{x\to\infty}\left(1+\dfrac{1}{\frac{x}{2}}\right)^{\frac{x}{2}\cdot 2}=\lim\limits_{x\to\infty}\left[\left(1+\dfrac{1}{\frac{x}{2}}\right)^{\frac{x}{2}}\right]^2=\left[\lim\limits_{x\to\infty}\left(1+\dfrac{1}{\frac{x}{2}}\right)^{\frac{x}{2}}\right]^2=\mathrm{e}^2.$

【例 1-21】 求$\lim\limits_{x\to 0}(1+2x)^{\frac{1}{x}}$.

解 $\lim\limits_{x\to 0}(1+2x)^{\frac{1}{x}}=\lim\limits_{x\to 0}[(1+2x)^{\frac{1}{2x}}]^2=\mathrm{e}^2.$

【例 1-22】 求 $\lim\limits_{x\to\infty}\left(\dfrac{2x-1}{2x+1}\right)^{x+\frac{3}{2}}$.

解 方法 1，$\lim\limits_{x\to\infty}\left(\dfrac{2x-1}{2x+1}\right)^{x+\frac{3}{2}}=\lim\limits_{x\to\infty}\left(\dfrac{2x+1-2}{2x+1}\right)^{x+\frac{3}{2}}=\lim\limits_{x\to\infty}\left(1+\dfrac{-2}{2x+1}\right)^{x+\frac{3}{2}}$

$$=\lim_{x\to\infty}\left[\left(1+\frac{-2}{2x+1}\right)^{\frac{2x+1}{-2}-1}\right]^{-1}$$

$$=\lim_{x\to\infty}\left\{\left[\left(1+\frac{-2}{2x+1}\right)^{\frac{2x+1}{-2}}\right]^{-1}\left(1+\frac{-2}{2x+1}\right)\right\}$$

$$=\lim_{x\to\infty}\left\{\left[\left(1+\frac{-2}{2x+1}\right)^{\frac{2x+1}{-2}}\right]^{-1}\lim_{x\to\infty}\left(1+\frac{-2}{2x+1}\right)\right\}=\mathrm{e}^{-1}.$$

方法 2，$\lim\limits_{x\to\infty}\left(\dfrac{2x-1}{2x+1}\right)^{x+\frac{3}{2}}=\lim\limits_{x\to\infty}\left(\dfrac{1+\frac{1}{-2x}}{1+\frac{1}{2x}}\right)^{x+\frac{3}{2}}=\lim\limits_{x\to\infty}\left\{\left[\left(\dfrac{1+\frac{1}{-2x}}{1+\frac{1}{2x}}\right)^{2x}\right]^{\frac{1}{2}}\left(\dfrac{1+\frac{1}{-2x}}{1+\frac{1}{2x}}\right)^{\frac{3}{2}}\right\}$

$$=\frac{\lim\limits_{x\to\infty}\left[\left(1+\frac{1}{-2x}\right)^{-2x}\right]^{-\frac{1}{2}}}{\lim\limits_{x\to\infty}\left[\left(1+\frac{1}{2x}\right)^{2x}\right]^{\frac{1}{2}}}\lim_{x\to\infty}\left(\frac{1+\frac{1}{-2x}}{1+\frac{1}{2x}}\right)^{\frac{3}{2}}=\frac{\mathrm{e}^{-\frac{1}{2}}}{\mathrm{e}^{\frac{1}{2}}}\times 1=\mathrm{e}^{-1}.$$

1.2.3 无穷小的比较

两个无穷小的和、差、积仍是无穷小，但是两个无穷小的商却出现不同的情形. 例如当 $x\to 0$ 时，函数 x^2，$2x$，$\sin x$ 都是无穷小，但是

$$\lim_{x\to 0}\frac{x^2}{2x}=\lim_{x\to 0}\frac{x}{2}=0,\quad \lim_{x\to 0}\frac{2x}{x^2}=\infty,\quad \lim_{x\to 0}\frac{\sin x}{2x}=\frac{1}{2}.$$

定义 1-8 在同一自变量相同变化过程中，设 α 和 β 都是无穷小.

如果 $\lim\dfrac{\beta}{\alpha}=0$，则称 β 是比 α 高阶的无穷小，记作 $\beta=o(\alpha)$.

如果 $\lim\dfrac{\beta}{\alpha}=\infty$，则称 β 是比 α 低阶的无穷小.

如果 $\lim\dfrac{\beta}{\alpha}=c(c\neq 0)$，则称 β 是比 α 同阶的无穷小，特别地，当 $c=1$ 时，称 β 与 α 为等价无穷小，记作 $\alpha\sim\beta$.

由此可知，当 $x\to 0$ 时，x^2 是比 $2x$ 高阶的无穷小，即 $x^2=o(2x)$；$2x$ 是比 x^2 低阶的无穷小；$\sin x$ 和 $2x$ 是同阶无穷小.

而 $\lim\limits_{x\to 0}\dfrac{\sin x}{x}=1$，$\lim\limits_{x\to 0}\dfrac{\tan x}{x}=1$，所以，当 $x\to 0$ 时，$x,\sin x,\tan x$ 为等价无穷小，即

$$\sin x\sim x\ (x\to 0),\quad \tan x\sim x\ (x\to 0).$$

习题 1.2

1. 计算下列各极限.

(1) $\lim\limits_{x\to 1}(3x+5)^2$； (2) $\lim\limits_{x\to -2}\dfrac{x-2}{x^2-1}$； (3) $\lim\limits_{x\to 2}\left(1-\dfrac{2}{x-3}\right)$；

(4) $\lim\limits_{x\to 1}\dfrac{5x^2+4}{(x-1)^2}$； (5) $\lim\limits_{x\to 2}\dfrac{x-2}{x^2-x-2}$； (6) $\lim\limits_{h\to 0}\dfrac{(x+h)^3-x^3}{h}$；

(7) $\lim\limits_{x\to 2}\left(\dfrac{x^2}{x^2-4}-\dfrac{1}{x-2}\right)$； (8) $\lim\limits_{x\to 4}\dfrac{x-4}{\sqrt{x+5}-3}$； (9) $\lim\limits_{t\to\infty}(t^2+2t+3)$；

(10) $\lim\limits_{x\to\infty}\dfrac{4x^3-2x^2+x}{3x^2+2x}$； (11) $\lim\limits_{n\to\infty}\dfrac{2n^2+3n+1}{6n^2-2n+5}$； (12) $\lim\limits_{x\to\infty}\dfrac{x^2-x}{2x^3+4x+1}$；

(13) $\lim\limits_{n\to\infty}\dfrac{e^n-1}{e^{2n}+1}$； (14) $\lim\limits_{x\to\frac{\pi}{2}}\dfrac{\sin x}{x}$； (15) $\lim\limits_{x\to\frac{\pi}{3}}\tan^2 x$.

2. 求下列极限.

(1) $\lim\limits_{x\to 0}\dfrac{\sin 4x}{x}$； (2) $\lim\limits_{x\to\infty}x^2\sin^2\dfrac{1}{x}$； (3) $\lim\limits_{x\to 0}\dfrac{\sin 4x}{\sin 3x}$；

(4) $\lim\limits_{x\to 0}\dfrac{1-\cos 2x}{x\sin x}$； (5) $\lim\limits_{x\to 0}\dfrac{x(x+3)}{\sin x}$； (6) $\lim\limits_{x\to 0}x\cdot\cot x$；

(7) $\lim\limits_{x\to h}\dfrac{\sin(x-h)}{x^2-h^2}$；　(8) $\lim\limits_{x\to\frac{\pi}{2}}\dfrac{\cos x}{x-\dfrac{\pi}{2}}$.

3. 求下列极限.

(1) $\lim\limits_{x\to\infty}\left(1+\dfrac{1}{x}\right)^{3x}$；　(2) $\lim\limits_{x\to\infty}\left(1+\dfrac{1}{x}\right)^{x+3}$；　(3) $\lim\limits_{x\to\infty}\left(1+\dfrac{2}{x}\right)^{-x}$；

(4) $\lim\limits_{x\to\infty}\left(1-\dfrac{1}{x}\right)^{4x}$；　(5) $\lim\limits_{x\to\infty}\left(\dfrac{2-x}{3-x}\right)^{x+2}$；　(6) $\lim\limits_{x\to 0}(1-3x)^{\frac{2}{x}}$；

(7) $\lim\limits_{x\to 0}(1+\tan x)^{\cot x}$；　(8) $\lim\limits_{x\to\frac{\pi}{2}}(1+\cos x)^{3\sec x}$；(9) $\lim\limits_{x\to\infty}\left(\dfrac{1+x}{x}\right)^{x+2}$.

4. 当 $x\to 1$ 时，无穷小 $1-x$ 与 $\dfrac{1}{2}(1-x^2)$ 是否为同阶无穷小？是否为等价无穷小?

5. 当 $x\to 1$ 时，无穷小 $1-x$ 与 $1-\sqrt[3]{x}$ 是否为同阶无穷小？是否为等价无穷小?

6. 证明：当 $x\to 0$ 时，$2x-x^2$ 是比 x^2-x^3 低阶的无穷小.

7. 已知：当 $x\to 0$ 时，ax^3 与 $\tan x-\sin x$ 为等价无穷小，求 a 的值.

1.3 函数的连续性

自然界中有许多连续变化的现象，如植物的生长、气温的升降、人体身高的增长等. 这些现象反映到数学上就形成了连续的概念.

1.3.1 函数连续性的概念

(1) 函数变量的增量

设函数 $y=f(x)$ 在点 x_0 的某个邻域内有定义，当自变量从 x_0 变到 x，相应地，函数值从 $f(x_0)$ 变到 $f(x)$，则称 $x-x_0$ 为自变量的增量，记作 $\Delta x=x-x_0$；称 $f(x)-f(x_0)$ 为函数的增量，记作 Δy（图 1-4），即

$$\Delta y=f(x)-f(x_0) \text{ 或 } \Delta y=f(x_0+\Delta x)-f(x_0).$$

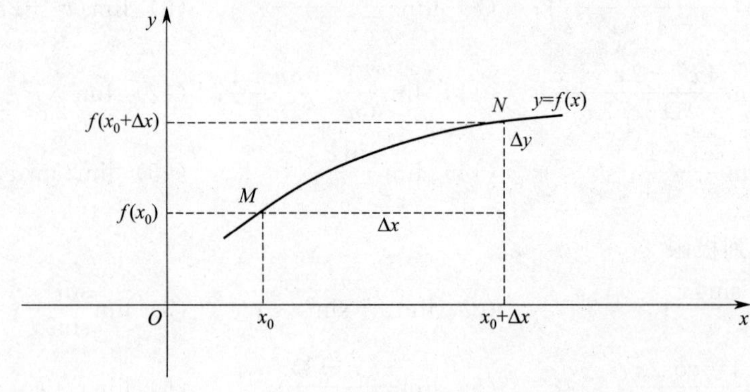

图 1-4

(2) 函数 $y=f(x)$ 在点 x_0 的连续性

定义 1-9　设函数 $y=f(x)$ 在点 x_0 的某一邻域内有定义，若

$$\lim_{\Delta x\to 0}\Delta y=0 \text{ 或 } \lim_{\Delta x\to 0}[f(x_0+\Delta x)-f(x_0)]=0,$$

则称函数 $y=f(x)$ 在点 x_0 处连续.

定义 1-10　设函数 $y=f(x)$ 在点 x_0 的某一邻域内有定义，若

$$\lim_{x\to x_0}f(x)=f(x_0),$$

则称函数 $y=f(x)$ 在点 x_0 处连续.

由定义 1-10 可知，函数 $y=f(x)$ 在点 x_0 处连续，必须满足以下条件：

① $f(x)$ 在 x_0 点及附近有定义；

② $\lim\limits_{x\to x_0}f(x)$ 存在；

③ $\lim\limits_{x\to x_0}f(x)=f(x_0)$.

(3) 左连续与右连续

定义 1-11　若 $\lim\limits_{x\to x_0^-}f(x)=f(x_0)$，则称函数 $y=f(x)$ 在点 x_0 处左连续.

若 $\lim\limits_{x\to x_0^+}f(x)=f(x_0)$，则称函数 $y=f(x)$ 在点 x_0 处右连续.

函数 $y=f(x)$ 的左连续与右连续的定义一般用于讨论分段函数在分段点处的连续与闭区间的两个端点连续.

【例 1-23】　设函数 $f(x)=\begin{cases}ax+2b, & x<1,\\ 3, & x=1,\\ bx+2a & x>1\end{cases}$ 在点 $x=1$ 处连续，求 a 与 b 的值.

解　因 $f(1^-)=\lim\limits_{x\to 1^-}f(x)=\lim\limits_{x\to 1^-}(ax+2b)=a+2b$,

$f(1^+)=\lim\limits_{x\to 1^+}f(x)=\lim\limits_{x\to 1^+}(bx+2a)=b+2a$,

$f(1)=3$,

而函数 $y=f(x)$ 在点 $x=1$ 处连续，所以

$$f(1^-)=f(1^+)=f(1)=3,$$

即

$$\begin{cases}a+2b=3,\\ b+2a=3,\end{cases}$$

解得 $a=b=1$.

(4) 函数 $y=f(x)$ 在区间上的连续性

如果函数 $f(x)$ 在开区间 (a,b) 内每一点都连续，则称函数 $f(x)$ 在开区间 (a,b) 连续.

如果函数 $f(x)$ 在闭区间 $[a,b]$ 上有定义，在 (a,b) 内连续，且 $f(x)$ 在右端点 b 处左连续，在左端点 a 处右连续，即

$$\lim_{x\to b^-}f(x)=f(b) \text{ 且 } \lim_{x\to a^+}f(x)=f(a)$$

那么称函数 $f(x)$ 在 $f(x)$ 闭区间 $[a,b]$ 上连续.

1.3.2 初等函数的连续性

(1) 基本初等函数的连续性

基本初等函数是指幂函数、指数函数、对数函数、三角函数和反三角函数．可以证明基本初等函数在其定义域内都是连续的．

(2) 连续函数的和、差、积、商的连续性

如果函数 $f(x)$ 和 $g(x)$ 都在点 x_0 连续，那么它们的和、差、积、商（分母不等于零）也都在点 x_0 连续，即

$$\lim_{x \to x_0}[f(x) \pm g(x)] = f(x_0) \pm g(x_0),$$

$$\lim_{x \to x_0}[f(x)g(x)] = f(x_0)g(x_0),$$

$$\lim_{x \to x_0}\frac{f(x)}{g(x)} = \frac{f(x_0)}{g(x_0)}, \quad g(x_0) \neq 0.$$

(3)复合函数的连续性

如果函数 $u=\varphi(x)$在点 x_0 连续,且 $\varphi(x_0)=u_0$，而函数 $y=f(u)$ 在点 x_0 连续，那么复合函数 $y=f[\varphi(x)]$ 在点 x_0 也是连续的．

(4) 初等函数的连续性

一切初等函数在其定义区间内都是连续的．若点 x_0 是它的定义区间内的一点，则 $\lim\limits_{x \to x_0} f(x)=f(x_0)$.

【例 1-24】 求$\lim\limits_{x \to 0}\sqrt{1-x^2}$.

解 $\lim\limits_{x \to 0}\sqrt{1-x^2}=f(0)=1$.

【例 1-25】 求$\lim\limits_{x \to \frac{\pi}{2}}[\ln(\sin x)]$.

解 $\lim\limits_{x \to \frac{\pi}{2}}[\ln(\sin x)]=f\left(\frac{\pi}{2}\right)=\ln\left(\sin\frac{\pi}{2}\right)=0$.

1.3.3 函数的间断点

定义 1-12 若点 x_0 满足下列三种情况之一，

① $f(x)$ 在点 x_0 处无定义；

② $\lim\limits_{x \to x_0} f(x)$ 不存在；

③ $f(x_0)$ 及 $\lim\limits_{x \to x_0} f(x)$ 都存在，但 $\lim\limits_{x \to x_0} f(x) \neq f(x_0)$.

则称点 x_0 为函数 $y=f(x)$ 的间断点或不连续点．

观察下列图形（图 1-5～图 1-11），函数 $f(x)$ 的间断点 x_0 有如下特征。

① 图 1-5～图 1-8 中，函数 $f(x)$ 在间断点 x_0 处的左右极限都存在，称点 x_0 为函数 $f(x)$ 的第一类间断点．

a. 图 1-5、图 1-6 中，函数 $f(x)$ 在间断点 x_0 处的左右极限存在，但不相等，

则称点 x_0 为函数 $f(x)$ 的第一类间断点中的跳跃间断点．

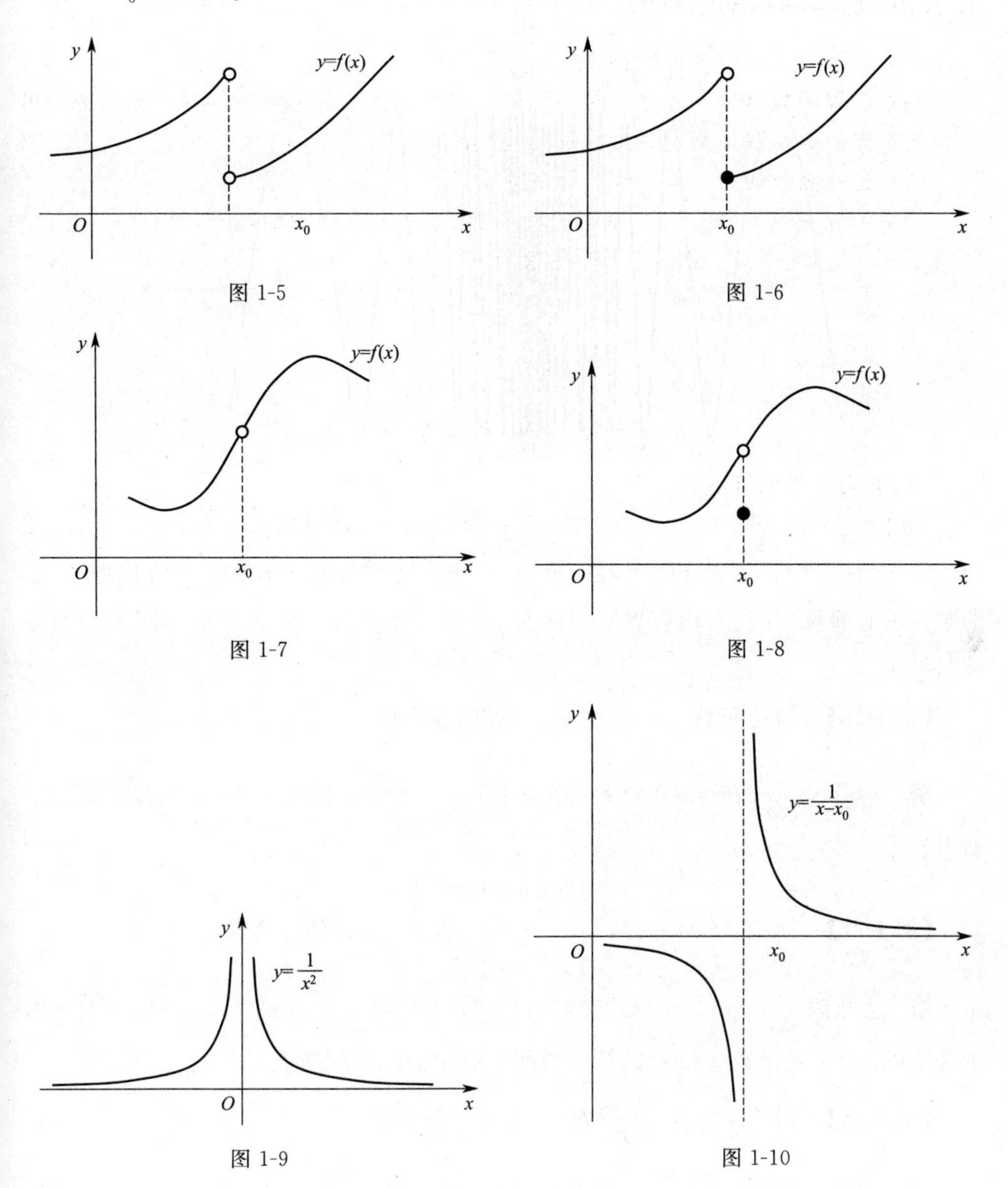

图 1-5　图 1-6

图 1-7　图 1-8

图 1-9　图 1-10

b. 图 1-7、图 1-8 中，函数 $f(x)$ 在间断点 x_0 处的左右极限存在且相等，即 $\lim\limits_{x \to x_0} f(x)$ 存在，则称点 x_0 为函数 $f(x)$ 的第一类间断点中的可去间断点．

② 图 1-9～图 1-11 中，函数 $f(x)$ 在间断点 x_0 处的左右极限不存在，称点 x_0 为函数 $f(x)$ 的第二类间断点．其中

a. 图 1-9、图 1-10 中，$\lim\limits_{x \to x_0} f(x)=\infty$，则称点 x_0 为函数 $f(x)$ 的第二类间断点中的无穷间断点．

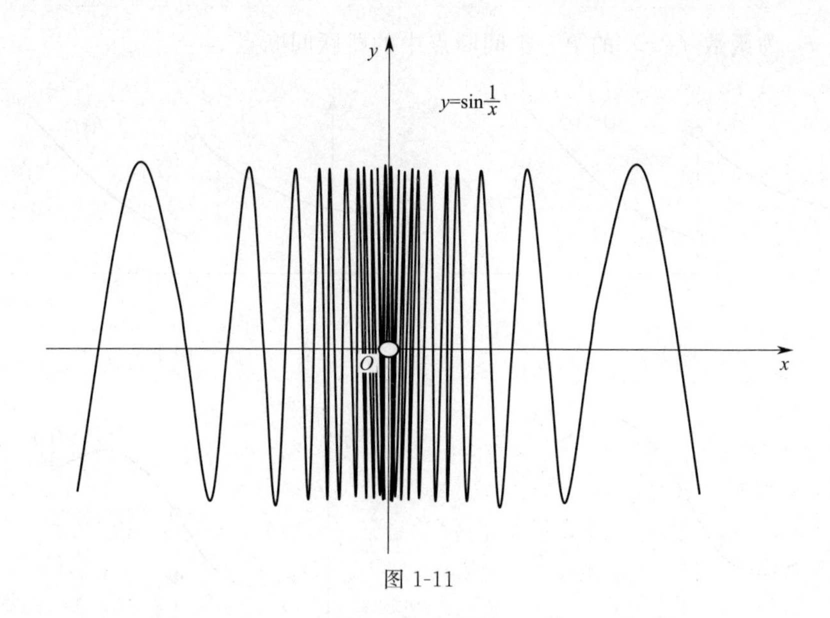

图 1-11

b. 图 1-11 中，函数 $f(x)$ 在间断点 x_0 处的左右极限不存在，但在间断点 x_0 的某一去心邻域 $\mathring{U}(x_0)$ 内有界，则称点 x_0 为函数 $f(x)$ 的第二类间断点中的振荡断点．

【例 1-26】 讨论函数 $y=\dfrac{1}{x^2}$在 $x=0$ 处的连续性．

解 函数 $y=\dfrac{1}{x^2}$在 $x=0$ 处无定义，且$\lim\limits_{x\to 0}\dfrac{1}{x^2}=\infty$，因此 $x=0$ 是函数的第二间断点．

【例 1-27】 讨论 $f(x)=\begin{cases}x+1, & x>1,\\ 0, & x=1,\\ x-1, & x<1\end{cases}$ 在 $x=1$ 处的连续性．

解 左极限 $\lim\limits_{x\to 1^-}f(x)=\lim\limits_{x\to 1^-}f(x-1)=0$，右极限 $\lim\limits_{x\to 1^+}f(x)=\lim\limits_{x\to 1^+}f(x+1)=2$，于是所以 $x=1$ 是函数 $f(x)$ 的第一类间断点中的跳跃间断点．

【例 1-28】 讨论 $f(x)=\dfrac{\sin x}{x}$在 $x=0$ 处的连续性．

解 因为函数 $f(x)=\dfrac{\sin x}{x}$在 $x=0$ 无定义，又$\lim\limits_{x\to 0}\dfrac{\sin x}{x}=1$，所以 $x=0$ 是函数 $f(x)=\dfrac{\sin x}{x}$的第一类间断点中的可去间断点．

1.3.4 闭区间上连续函数的性质

定理 1-8（有界性定理） 闭区间上连续的函数在该区间上一定有界，即若函数 $f(x)$ 在 $[a,b]$ 上连续，则存在一个正数 M，使得对于所有 $x\in[a,b]$，有

$|f(x)| \leqslant M$.

推论 1-3（最值定理）　在闭区间上连续的函数在该区间上一定有最大值和最小值.

定理 1-9（介值定理）　设函数 $f(x)$ 在 $[a,b]$ 上连续，且在这区间的端点取不同的函数值 $f(a)=A$，$f(b)=B$，那么，对于 A 与 B 之间的任意一个常数 C，在开区间 (a,b) 内至少存在一点 x_0 $(a<x_0<b)$，使得

$$f(x_0)=C.$$

定理 1-9 的几何意义是连续曲线 $y=f(x)$ 与水平直线 $y=C$ 至少相交于一点，如图 1-12 所示，它说明连续函数在变化过程中必定经过一切中间值，从而反映了变化的连续性.

定理 1-10（零点定理）　设函数 $f(x)$ 在闭区间 $[a,b]$ 上连续，且 $f(a)\cdot f(b)<0$，则至少存在一点 $x_0\in(a,b)$，使得 $f(x_0)=0$.

从几何上看，零点定理表示如果连续曲线 $y=f(x)$ 的两个端点位于 x 轴的两侧，那么这段曲线与 x 轴至少有一个交点（图 1-13）.

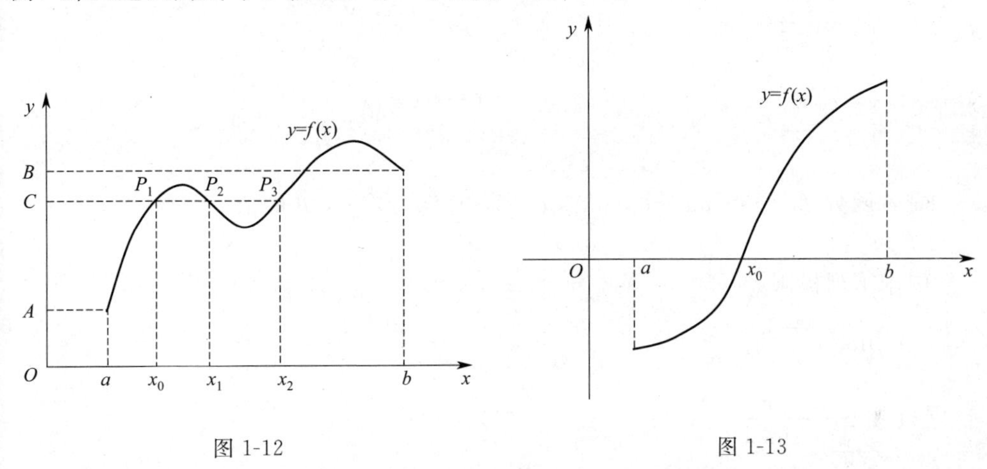

图 1-12　　　　图 1-13

【例 1-29】　证明方程 $x^3-4x^2+1=0$ 在 $(0,1)$ 内至少有一个实根.

证　设 $f(x)=x^3-4x^2+1$，因为 $f(x)$ 在 $[0,1]$ 上连续，又

$$f(0)=1, \quad f(1)=-2<0,$$

由零点定理可知，至少存在一点 $x_0\in(0,1)$，使得 $f(x_0)=0$，这表明所给方程 $x^3-4x^2+1=0$ 在 $(0,1)$ 内至少有一个实根 x_0.

习题 1.3

1. 若函数 $f(x)$ 在 $x=a$ 处连续，则 $\lim\limits_{x\to a}f(x)=$__________.

2. 证明函数 $y=3x^2+1$ 在 $x=1$ 处连续.

3. 讨论函数 $f(x)=\begin{cases} x+1, & x<0, \\ 2-x, & x\geqslant 0 \end{cases}$ 在 $x=0$ 处的连续性.

4. 讨论函数 $f(x)=\begin{cases}-x+1, & x<1,\\ 0, & x=1,\\ -x+2, & x>0\end{cases}$ 在 $x=1$ 处的连续性．

5. 讨论函数 $f(x)=\begin{cases}2x-1, & 0<x\leqslant 1,\\ 2-x, & 1<x\leqslant 3\end{cases}$ 的连续区间，并求 $\lim\limits_{x\to\frac{1}{2}}f(x)$，$\lim\limits_{x\to 1}f(x)$ 和 $\lim\limits_{x\to 2}f(x)$．

6. 判断下列函数在 $x=3$ 处是否连续，若不连续，请指出间断点的类型．

(1) $f(x)=\dfrac{3}{x-3}$；

(2) $f(x)=\dfrac{x^2-9}{x-3}$；

(3) $f(x)=\begin{cases}\dfrac{x^3-27}{x-3}, & x\neq 3,\\ 27, & x=3;\end{cases}$

(4) $f(x)=\begin{cases}-3x+7, & x\leqslant 3\\ -3, & x>3.\end{cases}$

7. 求下列函数的间断点．

(1) $y=\dfrac{1}{x-2}$；

(2) $y=\dfrac{x^2-4}{x^2+5x+6}$；

(3) $y=\cos^2\dfrac{1}{x}$；

(4) $y=\begin{cases}x-1, & x\leqslant 1,\\ 3-x, & x>1.\end{cases}$

8. 若函数 $f(x)=\begin{cases}x+1, & x<1,\\ ax+b, & 1\leqslant x<2,\\ 3x, & x\geqslant 2\end{cases}$ 连续，求 a，b 的值．

9. 求下列极限．

(1) $\lim\limits_{x\to 0}\sqrt{x+4}$；

(2) $\lim\limits_{x\to -2}\dfrac{e^x-1}{x}$；

(3) $\lim\limits_{x\to\frac{\pi}{4}}\dfrac{\cos(\pi-x)}{\sin 2x}$；

(4) $\lim\limits_{x\to 2}\dfrac{2x^2+1}{x+1}$；

(5) $\lim\limits_{x\to\frac{\pi}{4}}\dfrac{\cos 2x}{\cos x-\sin x}$；

(6) $\lim\limits_{h\to 0}\dfrac{\sqrt{x+h}-\sqrt{x}}{h}$；

(7) $\lim\limits_{x\to 0}\dfrac{x}{\sqrt{x+4}-2}$；

(8) $\lim\limits_{n\to\infty}e^{\frac{1}{n}}$；

(9) $\lim\limits_{x\to 0}\dfrac{\tan x-\sin x}{x^3}$；

(10) $\lim\limits_{t\to 2}\dfrac{e^t+1}{2t}$；

(11) $\lim\limits_{x\to 0}\dfrac{\ln(1+x)}{x}$；

(12) $\lim\limits_{x\to 0}\left(\ln\dfrac{\sqrt{1+x}-1}{\sin x}\right)$；

(13) $\lim\limits_{x\to 0}\dfrac{e^x-1}{x}$；

(14) $\lim\limits_{x\to 0}\sqrt{1+x^2}$；

(15) $\lim\limits_{x\to\frac{\pi}{2}}[\ln(\sin x)]$.

第 1 章单元测试

1. 填空题.

(1) $\lim\limits_{x\to\infty}\dfrac{3x^2-2x+1}{4x^2+x-1}=$____________.

(2) $\lim\limits_{x\to 0}\dfrac{\sin 2x}{x}=$____________.

(3) $\lim\limits_{x\to\infty}\dfrac{x^3-25}{x^2-5}=$____________.

(4) 若$\lim\limits_{x\to a}f(x)=4$，$\lim\limits_{x\to a}g(x)=1$，则$\lim\limits_{x\to a}\dfrac{f(x)}{g(x)}=$____________.

(5) 已知$\lim\limits_{x\to 0}\dfrac{3\sin mx}{2x}=\dfrac{2}{3}$，$m=$____________.

(6) 当______时，函数 $y=\dfrac{1}{x^2-1}$是无穷大量；当______时，函数 $y=\dfrac{1}{x^2-1}$是无穷小量.

(7) 如果$\lim\limits_{n\to\infty}\dfrac{a^2+bn-5}{3n-2}=2$，则 $a=$________，$b=$________.

(8) $x=1$ 是函数 $f(x)=\dfrac{\sin(x-1)}{x^2-1}$的第________类间断点中的__________间断点.

(9) 设函数 $f(x)=\begin{cases}2^{\frac{1}{x^2}}, & x\neq 0,\\ a, & x=0,\end{cases}$且 $f(x)$ 无间断点，则 $a=$________.

(10) 设 $f(x)=\begin{cases}x^2+2x-3, & x\leqslant 1,\\ x, & 1<x<2,\\ 2x-2, & x\geqslant 2,\end{cases}$ 则$\lim\limits_{x\to 1}f(x)=$________________，$\lim\limits_{x\to 2}f(x)=$__________.

2. 选择题.

(1) 当 $x\to\infty$时，下列函数是无穷小的是（　　）.

A. $y=2^x$　　B. $y=\sqrt{x-1}$　　C. $y=\dfrac{1}{x}$　　D. $y=\ln x$

(2) $f(x)$ 在点 $x=x_0$ 处有定义是 $f(x)$ 在 $x=x_0$ 处连续的（　　）.

A. 充分条件　　B. 必要条件　　C. 充要条件　　D. 无关条件

(3) 如果$\lim\limits_{x\to a}f(x)=\infty$，$\lim\limits_{x\to a}g(x)=\infty$，则有（　　）.

A. $\lim\limits_{x\to a}[f(x)+g(x)]=\infty$　　B. $\lim\limits_{x\to a}[f(x)-g(x)]=0$

C. $\lim\limits_{x\to a}\dfrac{1}{f(x)+g(x)}=0$　　D. $\lim\limits_{x\to a}kf(x)=\infty$（$k$ 为非零常数）

(4)下列极限存在的是(　　).

A. $\lim\limits_{x\to\infty}\dfrac{x(x+1)}{x^2}$　B. $\lim\limits_{x\to 0}\dfrac{1}{2^x-1}$　C. $\lim\limits_{x\to 0}e^{\frac{1}{x}}$　D. $\lim\limits_{x\to\infty}\sqrt{\dfrac{x^2+1}{x}}$

(5) $\lim\limits_{x\to\infty}\left(1-\dfrac{k}{x}\right)^x=e^2$，则 $k=$(　　).

A. 2　B. -2　C. $-\dfrac{1}{2}$　D. $\dfrac{1}{2}$

3. 求下列极限.

(1) $\lim\limits_{n\to\infty}\dfrac{n^2}{1+2+\cdots+n}$;　(2) $\lim\limits_{x\to 0}\left(1-\dfrac{2}{x-3}\right)$;

(3) $\lim\limits_{x\to\infty}\left(1-\dfrac{3}{x}\right)^{2x}$;　(4) $\lim\limits_{x\to 1}\dfrac{\sqrt{3x+1}-2}{x-1}$;

(5) $\lim\limits_{x\to 0}\dfrac{\sin 2x}{\sin 7x}$;　(6) $\lim\limits_{x\to 2}\dfrac{x^2+2x-4}{x-1}$;

(7) $\lim\limits_{x\to 0}\dfrac{\sin^2\sqrt{x}}{x}$;　(8) $\lim\limits_{n\to\infty}\left(1-\dfrac{1}{n}\right)^{n+5}$;

(9) $\lim\limits_{x\to 1}\left(\dfrac{1}{1-x}-\dfrac{3}{1-x^3}\right)$;　(10) $\lim\limits_{x\to 0}\dfrac{\sqrt{x+1}-1}{x}$;

(11) $\lim\limits_{x\to\infty}\left(\dfrac{x+1}{x-1}\right)^x$;　(12) $\lim\limits_{x\to\infty}\left(\dfrac{2x}{3-x}-\dfrac{2}{3x^2}\right)$;

(13) $\lim\limits_{x\to 1}\left(\dfrac{x^4-1}{x^3-1}\right)$;　(14) $\lim\limits_{x\to\infty}\dfrac{\cos x}{x^2}$;

(15) $\lim\limits_{x\to 0}\left(\dfrac{2+x}{2-x}\right)^{\frac{1}{x}}$;　(16) $\lim\limits_{x\to 0}\left(\dfrac{1}{1+x}\right)^{\frac{1}{2x+1}}$;

(17) $\lim\limits_{x\to 0}\left(\dfrac{x-2}{x}\right)^{3x}$;　(18) $\lim\limits_{x\to 1}[\sin(\cos^2 x)]$;

(19) $\lim\limits_{x\to\frac{\pi}{4}}\dfrac{\sin x-\cos x}{\cos 2x}$;　(20) $\lim\limits_{n\to\infty}\dfrac{1+\dfrac{1}{2}+\dfrac{1}{4}+\cdots+\dfrac{1}{2^n}}{1+\dfrac{1}{3}+\dfrac{1}{9}+\cdots+\dfrac{1}{3^n}}$.

4. 设 $f(x)=\begin{cases}2^x, & x>0,\\ 1+x^2, & x\leqslant 0,\end{cases}$ 求 $\lim\limits_{x\to 0}f(x)$.

5. 设 $f(x)=\begin{cases}x-1, & x\leqslant 0,\\ x^2, & x>0,\end{cases}$ 求 $\lim\limits_{x\to 0}f(x)$.

6. 讨论 $f(x)=\begin{cases}e^{\frac{1}{x}}, & x<0,\\ 1, & x=0,\\ x, & x>0\end{cases}$ 在 $x=0$ 的连续性.

7. 若 $f(x)=(x-1)^2$，$g(x)=\lg x$，求 $f[g(x)]$，$g[f(x)]$.

8. 设 $f(x)=\begin{cases}\dfrac{\tan ax}{x}, & x<0, \\ x+2, & x\geqslant 0\end{cases}$ 在点 $x=0$ 处连续，求 a.

数学名人故事

刘徽与割圆术

提到极限思想，就不得不提到著名的阿基里斯悖论——一个困扰了数学界十几个世纪的问题．阿基里斯悖论是由古希腊的著名哲学家芝诺提出的，他的话援引如下："阿基里斯不能追上一只逃跑的乌龟，因为在他到达乌龟所在的地方所花的那段时间里，乌龟能够走开．然而即使它等着他，阿基里斯也必须首先到达他们之间一半路程的目标，并且，为了他能到达这个中点，他必须首先到达距离这个中点一半路程的目标，这样无限继续下去．从概念上，面临这样一个倒退，他甚至不可能开始，因此运动是不可能的．"就是这样一个从直觉与现实两个角度都不可能的问题困扰了世人十几个世纪，直至 17 世纪随着微积分的发展，极限的概念得到进一步的完善，人们对"阿基里斯"悖论造成的困惑才得以解除．

我国古代的数学家刘徽计算圆周率时所采用的"割圆术"则是极限思想的一种基本应用．所谓"割圆术"，是用圆内接正多边形的面积去无限逼近圆面积并以此求取圆周率的方法．刘徽这样形容他的"割圆术"：割之弥细，所失弥少，割之又割，以至于不可割，则与圆合体，而无所失矣．

刘徽（约公元 225～295 年），汉族，山东邹平县人，魏晋期间伟大的数学家，中国古典数学理论的奠基人之一，是中国数学史上一个非常伟大的数学家．他的杰作《九章算术注》和《海岛算经》，是中国最宝贵的数学遗产．刘徽思维敏捷，方法灵活，既提倡推理又主张直观. 他是中国最早明确主张用逻辑推理的方式来论证数学命题的人. 刘徽的一生是为数学刻苦探求的一生. 他虽然地位低下，但人格高尚. 他不是沽名钓誉的庸人，而是学而不厌的伟人，他给我们中华民族留下了宝贵的财富．刘徽在《九章算术注》的自序中表明，把探究数学的根源，作为自己从事数学研究的最高任务. 他编纂《九章算术》的宗旨就是"析理以辞，解体用图"．"析理"就是当时学者们互相辩难的代名词．刘徽通过析数学之理，建立了中国传统数学的理论体系．众所周知，古希腊数学取得了非常高的成就，建立了严密的演绎体系．然而，刘徽的"割圆术"却在人类历史上首次将极限和无穷小分割引入数学证明，成为人类文明史中不朽的篇章．

第 2 章　导数与微分

导数和微分是微分学的基本概念．导数反映了函数相对于自变量的变化快慢程度，是核心概念，而微分则是描述当自变量有微小变化时，函数改变量的近似值．本章主要介绍导数与微分的概念和计算方法．

2.1　导数的概念

2.1.1　导数的定义

【引例 2-1】 变速直线运动的速度．

在学习中学物理时，我们知道物体做匀速直线运动其速度为

$$v=\frac{s}{t},$$

式中，s 为物体经过的路程；t 为经过路程 s 所用的时间．

但在实际问题中，物体的运动速度往往是变化的．如图 2-1 所示，如何求在笔直公路上变速行驶的汽车某一点 A 的瞬时速度？假设汽车行驶到 A 所用时间为 t_0，所走路程为 $s(t_0)$，行驶到 B 点所用的时间为 $t_0+\Delta t$，路程为 $s(t_0+\Delta t)$．因此，汽车从 A 点行驶到 B 点的平均速度为

$$\bar{v}=\frac{s(t_0+\Delta t)-s(t_0)}{\Delta t}.$$

Δt 越短，平均速度 $\bar{v}$ 就越接近 t_0 的速度，用极限的观点，定义

$$v(t_0)=\lim_{\Delta t\to 0}\bar{v}=\lim_{\Delta t\to 0}\frac{s(t_0+\Delta t)-s(t_0)}{\Delta t},$$

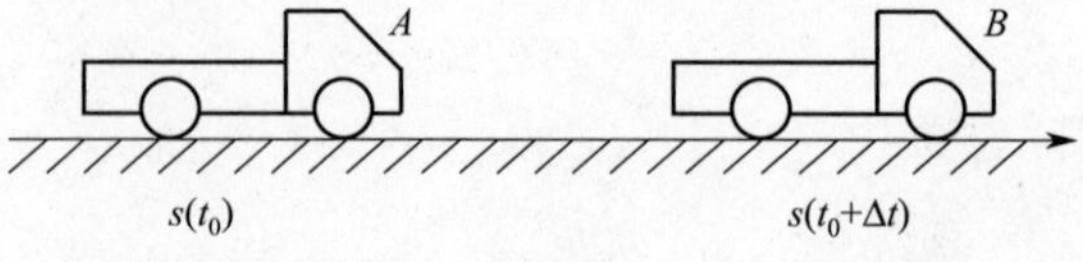

图 2-1

它就是汽车行驶到 A 点的瞬时速度．

【引例 2-2】 曲线的切线斜率．

对于曲线 $y=f(x)$（图 2-2），当动点 N 沿曲线无限趋近于定点 M 时，割线 MN 的极限位置就称为曲线 $y=f(x)$ 在点 M 处的切线．

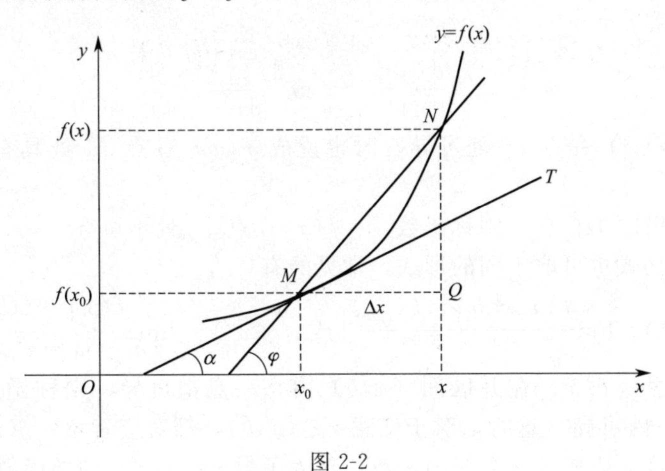

图 2-2

设定点 M 坐标为 $M(x_0, f(x_0))$，另取一动点 N 的坐标为 $N(x, f(x))$，则割线 MN 的斜率为

$$\tan\varphi=\frac{f(x)-f(x_0)}{x-x_0},$$

其中，φ 为割线的倾角，当动点 N 沿曲线 $y=f(x)$ 无线趋近于定点 M 时，即当 $x\to x_0$ 时，如果

$$k=\lim_{x\to x_0}\frac{f(x)-f(x_0)}{x-x_0}$$

存在，k 就是曲线 $y=f(x)$ 上的点 M 的切线斜率．

令 $x-x_0=\Delta x$，于是 $f(x)=f(x_0+\Delta x)$．那么曲线 $y=f(x)$ 上的点 M 的切线斜率 k 也可以写成

$$k=\lim_{\Delta x\to 0}\frac{f(x_0+\Delta x)-f(x_0)}{\Delta x}.$$

上面两个引例中一个是物理量，一个是几何量，虽然它们的实际含义不同，但是它们的数学本质是相同的，即都是函数增量与自变量增量比值的极限．在自然科学、经济学和工程技术领域中有许多变化率的问题都可以归结为这类极限，如加速度、角速度、线速度、化学反应速度、边际利润、非横稳的电流强度等．因此把它们抽象成导数就可以得出函数导数的概念．

定义 2-1 设函数 $y=f(x)$ 在点 x_0 的某一邻域 $U(x_0,\delta)$ 内有定义，且 x_0，$x_0+\Delta x\in U(x_0,\delta)$．如果

$$\lim_{\Delta x\to 0}\frac{\Delta y}{\Delta x}=\lim_{\Delta x\to 0}\frac{f(x_0+\Delta x)-f(x_0)}{\Delta x}$$

存在，则称函数 $y=f(x)$ 在点 x_0 处可导，并称这个极限值为函数 $y=f(x)$ 在点 x_0 处的导数，记为 $f'(x)$. 即

$$f'(x_0)=\lim_{\Delta x\to 0}\frac{f(x_0+\Delta x)-f(x_0)}{\Delta x}.$$

也可记为

$$y'\big|_{x=x_0},\frac{\mathrm{d}y}{\mathrm{d}x}\bigg|_{x=x_0}\quad 或\frac{\mathrm{d}f(x)}{\mathrm{d}x}\bigg|_{x=x_0}.$$

函数 $y=f(x)$ 在点 x_0 处可导有时也说成 $f(x)$ 在点 x_0 处具有导数或导数存在.

如果上述极限不存在，则称函数 $y=f(x)$在点 x_0 处不可导.

导数的定义式也可取不同的形式，常见的有

$$f'(x_0)=\lim_{h\to 0}\frac{f(x_0+h)-f(x_0)}{h}\ 或\ f'(x_0)=\lim_{x\to x_0}\frac{f(x)-f(x_0)}{x-x_0}.$$

如果函数 $y=f(x)$ 在开区间 (a,b) 内每一点都可导，则称函数 $y=f(x)$ 在区间 (a,b) 内可导. 这时，对于任意 $x\in(a,b)$，都对应着 $y=f(x)$ 的一个确定的导数值，这就构成了一个新的函数，称为函数 $y=f(x)$ 的导函数，记为

$$y',\ f'(x),\ \frac{\mathrm{d}y}{\mathrm{d}x}\ 或\ \frac{\mathrm{d}}{\mathrm{d}x}f(x).$$

在点 x_0 处的导数定义中，把 x_0 换成 x，就得到 $y=f(x)$ 的导函数的定义

$$y'=\lim_{\Delta x\to 0}\frac{f(x+\Delta x)-f(x)}{\Delta x}=\lim_{h\to 0}\frac{f(x+h)-f(x)}{h}.$$

在不发生混淆的情况下，导函数一般简称为导数.

【例 2-1】 具有 PN 节的半导体器件，其电流微变和引起这个变化的电压微变之比称为低频跨导. 一种 PN 节的半导体器件，其转移特性曲线方程为 $I=5U^2$，求电压 $U=-2\mathrm{V}$ 时的低频跨导.

解 低频跨导是电流微变和引起这个变化的电压微变之比，它在 $U=-2\mathrm{V}$ 时的变化率为

$$I=\lim_{\Delta U\to 0}\frac{\Delta I}{\Delta U}=\lim_{\Delta U\to 0}\frac{5\times(-2+\Delta U)^2-5\times(-2)^2}{\Delta U}=20(\mathrm{V}).$$

2.1.2 导数的基本公式

(1) 求导举例

根据导数的定义，求函数 $y=f(x)$ 的导数，可分为以下三个步骤：

① 求函数增量 $\Delta y=f(x+\Delta x)-f(x)$；

② 计算比值 $\dfrac{\Delta y}{\Delta x}=\dfrac{f(x+\Delta x)-f(x)}{\Delta x}$；

③ 取极限 $y'=f'(x)=\lim\limits_{\Delta x\to 0}\dfrac{f(x+\Delta x)-f(x)}{\Delta x}$.

【例 2-2】 求函数 $y=C$ 的导数（C 为常数）.

解　① 求函数增量 $\Delta y=f(x+\Delta x)-f(x)=C-C=0$.

② 求比值 $\dfrac{\Delta y}{\Delta x}=\dfrac{0}{\Delta x}=0$.

③ 取极限 $y'=\lim\limits_{\Delta x\to 0}\dfrac{\Delta y}{\Delta x}=0$.

即 $(C)'=0$.

【例 2-3】 求函数 $y=x^2$ 的导数.

解　① 求函数增量 $\Delta y=f(x+\Delta x)-f(x)=(x+\Delta x)^2-x^2=2x\Delta x+(\Delta x)^2$.

② 求比值 $\dfrac{\Delta y}{\Delta x}=\dfrac{2x\Delta x+(\Delta x)^2}{\Delta x}=2x+\Delta x$.

③ 取极限 $y'=\lim\limits_{\Delta x\to 0}\dfrac{\Delta y}{\Delta x}=\lim\limits_{\Delta x\to 0}(2x+\Delta x)=2x$.

即 $(x^2)'=2x$.

(2) 导数的基本公式

由导数的定义及后面的求导法则可得到基本初等函数的导数公式。

① $(C)'=0$；　② $(x^\mu)'=\mu x^{\mu-1}$；

③ $(a^x)'=a^x\ln a$；　④ $(e^x)'=e^x$；

⑤ $(\log_a x)=\dfrac{1}{x\ln a}$；　⑥ $(\ln x)'=\dfrac{1}{x}$；

⑦ $(\sin x)'=\cos x$；　⑧ $(\cos x)'=-\sin x$；

⑨ $(\tan x)'=\sec^2 x$；　⑩ $(\cot x)'=-\csc^2 x$；

⑪ $(\sec x)'=\sec x\tan x$；　⑫ $(\csc x)'=-\csc x\cot x$

⑬ $(\arcsin x)'=\dfrac{1}{\sqrt{1-x^2}}$；　⑭ $(\arccos x)'=-\dfrac{1}{\sqrt{1-x^2}}$；

⑮ $(\arctan x)'=\dfrac{1}{1+x^2}$；　⑯ $(\operatorname{arccot} x)'=-\dfrac{1}{1+x^2}$.

2.1.3 导数的几何意义

由引例 2-2 可知，函数 $y=f(x)$ 在点 x 处的导数 $f'(x)$ 的几何意义是：曲线 $y=f(x)$ 在点 $M(x,y)$ 处的切线斜率，即 $f'(x)=\tan\alpha$（α 是切线的倾斜角）.

如果 $y=f(x)$ 在点 x_0 处的导数是无穷大，这时 $y=f(x)$ 的割线以垂直于 x 轴的直线为极限位置，即曲线 $y=f(x)$ 在点 x_0 处具有垂直于 x 轴的切线 $x-x_0=0$.

若 $f'(x_0)$ 存在，根据导数的几何意义并应用直线的点斜式方程，可得曲线 $y=f(x)$ 在给定点 $M(x_0,y_0)$ 处的切线方程为

$$y-y_0=f'(x_0)(x-x_0).$$

如果 $f'(x_0)\neq 0$ 时，曲线 $y=f(x)$ 在给定点 $M(x_0,y_0)$ 处的法线方程为

$$y-y_0=-\frac{1}{f'(x_0)}(x-x_0).$$

【例 2-4】 求等边双曲线 $y=\frac{1}{x}$ 在点 $\left(\frac{1}{2},2\right)$ 处的切线的斜率，并写出在该点处的切线方程和法线方程．

解 因为 $y'=-\frac{1}{x^2}$，由导数的几何意义，得所求切线及法线的斜率分别为

$$k_1=\left(-\frac{1}{x^2}\right)\bigg|_{x=\frac{1}{2}}=-4,\quad k_2=-\frac{1}{k_1}=\frac{1}{4}.$$

所求切线方程为

$$y-2=-4\left(x-\frac{1}{2}\right),\quad 即\ 4x+y-4=0.$$

所求法线方程为

$$y-2=\frac{1}{4}\left(x-\frac{1}{2}\right),\quad 即\ 2x-8y+15=0.$$

2.1.4 函数可导性与连续性的关系

设函数 $y=f(x)$ 在点 x 处可导，即极限 $\lim\limits_{\Delta x\to 0}\frac{\Delta y}{\Delta x}=f'(x)$ 存在，根据具有极限的函数与无穷小的关系知道

$$\frac{\Delta y}{\Delta x}=f'(x)+\alpha\quad (其中\ \alpha\ 当\ \Delta x\to 0\ 时为无穷小).$$

上式两边同乘 Δx 得 $\Delta y=f'(x)\Delta x+\alpha\Delta x$，由此可见，当 $\Delta x\to 0$ 时，$\Delta y\to 0$. 由函数的连续的定义可知 $y=f(x)$ 在点 x 处是连续的．所以，如果函数 $y=f(x)$ 在点 x 处可导，则函数在该点一定连续．反过来，如果函数在某点连续，却不一定在该点可导．

【例 2-5】 讨论函数 $y=\sqrt{x^2}=|x|$ 在 $x=0$ 处的可导性．

解 $$\lim_{\Delta x\to 0^-}\frac{\Delta y}{\Delta x}=\lim_{\Delta x\to 0^-}\frac{|\Delta x|}{\Delta x}=\lim_{\Delta x\to 0^-}\frac{-\Delta x}{\Delta x}=-1;$$

$$\lim_{\Delta x\to 0^+}\frac{\Delta y}{\Delta x}=\lim_{\Delta x\to 0^+}\frac{|\Delta x|}{\Delta x}=\lim_{\Delta x\to 0^+}\frac{\Delta x}{\Delta x}=1.$$

左右极限都存在且不相等，因此函数极限不存在，故函数 $y=\sqrt{x^2}=|x|$ 在 $x=0$ 处不可导．这种情况表示函数 $y=|x|$ 在 $x=0$ 处没有切线（图 2-3）．

【例 2-6】 讨论函数 $y=\sqrt[3]{x}$ 在 $x=0$ 处的可导性．

解 函数 $f(x)=\sqrt[3]{x}$ 在区间 $(-\infty,+\infty)$ 内连续，但在点 $x=0$ 处不可导．因为在点 $x=0$ 处

$$\lim_{\Delta x\to 0}\frac{\Delta y}{\Delta x}=\lim_{\Delta x\to 0}\frac{f(0+\Delta x)-f(0)}{\Delta x}=\lim_{\Delta x\to 0}\frac{\sqrt[3]{\Delta x}}{\Delta x}=\lim_{\Delta x\to 0}\frac{1}{(\Delta x)^{\frac{2}{3}}}=\infty.$$

函数 $y=\sqrt[3]{x}$ 在点 $x=0$ 处的导数为无穷大，即导数不存在．这表示曲线 $y=\sqrt[3]{x}$ 在点 $x=0$ 处有垂直于 x 轴的切线（图 2-4）．

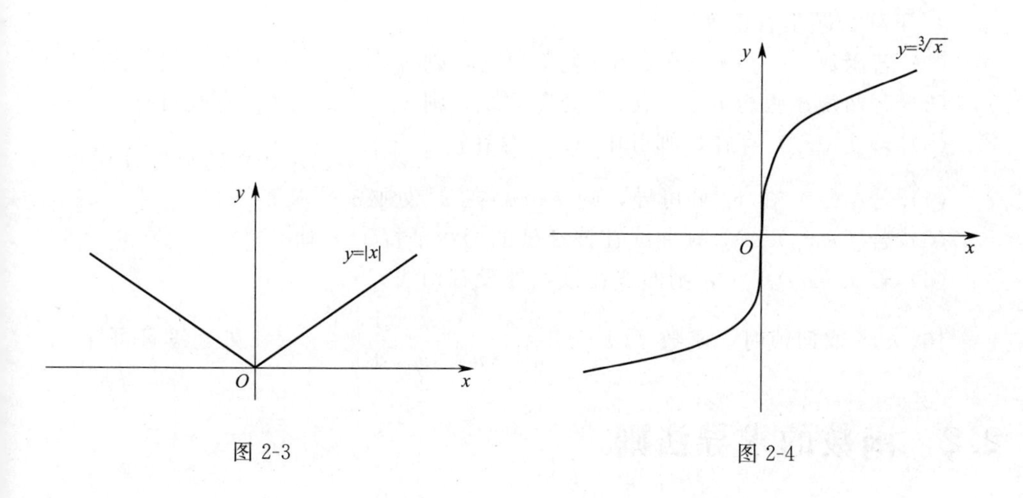

图 2-3　　　　图 2-4

习题 2.1

1. 根据导数的定义，求下列函数在给定点处的导数值．

(1) $y=\dfrac{2}{x}$，$x_0=1$；　　(2) $y=2x^2+1$，$x_0=-1$.

2. 根据导数的定义，求函数 $f(x)=ax^2+bx+c$（其中 a,b,c 为常数）的导数 $f'(x)$ 及 $f'(0),f'\left(\dfrac{1}{2}\right),f'\left(-\dfrac{b}{a}\right)$.

3. 利用导数定义求下列各函数的导数．

(1) $y=x^3$；　　(2) $y=ax+b$；　　(3) $y=\cos x$；

(4) $y=1-2x^2$；　　(5) $y=\dfrac{1}{x^2}$；　　(6) $y=\sqrt[3]{x^2}$.

4. 利用幂函数的求导公式，求下列各函数的导数．

(1) $y=\dfrac{1}{\sqrt{x}}$；　　(2) $y=x^5$；　　(3) $y=x^{\frac{5}{2}}$；

(4) $y=\sqrt[7]{x^3}$；　　(5) $y=x^{-3}$；　　(6) $y=x^2\sqrt[3]{x}$.

5. 将一物体垂直上抛，其运动方程为 $s=16.2t-4.9t^2$，试求：

(1) 在 1 秒末至 2 秒末内的平均速度；

(2) 在 1 秒末和 2 秒末的瞬时速度．

6. 设 $f(x)=\cos x$，求 $f'\left(\dfrac{\pi}{3}\right),f'\left(-\dfrac{5}{4}\pi\right)$.

7. 求曲线 $y=x^3$ 在点 (2,8) 处的切线方程和法线方程．

8. 已知曲线 $y=\sqrt{x}$，求：

(1) 该曲线在 $x=4$ 处的切线方程和法线方程；

(2) 该曲线上哪一点的切线平行于直线 $3x-y+1=0$.

9. 下列命题是否正确：

(1) 若函数 $y=f(x)$ 在点 x_0 处不可导，则 $y=f(x)$ 在点 x_0 处间断；

(2) 若曲线 $y=f(x)$ 在点 x_0 处有切线，则 $y=f(x)$ 在该点处可导；

(3) 若 $f'(x_0)$ 存在，则 $\lim\limits_{x\to x_0} f(x)$ 存在；

(4) 若 $f(x)$ 在 x_0 处可导，则 $f(x)$ 在 x_0 处必有定义；

(5) 若 $f'(x_0)=0$，则曲线在该点处的切线平行于 x 轴；

(6) 若 $f'(x_0)=\infty$，则曲线在该点处没有切线.

10. a,b 取何值时，函数 $f(x)=\begin{cases} x^2, & x\leqslant 1, \\ ax+b, & x>1 \end{cases}$ 在 $x=1$ 处连续且可导？

2.2 函数的求导法则

2.2.1 函数四则运算求导法则

定理 2-1 如果函数 $u=u(x)$ 及 $v=v(x)$ 在点 x 处都具有导数，则它们的和、差、积、商（分母为零的点除外）构成的函数在点 x 处也都具有导数，且

(1) 和差法则

$$[u(x)\pm v(x)]'=u'(x)\pm v'(x).$$

(2) 积法则

$$[u(x)v(x)]'=u'(x)v(x)+u(x)v'(x).$$

特别地，如果 $v(x)=C$（C 为常数），则有 $[C\cdot u(x)]'=C\cdot u'(x)$.

(3) 商法则

$$\left[\frac{u(x)}{v(x)}\right]'=\frac{u'(x)v(x)-u(x)v'(x)}{[v(x)]^2}, \quad v(x)\neq 0.$$

【例 2-7】 已知 $f(x)=x^2+2\sin x-\cos\frac{\pi}{4}$，求 $f'(x),f'\left(\frac{\pi}{2}\right)$.

解 $f'(x)=(x^2)'+(2\sin x)'-\left(\cos\frac{\pi}{4}\right)'=2x+2\cos x$,

$$f'\left(\frac{\pi}{2}\right)=(2x+2\cos x)\big|_{x=\frac{\pi}{2}}=\pi.$$

【例 2-8】 已知函数 $y=ax^2\sin x$，求 y'.

解 $y'=a(x^2)'\sin x+ax^2(\sin x)'=2ax\sin x+ax^2\cos x$.

【例 2-9】 已知函数 $y=x^2\mathrm{e}^x+x\sin x$，求 y'.

解 $y'=(x^2\mathrm{e}^x)'+(x\sin x)'=2x\mathrm{e}^x+x^2\mathrm{e}^x+\sin x+x\cos x$.

【例 2-10】 已知函数 $y=\tan x$，求 y'.

解

$$y'=\left(\frac{\sin x}{\cos x}\right)'=\frac{(\sin x)'\cos x-\sin x(\cos x)'}{\cos^2 x}=\frac{\cos^2 x+\sin^2 x}{\cos^2 x}=\frac{1}{\cos^2 x}=\sec^2 x.$$

即
$$(\tan x)'=\sec^2 x.$$

用类似的方法可得　$(\cot x)'=-\csc^2 x$.

2.2.2 反函数的求导法则

定理 2-2　如果函数 $x=\varphi(y)$ 在区间 I_y 内单调、可得到且 $\varphi'(y)\neq 0$，则它的反函数 $y=f(x)$ 在区间 $I_x=\{x\,|\,x=\varphi(y),\ y\in I_y\}$ 内也可导，且

$$f'(x)=\frac{1}{\varphi'(y)} \text{ 或 } \frac{\mathrm{d}y}{\mathrm{d}x}=\frac{1}{\frac{\mathrm{d}x}{\mathrm{d}y}} \text{ 或 } y'_x=\frac{1}{x'_y}.$$

即反函数的导数等于直接函数导数的倒数．

【例 2-11】　求函数 $y=\arcsin x$ 的导数．

解　$y=\arcsin x$ 是反函数，它的直接函数是 $x=\sin y$，$\sin y$ 在区间 $\left(-\frac{\pi}{2},\frac{\pi}{2}\right)$ 内单调、可导，且 $x'_y=\cos y\neq 0$，因此它的反函数 $y=\arcsin x$ 在与 $\sin y$ 单调且可导区间 $\left(-\frac{\pi}{2},\frac{\pi}{2}\right)$ 相对应的区间 $(-1,1)$ 内有

$$(\arcsin x)'=\frac{1}{(\sin y)'}=\frac{1}{\cos y}.$$

而 $\cos y=\pm\sqrt{1-\sin^2 y}=\pm\sqrt{1-x^2}$，因为 $y\in\left(-\frac{\pi}{2},\frac{\pi}{2}\right)$，所以应取正号，由此得到

$$(\arcsin x)'=\frac{1}{\sqrt{1-x^2}}.$$

用类似方法可得　$$(\arccos x)'=-\frac{1}{\sqrt{1-x^2}}.$$

【例 2-12】　求函数 $y=\log_a x$ 的导数．

解　因为 $y=\log_a x$ 是 $x=a^y$ 的反函数，而 $x=a^y$ $(a>0,\ a\neq 1)$，$y\in(-\infty,+\infty)$ 单调可导，且 $(a^y)'=a^y\ln a\neq 0$，所以

$$(\log_a x)'=\frac{1}{(a^y)'}=\frac{1}{a^y\ln a}=\frac{1}{x\ln a}.$$

2.2.3 复合函数的求导法则

定理 2-3（链式法则）　如果函数 $u=\varphi(x)$ 在点 x 处可导，而函数 $y=f(u)$ 在点 $u=\varphi(x)$ 处可导，则复合函数 $y=f[\varphi(x)]$ 在点 x 处可导，且其导数为

$$\frac{\mathrm{d}y}{\mathrm{d}x}=f'(u)u'(x) \text{ 或 } \frac{\mathrm{d}y}{\mathrm{d}x}=\frac{\mathrm{d}y}{\mathrm{d}u}\times\frac{\mathrm{d}u}{\mathrm{d}x} \text{ 或 } y'_x=y'_u u'_x.$$

注　① 复合函数的导数等于复合函数对中间变量的导数乘以中间变量对自变量的导数．

② 复合函数的求导法则可推广到有限次复合的函数情形．

③ 应用复合函数求导法则，关键是分析清楚复合函数的复合过程，由外向内逐层求导，不要漏层，特别注意它对哪一个变量求导，然后这个变量作为函数再对下一个变量求导．

④ 复合函数分解后的每一层函数都应是基本初等函数或基本初等函数的四则运算．

【例 2-13】 求函数 $y=e^{\sin x}$ 的导数．

解 函数 $y=e^{\sin x}$ 是由基本初等函数 $y=e^u$，$u=\sin x$ 构成的复合函数，所以

$$\frac{dy}{dx}=\frac{dy}{du}\times\frac{du}{dx}=(e^u)'_u\ (\sin x)'_x=e^u\cos x=e^{\sin x}\cos x.$$

对复合函数的分解比较熟悉后，中间变量不必写出，可直接用公式求导．

【例 2-14】 求函数 $y=(1+x^2)^5$ 的导数．

解 $y'=5\,(1+x^2)^4\times 2x=10x\,(1+x^2)^4.$

【例 2-15】 求函数 $y=\ln(\cos x)$ 的导数．

解 $y=\dfrac{1}{\cos x}(-\sin x)=-\tan x.$

【例 2-16】 求函数 $y=\sqrt{1-x^2}$ 的导数．

解 $y'=\dfrac{1}{2\sqrt{1-x^2}}(-2x)=-\dfrac{x}{\sqrt{1-x^2}}.$

【例 2-17】 求函数 $y=\ln(x+\sqrt{x^2+1})$ 的导数．

解 $y'=\dfrac{1}{x+\sqrt{x^2+1}}\left(1+\dfrac{2x}{2\sqrt{x^2+1}}\right)=\dfrac{1+\dfrac{x}{\sqrt{x^2+1}}}{x+\sqrt{x^2+1}}=\dfrac{1}{\sqrt{x^2+1}}.$

【例 2-18】 求函数 $y=(x^2+\sin 2x)^3$ 的导数．

解 $y'=3\,(x^2+\sin 2x)^2(2x+\cos 2x\times 2)=6\,(x^2+\sin 2x)^2(x+\cos 2x).$

【例 2-19】 求函数 $y=\ln[\cos(e^x)]$的导数．

解 $y'=\dfrac{-\sin(e^x)\cdot e^x}{\cos(e^x)}=-e^x\tan(e^x).$

【例 2-20】 求函数 $y=e^{\sin\frac{1}{x}}$ 的导数．

解 $y'=e^{\sin\frac{1}{x}}\cos\dfrac{1}{x}\left(-\dfrac{1}{x^2}\right)=-\dfrac{e^{\sin\frac{1}{x}}}{x^2}\cos\dfrac{1}{x}.$

【例 2-21】 证明幂函数的导数公式$(x^\mu)'=\mu(x^{\mu-1})\ (x>0)$.

证 因为 $x^\mu=e^{\ln x^\mu}=e^{\mu\ln x}$，所以

$$(x^\mu)'=(e^{\mu\ln x})'=e^{\mu\ln x}\frac{\mu}{x}=\mu\,\frac{x^\mu}{x}=\mu x^{\mu-1}.$$

2.2.4　隐函数的求导法则

(1) 隐函数的概念

前面讨论的函数都是由自变量的解析式给出的，这样的函数称为显函数．在函

数关系中，有时出现 x 和 y 的函数关系是由一个二元方程 $F(x,y)=0$ 所确定，这种函数称为隐函数．例如，方程 $x^2+xy-1=0$ 所确定的函数就是隐函数．

把一个隐函数化成显函数，称为隐函数的显化．隐函数的显化有时是有困难的，甚至是不可能的．但在实际问题中，有时需要计算隐函数的导数，因此，我们希望有一种方法，不管隐函数能否显化，都能直接由方程算出它所确定的隐函数的导数来．

(2) 隐函数的常规求导法

在方程 $F(x,y)=0$ 中，将 y 看作 x 的函数，方程两边对 x 求导，得到一个含有变量 y' 的方程，解出 y'，即是所求隐函数的导数．

【例 2-22】 求由方程 $x^2+y^2-1=0$ 所确定的隐函数 $y=f(x)$ 的导数 y'_x.

解 如果把 x 看成自变量，则 y 就是因变量（函数），y^2 是 y 的函数（幂函数），而 y 又是 x 的函数，所以 y^2 是 x 的复合函数．

方程两边对 x 求导

$$(x^2)'_x+(y^2)'_x-(1)'_x=0\ ,$$

即

$$2x+2yy'=0.$$

从上式中解出 y'，得

$$y'_x=-\frac{x}{y}.$$

【例 2-23】 求曲线 $x^2+y^4=17$ 上在点 $x=4$ 处的切线方程．

解 把 $x=4$ 代入方程得 $y=\pm1$，所以曲线上 $x=4$ 对应有两点，点 $A(4,1)$ 与点 $B(4,-1)$，方程两边对 x 求导，$2x+4y^3y'=0$. 得

$$y'=-\frac{x}{2y^3},$$

所以有

A 处切线斜率 $y'_1=-2$，切线方程为 $y-1=-2(x-4)$，即 $2x+y-9=0$.

B 处切线斜率 $y'_2=2$，切线方程为 $y+1=2(x-4)$，即 $2x-y-9=0$.

【例 2-24】 求椭圆 $\frac{x^2}{16}+\frac{y^2}{9}=1$ 在 $\left(2,\ \frac{3}{2}\sqrt{3}\right)$ 处的切线方程．

解 把椭圆方程的两边分别对 x 求导，得

$$\frac{x}{8}+\frac{2}{9}yy'=0\ .$$

从而

$$y'=-\frac{9x}{16y}.$$

当 $x=2$ 时，$y=\frac{3}{2}\sqrt{3}$，代入上式得所求切线的斜率为

$$k=y'|_{x=2}=-\frac{\sqrt{3}}{4}.$$

故所求的切线方程为

$$y-\frac{3}{2}\sqrt{3}=-\frac{\sqrt{3}}{4}(x-2),$$

即 $$\sqrt{3}x+4y-8\sqrt{3}=0.$$

(3) 对数求导法

对数求导法分两步：第一步函数的两边去自然对数；第二步运用隐函数求导法则求导.

对数求导法适用于求幂指函数 $y=[u(x)]^{v(x)}$ 的导数及多因子之积和商的导数.

【例 2-25】 求函数 $y=x^{\sin x}$ $(x>0)$ 的导数.

解 第一步，两边取自然对数得

$$\ln y=\sin x\ln x;$$

第二步，两边同时对 x 求导

$$\frac{1}{y}y'=\cos x\ln x+\sin x\ \frac{1}{x}.$$

从上式中解出 y'，得

$$y'=x^{\sin x}\left(\cos x\cdot\ln x+\frac{\sin x}{x}\right).$$

【例 2-26】 求函数 $y=\sqrt{\dfrac{(x-1)(x-2)}{(x-3)(x-4)}}$ 的导数.

解 默认各因子均为正. 两边取自然对数得

$$\ln y=\frac{1}{2}[\ln(x-1)+\ln(x-2)-\ln(x-3)-\ln(x-4)].$$

上式两边同时对 x 求导得

$$\frac{1}{y}y'=\frac{1}{2}\left(\frac{1}{x-1}+\frac{1}{x-2}-\frac{1}{x-3}-\frac{1}{x-4}\right).$$

于是 $$y'=\frac{y}{2}\left(\frac{1}{x-1}+\frac{1}{x-2}-\frac{1}{x-3}-\frac{1}{x-4}\right).$$

2.2.5 由参数方程所确定的函数的求导法则

设有参数方程

$$\begin{cases}x=\varphi(t),\\y=\psi(t).\end{cases}$$

如果参数方程 $x=\varphi(t)$，$y=\psi(t)$ 可导 $(\varphi'(t)\neq0)$，且 $x=\varphi(t)$ 的反函数 $t=\varphi^{-1}(x)$ 也可导，则 $y=\psi(t)=\psi(\varphi^{-1}(x))$ 是自变量 x 的复合函数. 于是

$$\frac{dy}{dx}=\frac{dy}{dt}\times\frac{dt}{dx}=\frac{dy}{dt}\times\frac{1}{\dfrac{dx}{dt}}=\frac{\dfrac{d\psi(t)}{dt}}{\dfrac{d\varphi(t)}{dt}}=\frac{\psi'(t)}{\varphi'(t)},$$

这就是由参数方程确定的函数 $y=f(x)$ 的导数公式.

【例 2-27】 已知椭圆的参数方程为

$$\begin{cases} x=a\cos\theta, \\ y=b\sin\theta \end{cases} \quad (a>0, b>0, \theta \text{ 为参数}),$$

求椭圆在 $\theta=\frac{\pi}{4}$ 的切线方程．

解 因为 $\frac{\mathrm{d}x}{\mathrm{d}\theta}=-a\sin\theta$，$\frac{\mathrm{d}y}{\mathrm{d}\theta}=b\cos\theta$，所以

$$\frac{\mathrm{d}y}{\mathrm{d}x}=-\frac{b\cos\theta}{a\sin\theta}=-\frac{b}{a}\cot\theta.$$

当 $\theta=\frac{\pi}{4}$ 时，椭圆上对应的点的坐标 $M(x_0, y_0)$ 是

$$x_0=a\cos\frac{\pi}{4}=\frac{a\sqrt{2}}{2}, \quad y_0=b\sin\frac{\pi}{4}=\frac{b\sqrt{2}}{2}.$$

椭圆在点 M 处的切线斜率

$$k=y'_x\big|_{\theta=\frac{\pi}{4}}=-\frac{b}{a}\cot\theta\big|_{\theta=\frac{\pi}{4}}=-\frac{b}{a},$$

所以椭圆在点 M 处的切线方程为

$$y-\frac{b\sqrt{2}}{2}=-\frac{b}{a}\cdot\left(x-\frac{a\sqrt{2}}{2}\right).$$

经整理得 $$bx+ay-\sqrt{2}ab=0.$$

【例 2-28】 以初速度 v_0，发射角为 α 发射炮弹，不计空气阻力，其运动方程为

$$\begin{cases} x=v_0t\cos\alpha, \\ y=v_0t\sin\alpha-\frac{1}{2}gt^2. \end{cases}$$

求炮弹在时刻 t 的速度大小和方向．

解 在时刻 t 水平方向上的速度

$$v_x=\frac{\mathrm{d}x}{\mathrm{d}t}=v_0\cos\alpha.$$

垂直方向上的速度

$$v_y=\frac{\mathrm{d}y}{\mathrm{d}t}=v_0\sin\alpha-gt.$$

在时刻 t 速度的大小

$$|v|=\sqrt{v_x^2+v_y^2}=\sqrt{(v_0\cos\alpha)^2+(v_0\sin\alpha-gt)^2}$$
$$=\sqrt{v_0^2-2gv_0t\sin\alpha+(gt)^2}.$$

时刻 t 速度的方向为炮弹运动轨迹上该时刻的切线方向，其斜率为

$$\tan\varphi=\frac{\mathrm{d}y}{\mathrm{d}x}=\frac{v_0\sin\alpha-gt}{v_0\cos\alpha}.$$

2.2.6 高阶导数

(1) 高阶导数的定义

函数 $y=f(x)$ 的导数 $y'=f'(x)$ 是 x 的函数，有时可以对 x 再求导数. 我们把 $y'=f'(x)$ 的导数称为函数 $y=f(x)$ 的二阶导数，记作 y''，$f''(x)$ 或 $\frac{\mathrm{d}^2 y}{\mathrm{d}x^2}$. 即

$$y''=(y')',\ f''(x)=[f'(x)]',\ \frac{\mathrm{d}^2 y}{\mathrm{d}x^2}=\frac{\mathrm{d}}{\mathrm{d}x}\left(\frac{\mathrm{d}y}{\mathrm{d}x}\right).$$

相应地，把 $y'=f'(x)$ 称为函数 $y=f(x)$ 的一阶导数.

函数 $y=f(x)$ 的二阶导数的导数称为 $y=f(x)$ 的三阶导数，记为 y''' 或 $\frac{\mathrm{d}^3 y}{\mathrm{d}x^3}$.

$y=f(x)$ 的 $n-1$ 阶导数的导数称为 $y=f(x)$ 的 n 阶导数，记为 $y^{(n)}$ 或 $\frac{\mathrm{d}^n y}{\mathrm{d}x^n}$.

函数的二阶及二阶以上的导数统称为高阶导数.

(2) 高阶导数的计算

【例 2-29】 设 $y=x^{30}$，求 $y^{(30)}, y^{(31)}$.

解 $y'=30x^{29}, y''=30\times 29x^{28}, y'''=30\times 29\times 28x^{27}, \cdots,$

$y^{(30)}=30\times 29\times 28\times 27\times\cdots\times 3\times 2\times 1=30!,$

$y^{(31)}=(30!)'=0.$

一般地，$(x^n)^{(n)}=n!$，$(x^n)^{(n+1)}=0$.

【例 2-30】 设 $s=\sin\omega t$，求 s''.

解 $s'=\omega\cos\omega t$，$s''=-\omega^2\sin\omega t$.

【例 2-31】 求函数 $y=\mathrm{e}^x$ 的 n 阶导数.

解 $y'=\mathrm{e}^x$，$y''=\mathrm{e}^x$，$y'''=\mathrm{e}^x$，$y^{(4)}=\mathrm{e}^x$，

一般地，可得

$$y^{(n)}=\mathrm{e}^x$$

即

$$(\mathrm{e}^x)^{(n)}=\mathrm{e}^x.$$

【例 2-32】 求函数 $y=\sin x$ 的 n 阶导数.

解 $y=\sin x$,

$$y'=\cos x=\sin\left(x+\frac{\pi}{2}\right),$$

$$y''=\cos\left(x+\frac{\pi}{2}\right)=\sin\left(x+2\times\frac{\pi}{2}\right),$$

$$y'''=\cos\left(x+2\times\frac{\pi}{2}\right)=\sin\left(x+3\times\frac{\pi}{2}\right),$$

$$\vdots$$

$$y^{(n)}=\sin\left(x+n\times\frac{\pi}{2}\right).$$

即
$$(\sin x)^{(n)}=\sin\left(x+n\times\frac{\pi}{2}\right).$$

用类似的方法可得
$$(\cos x)^{(n)}=\cos\left(x+n\times\frac{\pi}{2}\right).$$

【例 2-33】 求参数方程 $\begin{cases}x=a\cos t,\\ y=b\sin t,\end{cases}$ 确定的函数的二阶导数.

解 根据参数方程所确定的函数的求导公式，得
$$y'_x=\frac{y'_t}{x'_t}=\frac{b\cos t}{-a\sin t}=-\frac{b}{a}\cot t.$$
$$\frac{\mathrm{d}^2y}{\mathrm{d}x^2}=\frac{\mathrm{d}}{\mathrm{d}x}\left(\frac{\mathrm{d}y}{\mathrm{d}x}\right)=\frac{\mathrm{d}}{\mathrm{d}t}\left(-\frac{b}{a}\cot t\right)\frac{1}{\frac{\mathrm{d}x}{\mathrm{d}t}}$$
$$=\frac{b}{a}\csc^2 t\ \frac{1}{-a\sin t}=-\frac{b}{a^2\sin^3 t}.$$

习题 2.2

1. 利用导数的和差积商运算法则以及幂函数的导数公式求下列函数的导数.

(1) $y=3x^2-x+5$；

(2) $y=2\sqrt{x}-\frac{1}{x}+3\sqrt{7}$；

(3) $y=3\ln x-\frac{2}{x}$；

(4) $y=\sqrt[3]{x^2}-\frac{\sqrt{2}}{2}$；

(5) $y=x^2(2+\sqrt{x})$；

(6) $y=x^2(2x-1)$；

(7) $y=x\ln x$；

(8) $y=\frac{x^2}{1-x^2}$；

(9) $y=\frac{2}{x^3-1}$；

(10) $y=\frac{x^5+\sqrt{x}+1}{x^3}$；

(11) $y=(\sqrt{x}+1)\left(\frac{1}{\sqrt{x}}-1\right)$；

(12) $y=\sqrt{x}(x^2+3x-\sqrt{x}+1)$.

2. 用三角函数导数公式及函数的求导法则求下列函数的导数.

(1) $y=x-\frac{1}{3}\tan x$；

(2) $y=\sin x+\cos x$；

(3) $y=\sqrt{2}x^2\sec x$；

(4) $y=x\tan x-2\csc x$；

(5) $y=x^2\sin x+\cos\frac{\pi}{6}$；

(6) $y=x\cot x$；

(7) $y=\frac{\cos x}{x^2}$；

(8) $y=(2+\sec x)\sin x$；

(9) $y=\dfrac{\sin t}{\sin t+\cos t}$；

(10) $y=\dfrac{\sin x}{x}+\dfrac{x}{\cos x}$；

(11) $y=x\sin x\ln x$；

(12) $y=\dfrac{x\sin x}{1+\tan x}$.

3. 求下列函数在给定点处的导数.

(1) $y=x^2-2\sin x$ 在 $x=0$ 及 $x=\dfrac{\pi}{2}$ 处；

(2) $y=\dfrac{1}{1+x}$ 在 $x=0$ 及 $x=2$ 处；

(3) $y=x-2x^2+1y=x-2x^2+1$ 在 $x=0$ 及 $x=1$ 处；

(4) $y=x\cos x+3$ 在 $x=\pi$ 及 $x=-\pi$ 处；

4. 利用复合函数的求导法则求下列函数的导数.

(1) $y=\sin x^3$；

(2) $y=\sqrt{3x+1}$；

(3) $y=\tan^2 x$；

(4) $y=(3x^2-2)^{-2}$；

(5) $y=\cos^2\left(2x-\dfrac{\pi}{4}\right)$；

(6) $y=\dfrac{1}{\sqrt[3]{1-5x}}$；

(7) $y=\cos(4-3x)$；

(8) $y=\mathrm{e}^{-3x^2}$；

(9) $y=\ln(1+x^2)$；

(10) $y=\sqrt{2-3x^2}$；

(11) $y=\ln\ln\ln x$；

(12) $y=\ln\cos\sqrt{x}$.

5. 利用导数的四则运算法则以及复合函数的求导法则求下列函数的导数.

(1) $y=(x+1)\sqrt{x^2-1}$；

(2) $y=(3x+5)^3(5x+4)^5$；

(3) $y=\dfrac{1}{x-\sqrt{x^2+1}}$；

(4) $y=\cot 3t+\sin(2^t)$；

(5) $y=\dfrac{1+\cos^2 x}{\sin x}$；

(6) $y=\dfrac{\sin^2 x}{1-\cos x}$；

(7) $y=\ln(1+x)(1+x^2)$；

(8) $y=\ln\sqrt{x}+\sqrt{\ln x}$.

6. 利用反三角函数求导公式求下列函数的导数.

(1) $y=\arcsin\sqrt{x}$；

(2) $y=(\arcsin x)^2$；

(3) $y=\arccos(1-x^2)$；

(4) $y=\arcsin 3x$；

(5) $y=\dfrac{1}{x}-\arctan\dfrac{1}{x}$；

(6) $y=\arctan\sqrt{6x-1}$.

7. 利用指数函数和对数函数的导数公式求下列函数的导数.

(1) $y=2^x+x^2+\mathrm{e}^x+x^{\mathrm{e}}$；

(2) $y=\log_2 x+\log_2(x^2)$；

(3) $y=x\ln x-x$；

(4) $y=\mathrm{e}^x\ln x$；

(5) $y=a^x+\mathrm{e}^x$；

(6) $y=\mathrm{e}^x\sin x$；

(7) $y=\dfrac{\mathrm{e}^x}{a^x}$.

8. 选择正确的求导方法求下列函数的导数.

(1) $y=\operatorname{arccot}(e^x)+\ln\sqrt{1+e^{2x}}$；　　(2) $y=\arcsin\sqrt{1-4x}$；

(3) $y=\sqrt{1-x^2}+\arcsin x$；　　(4) $y=\ln(\arccos\frac{1}{\sqrt{x}})$.

9. 利用隐函数求导法则求下列函数的导数.

(1) $xy^2+2x^2y^3=20$；　　(2) $x^2-y^2=36$；

(3) $y=x+\ln y$；　　(4) $y=1+xe^y$；

(5) $y=x^{2x}$；　　(6) $x\cos y=\sin(x+y)$；

(7) $e^{xy}+y\ln x=\cos 2x$；　　(8) $xy=e^{x+y}$.

10. 利用对数方法求下列函数的导数.

(1) $y=x^{e^x}$；　　(2) $y=(1+x)^x$；

(3) $y=(\ln x)^{\cos x}$；　　(4) $y=\left(\frac{x}{1+x}\right)^x$；

(5) $y=(2x)^{1-x}$；　　(6) $y^x=x^y$；

(7) $y=x^{x^2}$；　　(8) $y=\sqrt{\frac{(x+1)(x-2)}{(x-3)(4-3x)}}$；

(9) $y=(e^x)^{\tan x}$；　　(10) $y=(\sin x)^{\ln x}$.

11. 用两种方法求 $y=x^{\sin x}$ 的导数.

(1) 利用对数微分法；

(2) 改为 $y=e^{\sin x\ln x}$，再利用复合函数微分法.

12. 求下列参数方程的导数.

(1) $\begin{cases}x=1-t^2,\\ y=t-t^3;\end{cases}$　　(2) $\begin{cases}x=\sin t,\\ y=t;\end{cases}$

(3) $\begin{cases}x=a(t-\sin t),\\ y=a(1-\cos t)\end{cases}$ (a 为常数)；　　(4) $\begin{cases}x=a\cos^3 t,\\ y=b\sin^3 t.\end{cases}$

13. 已知参数方程 $\begin{cases}x=e^t\sin t,\\ y=e^t\cos t,\end{cases}$ 求 $\left.\frac{dy}{dx}\right|_{t=\frac{\pi}{3}}$.

14. 求下列函数的二阶导数.

(1) $y=\sqrt{a^2-x^2}$；　　(2) $y=xe^{x^2}$；

(3) $y=\ln\sin x$；　　(4) $y=e^{3x+1}$；

(5) $y=\cos^2 x\ln x$；　　(6) $y=3^{2x}$；

(7) $y=\ln x$；　　(8) $y=e^{-2t}\sin t$；

(9) $y=e^{2x}+x^{2e}$；　　(10) $y=\frac{e^x}{x}$；

(11) $y=\sin ax+\cos bx$；　　(12) $y=(1+x^2)e^x$.

15. 求下列函数的 n 阶导数.

(1) $y=\ln(1+x)$；　　(2) $y=a^x$；

(3) $y=\sin^2 x$.

16. 求下列函数在给定点的高阶导数值.

(1) $f(x)=e^{2x}+1$，求 $f''(0)$； (2) $f(x)=x\ln x$，求 $f''(1)$；

(3) $f(x)=x^2\sin x$，求 $f''(\pi)$．

17. 设质点作变速直线运动，其方程为 $s=t^2-3t+2$，求该质点在 $t=2$s 时的速度（m/s）与加速度（m/s^2）．

2.3 微分

2.3.1 微分的概念

【引例 2-3】 一块正方形金属薄片受温度变化的影响，其边长由 x_0 变到 $x_0+\Delta x$，问此薄片的面积改变了多少？

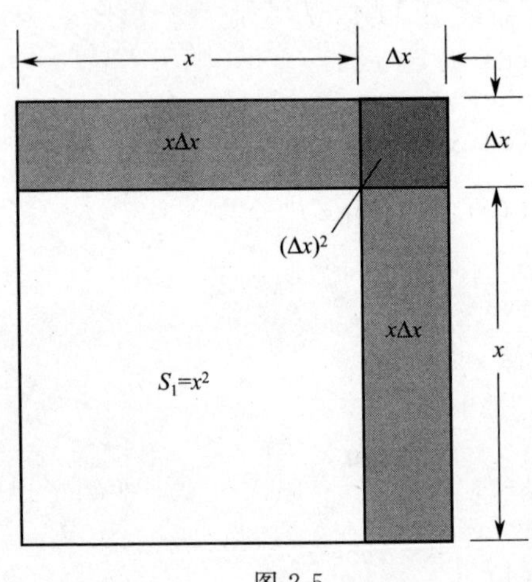

图 2-5

如图 2-5 所示，设此正方形的边长为 x，面积为 A，则 A 是 x 的函数：$A=x^2$. 金属薄片的面积改变量为

$$\Delta A=(x_0+\Delta x)^2-(x_0)^2=2x_0\Delta x+(\Delta x)^2.$$

几何意义： $2x_0\Delta x$ 表示两个长为 x_0 宽为 Δx 的长方形面积；$(\Delta x)^2$ 表示边长为 Δx 的正方形的面积．

数学意义： 当 $\Delta x\to 0$ 时，$(\Delta x)^2$ 是比 Δx 高阶的无穷小，即 $(\Delta x)^2=o(\Delta x)$；$2x_0\Delta x$ 是 Δx 的线性函数,是 ΔA 的主要部分，可以近似地代替 ΔA.

定义 2-2 设函数 $y=f(x)$ 在某区间内有定义，当自变量在点 x 处取得增量 Δx（x 及 $x+\Delta x$ 在这区间内），如果函数增量可表示为

$$\Delta y=f(x+\Delta x)-f(x)=A\Delta x+o(\Delta x),$$

其中 A 是与 Δx 无关的常数，$o(\Delta x)$ 是比 Δx 高阶的无穷小，则称函数 $y=f(x)$ 在点 x 处可微，并称 $A\cdot\Delta x$ 为函数 $y=f(x)$ 在点 x 处的微分，记为 $\mathrm{d}y$，即 $\mathrm{d}y=A\Delta x$.

定理 2-4 函数 $y=f(x)$ 在点 x 处可微的充分必要条件是函数 $f(x)$ 在点 x 处可导，且 $A=f'(x)$．

由定义 2-2 可知，$\mathrm{d}y$ 为 Δy 的线性主部，当 $|\Delta x|$ 很小时，$\Delta y\approx \mathrm{d}y=f'(x)\Delta x$.

通常把自变量的增量 Δx 称为自变量的微分，记作 $\mathrm{d}x$ 即 $\mathrm{d}x=\Delta x$，所以函数 $y=f(x)$ 的微分又可记作 $\mathrm{d}y=f'(x)\mathrm{d}x$，从而有 $\dfrac{\mathrm{d}y}{\mathrm{d}x}=f'(x)$．即函数的微 $\mathrm{d}y$ 与自变量的微分 $\mathrm{d}x$ 的商等于函数的导数 $f'(x)$，故导数也称为“微商”．

【例 2-34】 求函数 $y=x^2$ 当 $x=1$，$\Delta x=0.01$ 时的增量 Δy 及微分 $\mathrm{d}y$.

解 $\Delta y=(x+\Delta x)^2-x^2=2x\Delta x+(\Delta x)^2$，

把 $x=1$，$\Delta x=0.01$ 代入上式得

$$\Delta y=2\times1\times0.01+(0.01)^2=0.0201.$$

又

$$dy=f'(x)\Delta x=2x\Delta x.$$

所以

$$dy\Big|_{\substack{x=1\\ \Delta x=0.01}}=2x\Delta x\Big|_{\substack{x=1\\ \Delta x=0.01}}=2\times1\times0.01=0.02.$$

【例 2-35】 求函数 $y=\sin(2x-1)$ 的微分 dy.

解　$dy=[\sin(2x-1)]'dx=\cos(2x-1)(2x-1)'dx=2\cos(2x-1)dx.$

2.3.2 微分的几何意义

如图 2-6 所示，当 Δy 是曲线 $y=f(x)$ 上的点的纵坐标的增量时，dy 就是曲线的切线上点纵坐标的相应增量．当 $|\Delta x|$ 很小时，$|\Delta y-dy|$ 比 $|\Delta x|$ 小得多，因此在点 M 的邻近,我们可以用切线段来近似代替曲线段，这就是“以直代曲”的极限思想方法．

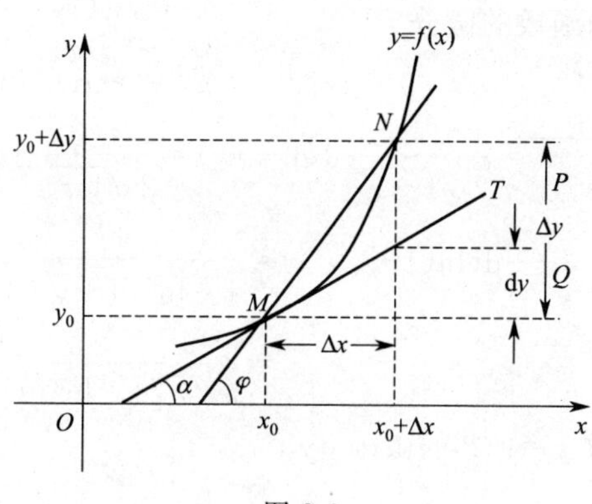

图 2-6

2.3.3 基本初等函数的微分公式与微分运算法则

由于函数的微分表达式为 $dy=f'(x)dx$. 所以要计算函数的微分，只要计算出函数的导数，再乘以自变量的微分．就能得到它相应的微分．

(1) 基本初等函数的微分公式

① $d(c)=0$；　　② $d(x^{\mu})=\mu x^{\mu-1}dx$；

③ $d(a^x)=a^x\ln a\,dx$；　　④ $d(e^x)=e^x dx$；

⑤ $d(\log_a x)=\dfrac{1}{x\ln a}dx$；　　⑥ $d(\ln x)=\dfrac{1}{x}dx$；

⑦ $d(\sin x)=\cos x\,dx$；　　⑧ $d(\cos x)=-\sin x\,dx$；

⑨ $d(\tan x)=\sec^2 x\,dx$；　　⑩ $d(\cot x)=-\csc^2 x\,dx$；

⑪ $d(\sec x)=\sec x\tan x\,dx$；　　⑫ $d(\csc x)=-\csc x\cot x\,dx$；

⑬ $d(\arcsin x)=\dfrac{1}{\sqrt{1-x^2}}dx$；　　⑭ $d(\arccos x)=-\dfrac{1}{\sqrt{1-x^2}}dx$；

⑮ $d(\arctan x)=\frac{1}{1+x^2}dx$；　　⑯ $d(\text{arccot}x)=-\frac{1}{1+x^2}dx$.

（2）函数和差积商微分法则

① $d(u\pm v)=du\pm dv$；　　② $d(uv)=vdu+udv$；

③ $d(cu)=cdu$（c 是常数）；　　④ $d\left(\frac{u}{v}\right)=\frac{vdu-udv}{v^2}dx$（$v\neq 0$）.

（3）复合函数的微分法则

设 $y=f(u)$ 和 $u=\varphi(x)$ 都可导，则复合函数 $y=f[\varphi(x)]$ 的微分为

$$dy=y'_x dx=f'(u)\varphi'(x)dx.$$

由 $u=\varphi(x)$，可得 $du=\varphi'(x)dx$，所以复合函数 $y=f[\varphi(x)]$ 的微分公式也可写成

$$dy=f'(u)du \text{ 或 } dy=f'_u du.$$

由此可见，无论 u 是自变量还是中间变量，微分形式 $dy=f'(u)du$ 保持不变.这一性质称为微分形式不变性.

【例 2-36】 求下列函数的微分.

① $y=\sqrt{1-x^2}$；　　② $y=\arctan\ln(1+\sqrt{x})$.

解 ① $dy=d\sqrt{1-x^2}=\frac{1}{2\sqrt{1-x^2}}d(1-x^2)=\frac{-2x}{2\sqrt{1-x^2}}dx=-\frac{x}{\sqrt{1-x^2}}dx$.

② $dy=\frac{1}{1+\ln^2(1+\sqrt{x})}d(\ln(1+\sqrt{x}))=\frac{1}{1+\ln^2(1+\sqrt{x})}\times\frac{1}{1+\sqrt{x}}d(1+\sqrt{x})$

$$=\frac{dx}{2\sqrt{x}[1+\ln^2(1+\sqrt{x})](1+\sqrt{x})}.$$

【例 2-37】 求函数 $y=e^{\sin x}$ 的微分 dy.

解 方法 1，因为

$$y'=(e^{\sin x})'=e^{\sin x}(\sin x)'=e^{\sin x}\cos x$$

所以 $dy=e^{\sin x}\cos x dx$.

方法 2，$dy=d(e^{\sin x})=e^{\sin x}\cdot d(\sin x)=e^{\sin x}\cos x dx$.

注 习惯上用方法 1，因为计算比较方便.

【例 2-38】 设 $e^{xy}=a^x b^y$，求 dy.

解 对方程两边求导，得

$$e^{xy}(y+xy')=a^x(\ln a)b^y+a^x b^y(\ln b)y'.$$

因为 $e^{xy}=a^x b^y$，所以

$$y+xy'=\ln a+(\ln b)y',$$

解得

$$y'=\frac{\ln a-y}{x-\ln b}.$$

即

$$dy=\frac{\ln a-y}{x-\ln b}dx.$$

2.3.4 微分在近似计算中的应用

在工程问题中，经常会遇到一些复杂的计算公式．如果直接用这些公式进行计算，那是很费力的．利用微分往往可以把一些复杂的计算公式改用简单的近似公式来代替．

设函数 $y=f(x)$ 在点 x_0 处的导数 $f'(x_0)\neq 0$，且 $|\Delta x|$ 很小时，有近似公式

$$\Delta y=f(x_0+\Delta x)-f(x_0)\approx f'(x_0)\Delta x$$

或

$$f(x_0+\Delta x)\approx f(x_0)+f'(x_0)\Delta x.$$

令 $x=x_0+\Delta x$，则有

$$f(x)\approx f(x_0)+f'(x_0)\Delta x.$$

特别地，当 $x_0=0$ 且 $|x|$ 很小时，有

$$f(x)\approx f(0)+f'(0)x.$$

【例 2-39】 求 $\sqrt{2}$ 的近似值．

解　设 $f(x)=\sqrt{x}$，则 $f'(x)=\dfrac{1}{2\sqrt{x}}$，取 $x_0=1.96$，$\Delta x=0.04$，由

$$\sqrt{x_0+\Delta x}\approx\sqrt{x_0}+\frac{1}{2\sqrt{x_0}}\Delta x,$$

故

$$\sqrt{2}=\sqrt{1.96+0.04}\approx\sqrt{1.96}+\frac{1}{2\sqrt{1.96}}\times 0.04\approx 1.41428.$$

【例 2-40】 设半径为 10cm 金属薄片受热后半径伸长了 0.05cm，求面积增量．

解　设圆面积为 S，则 $S=\pi r^2$．已知 $r=10\text{cm}$，$\Delta r=0.05\text{cm}$，所以

$$\Delta S\approx \mathrm{d}S=S'(r)\mathrm{d}r=2\pi r\,\mathrm{d}r\approx 3.14(\text{cm}^2)$$

即面积约增大了 3.14cm^2．

【例 2-41】 有一批半径为 1cm 的球，为了提高球面的光洁度，要镀上一层铜，厚度定为 0.01cm. 试估计每只球需用铜多少克（g）（铜的密度是 8.9g/cm^3）?

解　已知球体体积为 $V(R)=\dfrac{4}{3}\pi R^3$，$R_0=1\text{cm}$，$\Delta R=0.01\text{cm}$.

镀层的体积为

$$\Delta V=V(R_0+\Delta R)-V(R_0)\approx V'(R_0)\Delta R=4\pi R_0^2\Delta R=4\times 3.14\times 1^2\times 0.01=0.13(\text{cm}^3).$$

于是每只球需用的铜约为

$$0.13\times 8.9=1.16(\text{g}).$$

习题 2.3

1. 设函数 $y=x^3+x+1$，当 $x=2$，且 Δx 分别为，1，0.1，0.001 时，求 Δy 和 $\mathrm{d}y$ 的值．

2. 求下列函数在给定点处的微分．

(1) 已知 $y=(1+x^2)\arctan x$，当 $x=1$；

(2) 已知 $y=xe^{x^2}$，当 $x=0$；

(3) 已知 $y=\frac{1}{2}\cos 3x$，当 $x=\frac{\pi}{2}$.

3. 将适当的函数填入下列括号内，使等式成立.

(1) $d(\quad)=2dx$； (2) $d(\quad)=xdx$；

(3) $d(\quad)=\frac{1}{1+x^2}dx$； (4) $d(\quad)=2(x+1)dx$；

(5) $d(\quad)=\cos 2x dx$； (6) $d(\quad)=3e^{2x}dx$；

(7) $d(\quad)=\frac{1}{x^2}dx$； (8) $d(\quad)=2^x dx$；

(9) $d(\quad)=\frac{1}{\sqrt{x}}dx$； (10) $d(\quad)=e^{x^2}d(x^2)$；

(11) $d(\sin^2 x)=(\quad)d(\sin x)$；

(12) $d[\ln(2x+3)]=(\quad)d(2x+3)=(\quad)dx$；

(13) $d(\quad)=x^2dx$； (14) $d(\quad)=\sin\omega x dx$；

(15) $d(\quad)=\frac{1}{x-1}dx$； (16) $d(\quad)=e^{-2x}dx$.

4. 求下列函数的微分.

(1) $y=\sin x+\cos x$； (2) $y=x^2e^x$；

(3) $y=\frac{\ln x}{x^3}$； (4) $y=\sin(2-3x)$；

(5) $y=\ln(x^2-1)$； (6) $y=e^{1-2x}\cos x$；

(7) $y=x\sin 2x$； (8) $y=e^{\sin 2x}$；

(9) $y=\frac{1}{x}+2\sqrt{x}$； (10) $y=\ln(\ln x)$；

(11) $y=\tan^2(1-2x)$； (12) $y=\arccos\sqrt{x}$；

(13) $y=[\ln(1-x)]^2$； (14) $y=\cos 3x$；

(15) $y=\tan^2(1-2x)$； (16) $y=(e^x+e^{-x})^2$；

(17) $y=\ln(\cos^2 2x)$； (18) $y=\sec^2(1-2x^3)$；

(19) $y=5^{\ln\tan x}$； (20) $y=(a^2-x^2)^5$.

5. 利用微分求下列数的近似值.

(1) $\sqrt{1.05}$； (2) $\sin 30°30'$； (3) $\ln 1.02$；

(4) $e^{1.01}$； (5) $\sqrt[3]{998}$； (6) $\tan 45°10'$.

6. 半径为 10cm 的金属圆片加热后，半径伸长了 0.05cm。问：面积大约增加了多少?

7. 正立方体的棱长 $x=10$cm，如果棱长增加 0.1m，求此正立方体体积增加的近似值.

第 2 章单元测试

1. 填空题.

(1) 若曲线 $y=f(x)$ 在点 x_0 处可导，则该曲线在点 $M(x_0,y_0)$ 处的切线方程为________，曲线在该点的法线为________.

(2) 若连续函数 $y=f(x)$ 在点 x_0 处可导，则 $f(x_0+\Delta x)-f(x_0)\approx$______.

(3) 已知函数 $y=f(x)$ 的图形上点 $(3,f(3))$ 处的切线倾斜角为 $\frac{2\pi}{3}$，则 $f'(3)=$________.

(4) 设 $y=\ln\sqrt{3}$，则 $y'=$__________.

(5) 设 $f(x)=\ln(1+x)$，则 $f''(0)=$__________.

(6) 已知 $y=\frac{x^2\cdot\sqrt[3]{x^2}}{\sqrt{x^5}}$，则 $y'=$__________.

(7) 如果 $f(x)$ 在点 x_0 处可导，$f'(x_0)=$__________，$f'(x_0)\neq 0$ 时，函数的微分 $\mathrm{d}y=$________，当 $\Delta x\to 0$ 时，$\Delta y-\mathrm{d}y$ 是自变量增量 Δx 的________无穷小量.

(8) 当 $f'(x_0)\neq 0$ 时，曲线 $y=f(x)$ 在点 $(x_0,f(x_0))$ 处的法线方程为________.

(9) $f(x)$ 在点 x_0 处可导，当 x_0 的增量 Δx 的________很小时，Δy 可以近似用________表示.

(10) 火车在刹车后所行距离 s 是时间 t(s) 的函数 $s=50t-5t^2$ (m) 则刹车开始时的速度是__________，火车经过________s 时才能停止.

2. 选择题.

(1) 设 $y=\cos^3 x$，则 $y'=$ (　　).

A. $y=3x^2\sin x$　　B. $y=-3x^2\sin x$

C. $y=3\sin^2 x$　　D. $y=-3\cos^2 x\sin x$

(2) 抛物线 $y=3x^2-2x+1$ 在点 (1, 2) 处的切线的斜率是 (　　).

A. 2　　B. 3　　C. 4　　D. 5

(3) 曲线 $y=\sin x$ 在 $x=\frac{\pi}{2}$ 处的切线方程是 (　　).

A. $y=0$　　B. $y=1$　　C. $x+y=1$　　D. $x=0$

(4) 设 $y=\mathrm{e}^{\sin x}$，则 $\mathrm{d}y=$ (　　).

A. $\mathrm{e}^{\sin x}\mathrm{d}x$　　B. $-\mathrm{e}^{\sin x}\cos x\mathrm{d}x$　　C. $\mathrm{e}^{\sin x}\cos x\mathrm{d}x$　　D. 0

(5) ln1.01 的近似值是 (　　).

A. 1.01　　B. 1　　C. 0.99　　D. 0.01

3. 判断题（正确的为“对”，错误的为“错”）.

(1) 若函数 $f(x)$ 在点 x_0 处不连续，则 $f(x)$ 在点 x_0 处一定不可导. (　　)

(2) 若函数 $f(x)$ 在点 x_0 处可导，则 $f(x)$ 在点 x_0 处也一定可微．(　　)

(3) 若函数 $f(x)$ 在点 x_0 处连续，则 $f(x)$ 在点 x_0 处一定可微．(　　)

(4) 若函数 $f(x)$ 在点 x_0 处不可导，则曲线 $y=f(x)$ 在点 $(x_0,f(x_0))$ 处没有切线．(　　)

(5) 若 $y=f(x)$ 在 (a,b) 内可导，并且 $f'(x)=0$，$x\in(a,b)$ 那么函数 $y=f(x)$ 是一个常函数．(　　)

4. 求下列函数的导数．

(1) $y=\dfrac{\sin^2 x}{\sin x^2}$；　　(2) $y=\sin^5 x\cos 5x$；

(3) $y=\sqrt{1+\ln^2 x}$；　　(4) $y=\sin\sqrt{1+x^2}$；

(5) $y=x\arctan\sqrt{x}$；　　(6) $y=\ln^3(x^2)$；

(7) $y=\arcsin\sqrt{\sin x}$；　　(8) $y=x^2\sqrt{1+\sqrt{x}}$．

5. 求下列隐函数的导数．

(1) $x^3+6xy+5y^3=3$；　　(2) $\ln\sqrt{x^2+y^2}=\arctan\dfrac{y}{x}$；

(3) $x\cos y=\sin(x+y)$；　　(4) $x(1+y^2)-\ln(x^2+2y)=0$.

6. 求下列各函数的微分．

(1) $y=a^2\sin^2 ax+b^2\cos^2 bx$；　　(2) $y=\dfrac{x^3-1}{x^3+1}$；

(3) $y=3^{\ln 2x}$；　　(4) $y=[\ln(1+2x)]^{-2}$．

7. 求曲线 $y^2-y+2x=0$ 在点 (0，1) 处的切、法线方程．

8. 设曲线 $y=2x^2-3x+4$ 上点 A 处的切线斜率为 17，求点 A 的坐标．

数学名人故事

椅子与数学

日常生活中有一件很普通的事实：把椅子往不平的地面上一放，通常只有三只脚着地，放不稳，然而只需稍挪动几次，就可以使四只脚同时着地，放稳了．这个看来似乎与数学无关的现象能用数学语言给以描述，并用数学工具来证实吗?

首先对椅子和地面应该作一些必要的假设。

(1) 椅子四条腿一样长，椅脚与地面接触可视为一个点，四脚的连线呈正方形．

(2) 地面高度是连续变化的，沿任何方向都不会出现间断（没有像台阶那样的情况），即地面可视为数学上的连续曲面．

(3) 对于椅脚的间距和椅腿的长度而言，地面是相对平坦的，使椅子在任何位置至少有三只脚同时着地．

然后用数学语言表达这个问题．先要用变量表示椅子的位置，建立如下图示．

注意到椅脚连线呈正方形，以中心为对称点，正方形绕中心的旋转正好代表了椅子位置的改变，于是可以用旋转角度这一变量表示椅子的位置．在上图中椅脚连线为

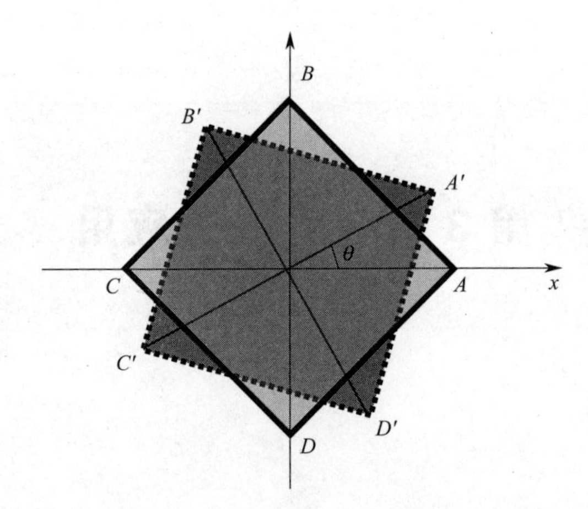

正方形 $ABCD$，对角线 AC 与 x 轴重合，椅子绕中心点旋转角度 θ 后，正方形 $ABCD$ 转至 $A'B'C'D'$ 的位置，所以对角线 AC 与 x 轴的夹角 θ 表示了椅子的位置．

其次，要把椅脚着地用数学符号表示出来．如果用某个变量表示椅脚与地面的竖直距离，那么当这个距离为零时就是椅脚着地了．椅子在不同位置时椅脚与地面的距离不同，所以这个距离是椅子变量 θ 的函数．

虽然椅子有四只脚，因而有四个距离，但是由于正方形的中心对称性，只要设两个距离函数就行了．记 A,C 两脚与地面距离之和为 $f(\theta)$，B,D 两脚与地面距离之和为 $g(\theta)$，$f(\theta)$，$g(\theta)\geqslant 0$．由假设（2），f 和 g 都是连续函数．由假设（3），椅子在任何位置至少有三只脚着地，所以对于任意的 θ，$f(\theta)$ 和 $g(\theta)$ 中至少有一个为零．当 $\theta=0$ 时不妨设 $g(\theta)=0$，$f(\theta)>0$．这样，改变椅子的位置使四只脚同时着地，就归结为证明如下的数学命题．

已知 $f(\theta)$和 $g(\theta)$是 θ 的连续函数，对任意 θ，$f(\theta)\cdot g(\theta)=0$，且 $g(0)=0$，$f(0)>0$．则存在 θ_0，使 $f(\theta_0)=g(\theta_0)=0$．

可以看到，引入了变量和函数，就把模型的假设条件和椅脚同时着地的结论用简单、精确的数学语言表述出来，从而构成了这个实际问题的数学模型．

上述命题有多种证明方法，这里介绍其中一种．

将椅子旋转 90°，对角线 AC 和 BD 互换．由 $g(0)=0$ 和 $f(0)>0$ 可知 $g(\pi/2)>0$ 和 $f(\pi/2)=0$．令 $h(\theta)=f(\theta)-g(\theta)$，则 $h(0)>0$ 和 $h(\pi/2)<0$．由 f 和 g 的连续性知 h 也是连续函数．根据连续函数的基本性质，必存在 $\theta_0(0<\theta_0<\pi/2)$ 使 $h(\theta_0)=0$，即 $f(\theta_0)=g(\theta_0)=0$．最后，因为 $f(\theta_0)g(\theta_0)=0$，所以有

$$f(\theta_0)=g(\theta_0)=0$$

以上就是用数学解决实际问题的一个小例子．问题虽小，但是我们通过它可以了解应用数学的方法，即数学建模的过程．

第3章　导数的应用

导数作为函数的变化率，在研究函数变化的性态中有着十分重要的意义，因而在自然科学、工程技术以及社会科学等领域中得到了广泛的应用．本章从导数的几何意义出发，在介绍微分学中值定理的基础上，应用导数研究函数及其图形的性态，并解决最值、未定型极限、曲率以及工程技术等实际问题．

3.1　微分中值定理

中值定理揭示了函数在某区间的整体性质与该区间内部某一点的导数之间的关系，因而称为中值定理．中值定理既是用微分学知识解决应用问题的理论基础，又是解决微分学自身发展的一种理论性模型，因而称为微分中值定理．

3.1.1　罗尔定理

定理 3-1［罗尔（Rolle）定理］　如果函数 $f(x)$ 满足

（1）在闭区间 $[a,b]$ 上连续；

（2）在开区间 (a,b) 内可导；

（3）$f(a)=f(b)$.

则在 (a,b) 内至少存在一点 ξ，使得 $f'(\xi)=0$.

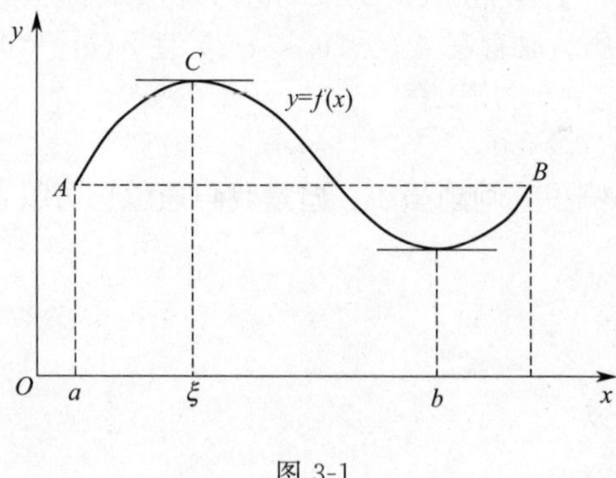

图 3-1

罗尔定理的几何意义是：在区间 $[a,b]$ 连续光滑曲线 $y=f(x)$ 在两端点的值相等，(a,b) 内的每点都有不垂直于 x 轴的切线，则在曲线弧上至少有一点，在该点处曲线的切线平行于 x 轴（图 3-1）.

【例 3-1】　验证罗尔定理对 $f(x)=x^2-1$ 在区间 $[-1,1]$ 上的正确性．

解 函数 $f(x)=x^2-1$ 在区间 $[-1,1]$ 上满足罗尔定理的三个条件，由罗尔定理，则至少存一点 $(-1,1)$ 使得

$$f'(\xi)=0.$$

事实上，由 $f'(x)=2x$ 得 $\xi=0$ 时，有 $f'(\xi)=f'(0)=0$.

【例 3-2】 不用求出函数 $f(x)=(x-1)(x-2)(x-3)$ 的导数，说明方程 $f'(x)=0$ 有几个实根，并指出它们所在的区间.

解 多项式函数 $f(x)$ 是一个连续且可导函数，且

$$f(1)=f(2)=f(3)=0.$$

所以函数在 $[1,2]$，$[2,3]$ 上都满足罗尔定理的条件，因此存在 $\xi_1\in(1,2)$，$\xi_2\in(2,3)$，使

$$f'(\xi_1)=f'(\xi_2)=0,$$

即 $f'(x)=0$ 至少有两个实根 $\xi_i(i=1,2)$.

又 $f'(x)=0$ 是二次方程，它至多有两个不同的实根，而 $\xi_1<\xi_2$，它们不相等. 所以 $f'(x)=0$ 有且仅有两个实根，分别位于 $(1,2)$ 和 $(2,3)$ 内.

3.1.2 拉格朗日中值定理

定理 3-2 [拉格朗日 (Lagrange) 中值定理] 如果函数 $f(x)$ 满足

① 在闭区间 $[a,b]$ 上连续；

② 在开区间 (a,b) 内可导.

则在 (a,b) 内至少存在一点 ξ，使得

$$f'(\xi)=\frac{f(b)-f(a)}{b-a}.$$

罗尔定理是拉格朗日中值定理的特殊情形.

【例 3-3】 验证拉格朗日中值定理对 $f(x)=\ln x$ 在区间 $[1,e]$ 上的正确性.

解 函数 $f(x)=\ln x$ 在区间 $[1,e]$ 上满足拉格朗日中值定理的两个条件，由拉格朗日中值定理，则至少存在一点 $\xi\in(1,e)$，使得

$$f'(\xi)=\frac{f(e)-f(1)}{e-1}$$

事实上，由 $f'(x)=\frac{1}{x}$，得

$$f'(\xi)=\frac{1}{\xi}.$$

所以 $$\frac{f(e)-f(1)}{e-1}=\frac{1}{\xi}，即 \frac{1}{e-1}=\frac{1}{\xi}$$

于是有 $$\xi=e-1\in(1,e).$$

定理 3-3 如果函数 $f(x)$ 满足在开区间 (a,b) 内的导数恒为零，则 $f(x)$ 在 (a,b) 内是一个常数.

证明 设 x_1，x_2 是 (a,b) 内的任意两点，且 $x_1<x_2$，在 $[x_1,x_2]$ 上应用拉格朗日中值定理，有

$$f(x_2)-f(x_1)=f'(\xi)(x_2-x_1)\quad(x_1<\xi<x_2).$$

由假设 $f'(\xi)=0$，得 $f(x_2)-f(x_1)=0$，即

$$f(x_2)=f(x_1).$$

因为 x_1,x_2 是 (a,b) 内的任意两点，所以上式表明 $f(x)$ 在 (a,b) 内任意两点的值总是相等的，这就是说 $f(x)$ 在 (a,b) 内是一个常数．

【例 3-4】 证明 $\arcsin x+\arccos x=\frac{\pi}{2}$，$x\in(-1,1)$．

证明 因为

$$(\arcsin x+\arccos x)'=\frac{1}{\sqrt{1-x^2}}-\frac{1}{\sqrt{1-x^2}}=0$$

所以 $$\arcsin x+\arccos x=c\quad(c\text{ 为常数}).$$

上式中令 $x=0$，则有

$$c=\arcsin 0+\arccos 0=\frac{\pi}{2},$$

即有 $$\arcsin x+\arccos x=\frac{\pi}{2}.$$

3.1.3 柯西中值定理

定理 3-4 ［柯西（Cauchy）中值定理］ 若函数 $f(x)$ 和 $g(x)$ 在闭区间 $[a,b]$ 上连续，在开区间 (a,b) 内可导，且 $g'(x)\neq 0$，则至少存在一点 $\xi\in(a,b)$，使得

$$\frac{f(b)-f(a)}{g(b)-g(a)}=\frac{f'(\xi)}{g'(\xi)}.$$

比较拉格朗日中值定理与柯西中值定理，显然拉格朗日中值定理是柯西中值定理的特例（令 $g(x)=x$）．

罗尔定理、拉格朗日中值定理、柯西中值定理统称为微分学中值定理．

注 微分学中值定理中的条件是充分但非必要的，即定理的条件不具备时，定理的结论也有可能成立．

习题 3.1

1. 若函数 $y=f(x)$ 在闭区间 $[a,b]$ 上连续，在开区间 (a,b) 内可导，且________，则一定存在一点 $c\in(a,b)$，使得 $f'(c)=0$.

2. 在拉格朗日中值定理中，函数 $y=f(x)$ 满足________条件，称为罗尔定理．

3. 验证下列各函数在区间 $[-1,1]$ 上是否满足罗尔定理．如果满足，试求出定理中的 ξ.

(1) $f(x)=x^3-x$； (2) $f(x)=1-\sqrt[3]{x^2}$；

(3) $f(x)=(x+1)^2$;　　(4) $f(x)=\frac{\sin x}{x}$.

4. 验证罗尔定理对函数 $y=\sin x$ 在区间 $\left[\frac{\pi}{6},\frac{5\pi}{6}\right]$ 上的正确性.

5. 验证罗尔定理对函数 $f(x)=2x^3+x^2-8x$ 在区间 $\left[-\frac{1}{2},2\right]$ 上的正确性.

6. 不求导数判断函数 $f(x)=(x-1)(x-2)(x-3)$ 的导数 $f'(x)=0$ 有几个实根及根的范围.

7. 验证拉格朗日中值定理对函数 $f(x)=2x^2+x+1$ 在区间 $[-1,3]$ 上的正确性.

8. 验证拉格朗日中值定理对函数 $f(x)=4x^3-5x^2+x-2$ 在区间 $[0,1]$ 上的正确性.

9. 函数 $f(x)=x^3-3x$ 在区间 $[0,2]$ 上是否满足拉格朗日中值定理的条件，若满足，试找出同时使定理结果成立的 ξ 值.

10. 判断下列各函数在给定区间是否满足拉格朗日中值定理.

(1) $y=|x|$, $[-1,1]$;　　(2) $y=\frac{1}{x}$, $[1,2]$;

(3) $y=\sqrt[3]{x^2}$, $[-1,1]$;　　(4) $y=\frac{x}{1-x^2}$, $[-2,2]$.

11. 验证函数 $f(x)=x^2$ 及 $g(x)=x$ 在 $[0,2]$ 上满足柯西中值定理的条件，并求出相应的 ξ 值.

3.2　洛必达法则

如果当 $x\to x_0$（或 $x\to\infty$）时，函数 $f(x)$，$g(x)$ 都趋近于零，或者都趋近于无穷大，则极限 $\lim\limits_{x\to x_0}\frac{f(x)}{g(x)}$（或 $\lim\limits_{x\to\infty}\frac{f(x)}{g(x)}$）可能存在，也可能不存在，我们把这两类极限分别称为 $\frac{0}{0}$ 型或 $\frac{\infty}{\infty}$ 型未定式.

下面介绍一种利用导数求未定式极限的简捷方法，即洛必达（L'Hospital）法则.

3.2.1　$\frac{0}{0}$ 型或 $\frac{\infty}{\infty}$ 型未定式

定理 3-5（洛必达法则）　如果函数 $f(x)$ 与 $g(x)$ 满足以下条件：

① 在点 x_0 的某一去心邻域内可导，且 $g'(x)\neq 0$，

② 极限 $\lim\limits_{x\to x_0}\frac{f(x)}{g(x)}$ 是 $\frac{0}{0}$ 型或 $\frac{\infty}{\infty}$ 型，

③ $\lim\limits_{x\to x_0}\frac{f'(x)}{g'(x)}=A$（或 ∞）.

则 $$\lim_{x\to x_0}\frac{f(x)}{g(x)}=\lim_{x\to x_0}\frac{f'(x)}{g'(x)}=A\ (\text{或}\infty).$$

定理 3-5 中，极限过程 $x\to x_0$ 换成 $x\to x_0^+$，$x\to x_0^-$ 以及 $x\to\infty$ 或 $x\to+\infty$，$x\to-\infty$ 等，结论同样成立．

【例 3-5】 求下列极限．

① $\lim\limits_{x\to 0}\dfrac{e^x-1}{x}$；　② $\lim\limits_{x\to 2}\dfrac{x^3-12x+16}{x^3-2x^2-4x+8}$；　③ $\lim\limits_{x\to+\infty}\dfrac{\frac{\pi}{2}-\arctan x}{\frac{1}{x}}$．

解 ① $\lim\limits_{x\to 0}\dfrac{e^x-1}{x}=\lim\limits_{x\to 0}\dfrac{(e^x-1)'}{x'}=\lim\limits_{x\to 0}\dfrac{e^x}{1}=1.$

② $\lim\limits_{x\to 2}\dfrac{x^3-12x+16}{x^3-2x^2-4x+8}=\lim\limits_{x\to 2}\dfrac{3x^2-12}{3x^2-4x-4}=\lim\limits_{x\to 2}\dfrac{6x}{6x-4}=\dfrac{3}{2}.$

③ $$\lim_{x\to+\infty}\frac{\frac{\pi}{2}-\arctan x}{\frac{1}{x}}=\lim_{x\to+\infty}\frac{\left(\frac{\pi}{2}-\arctan x\right)'}{\left(\frac{1}{x}\right)'}=\lim_{x\to+\infty}\frac{-\frac{1}{1+x^2}}{-\frac{1}{x^2}}=\lim_{x\to+\infty}\frac{x^2}{1+x^2}=1.$$

【例 3-6】 求下列极限．

① $\lim\limits_{x\to+\infty}\dfrac{\ln x}{x^\alpha}$；　② $\lim\limits_{x\to+\infty}\dfrac{x^n}{e^x}$．

解 ① $$\lim_{x\to+\infty}\frac{\ln x}{x^\alpha}=\lim_{x\to+\infty}\frac{(\ln x)'}{(x^\alpha)'}=\lim_{x\to+\infty}\frac{\frac{1}{x}}{\alpha x^{\alpha-1}}=\lim_{x\to+\infty}\frac{1}{\alpha x^\alpha}=0.$$

② 接连 n 次利用洛必达法则，得

$$\lim_{x\to+\infty}\frac{x^n}{e^x}=\lim_{x\to+\infty}\frac{nx^{n-1}}{e^x}=\lim_{x\to+\infty}\frac{n(n-1)x^{n-2}}{e^x}=\cdots=\lim_{x\to+\infty}\frac{n!}{e^x}=0.$$

3.2.2 其他类型的未定式——可化为 $\frac{0}{0}$ 型或 $\frac{\infty}{\infty}$ 型未定式

(1) $0\cdot\infty$ 型未定式

【例 3-7】 求极限 $\lim\limits_{x\to 0^+}x\cdot\ln x$．

解 $$\lim_{x\to 0^+}x\cdot\ln x=\lim_{x\to 0^+}\frac{\ln x}{\frac{1}{x}}=\lim_{x\to 0^+}\frac{\frac{1}{x}}{-\frac{1}{x^2}}=\lim_{x\to 0^+}(-x)=0.$$

(2) $\infty-\infty$ 型未定式

【例 3-8】 求 $\lim\limits_{x\to\frac{\pi}{2}}(\sec x-\tan x)$．

解 $$\lim_{x\to\frac{\pi}{2}}(\sec x-\tan x)=\lim_{x\to\frac{\pi}{2}}\frac{1-\sin x}{\cos x}=\lim_{x\to\frac{\pi}{2}}\frac{-\cos x}{-\sin x}=0.$$

(3) 0^0，∞^0，1^∞ 型未定式

【例 3-9】 求 $\lim\limits_{x\to0^+}(\sin x)^x$.

解 由于 $(\sin x)^x=e^{x\ln\sin x}=e^{\frac{\ln\sin x}{1/x}}$，应用洛必达法则有

$$\lim_{x\to0^+}\frac{\ln\sin x}{1/x}=\lim_{x\to0^+}\frac{\cos x/\sin x}{-1/x^2}=\lim_{x\to0^+}\left(\frac{-x}{\sin x}x\cos x\right)=0,$$

所以
$$\lim_{x\to0^+}(\sin x)^x=e^0=1.$$

注 ① 洛必达法则只能适用于"$\frac{0}{0}$"和"$\frac{\infty}{\infty}$"型的不定式，其他的不定式须先化简变形成"$\frac{0}{0}$"或"$\frac{\infty}{\infty}$"型才能运用该法则；

② 只要条件具备，可以连续应用洛必达法则；

③ 洛必达法则的条件是充分而非必要的，因此，在该法则失效时并不能断定原极限不存在.

【例 3-10】 求 $\lim\limits_{x\to\infty}\frac{x+\sin x}{x}$.

解 它是一个$\frac{\infty}{\infty}$型未定式，运用洛必达法则，得

$$\lim_{x\to\infty}\frac{x+\sin x}{x}=\lim_{x\to\infty}\frac{1+\cos x}{1}=\lim_{x\to\infty}(1+\cos x).$$

如此反复下去，并不能解得结果．改用其他方法，得

$$\lim_{x\to\infty}\frac{x+\sin x}{x}=\lim_{x\to\infty}(1+\frac{\sin x}{x})=1+\lim_{x\to\infty}\frac{\sin x}{x}=1+0=1.$$

习题 3.2

1. 利用洛必达法则求下列函数的极限.

(1) $\lim\limits_{x\to1}\frac{x^2-1}{\sqrt{x}-1}$； (2) $\lim\limits_{x\to1}\frac{e^{2x}-1}{3x}$； (3) $\lim\limits_{x\to1}\frac{x^2-3x+2}{x-1}$；

(4) $\lim\limits_{x\to\pi}\frac{\sin x}{x-\pi}$； (5) $\lim\limits_{x\to0}\frac{\sin5x}{x}$； (6) $\lim\limits_{x\to a}\frac{x^n-a^n}{x^m-a^m}$；

(7) $\lim\limits_{x\to0}\frac{e^x-1}{\sin x}$； (8) $\lim\limits_{x\to\frac{\pi}{2}}\frac{\cos x}{x-\frac{\pi}{2}}$； (9) $\lim\limits_{x\to+\infty}\frac{x}{e^x}$；

(10) $\lim\limits_{x\to+\infty}\frac{2x^3-2x+1}{3x^3-4}$； (11) $\lim\limits_{x\to+\infty}\frac{2^x}{x^3}$； (12) $\lim\limits_{x\to0}\frac{e^x-e^{-x}-2x}{x-\sin x}$；

(13) $\lim\limits_{x\to0}x\cot2x$； (14) $\lim\limits_{x\to0}\left(\frac{1}{\sin x}-\frac{1}{x}\right)$； (15) $\lim\limits_{x\to+\infty}x^{\frac{1}{x}}$；

(16) $\lim\limits_{x\to0}\frac{\ln(1+x)}{x}$； (17) $\lim\limits_{x\to0}\frac{e^x-e^{-x}}{\sin x}$； (18) $\lim\limits_{x\to0}\frac{a^x-b^x}{x}$；

(19) $\lim\limits_{x\to 0}\dfrac{\arctan x}{x}$； (20) $\lim\limits_{x\to a}\dfrac{\sin x-\sin a}{x-a}$； (21) $\lim\limits_{x\to \pi}\dfrac{\sin 3x}{\tan 5x}$；

(22) $\lim\limits_{x\to 1}\dfrac{x^3-5x+3}{x^3-1}$； (23) $\lim\limits_{x\to +\infty}\dfrac{\dfrac{\pi}{2}-\arctan x}{\dfrac{1}{x}}$； (24) $\lim\limits_{x\to +\infty}\dfrac{\ln x}{x^2}$；

(25) $\lim\limits_{x\to +\infty}\dfrac{e^x+e^{-x}}{e^x-e^{-x}}$； (26) $\lim\limits_{x\to +\infty}\dfrac{x^2+1}{x\ln x}$.

2. 验证 $\lim\limits_{x\to \infty}\dfrac{x+\sin x}{x}$ 极限存在，但不能用洛必达法则求出．

3. 若极限 $\lim\limits_{x\to 0}\dfrac{b-\cos x-ax}{x}=1$，求 a,b.

3.3 函数的单调性和凹凸性

3.3.1 函数的单调性

观察图 3-2.

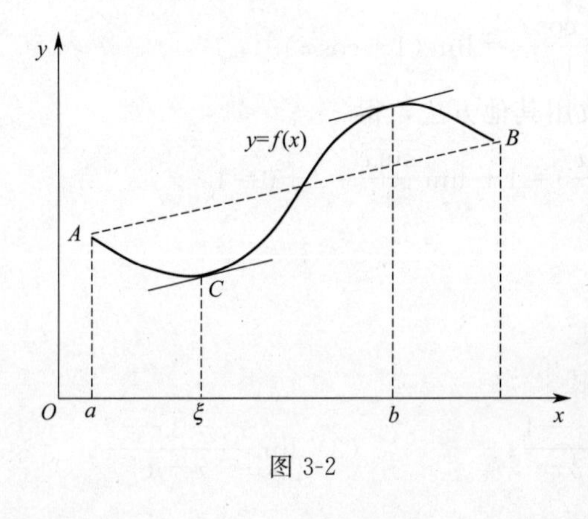

图 3-2

由图 3-2 可以看出，函数 $f(x)$ 如果在 $[a,b]$ 上单调增加，则它的图像在 $[a,b]$ 上是一条沿着 x 轴正向上升的曲线，其曲线上每一点处切线的斜率为正，即

$f'(x)>0$ （仅可能在个别点为零）.

函数 $f(x)$ 如果在 $[a,b]$ 上单调减少，则它的图像在 $[a,b]$ 上是一条沿着 x 轴正向下降的曲线，其曲线上每一点处切线的斜率为负，即

$f'(x)<0$ （仅可能在个别点为零）.

由此可见，函数 $f(x)$ 的单调性与其导数 $f'(x)$ 的正负号之间存在着必然的联系．

定理 3-6（单调性判定法） 函数 $f(x)$ 在闭区间 $[a,b]$ 上连续，在开区间 (a,b) 内可导，

① 若 $f'(x)>0$，则函数 $f(x)$ 在 $[a,b]$ 上单调增加．

② 若 $f'(x)<0$，则函数 $f(x)$ 在 $[a,b]$ 上单调减少．

证①对任意 x_1，$x_2\in[a,b]$，且 $x_1<x_2$，由拉格朗日中值定理，有

$$f(x_2)-f(x_1)=f'(\xi)(x_2-x_1)\quad (x_1<\xi<x_2).$$

若 $f'(x)>0$，则必有 $f'(\xi)>0$，又 $x_2-x_1>0$，故有 $f(x_2)>f(x_1)$，即函数 $f(x)[a,b]$ 上单调增加．

同理可证②.

【例 3-11】 判断函数 $y=x-\sin x$ 在区间 $[0,2\pi]$ 上的单调性.

解　因为在 $(0,2\pi)$ 内 $y'=1-\cos x>0$，由定理可知，函数 $y=x-\sin x$ 在区间 $[0,2\pi]$ 上的单调增加.

函数具有单调性的区间为函数的单调区间. 单调区间的分界点处的导数值应该为零，但导数值为零的点，不一定是单调区间的分界点.

使 $f'(x)=0$ 的点，称为函数 $y=f(x)$ 的驻点.

【例 3-12】 求函数 $f(x)=e^x-x+1$ 的单调区间.

解　$f'(x)=e^x-1$，令 $f'(x)=0$，得驻点 $x=0$.

当 $x>0$ 时，$f'(x)>0$，所以 $f(x)=e^x-x+1$ 在 $[0,+\infty)$ 上单调增加.

当 $x<0$ 时，$f'(x)<0$，所以 $f(x)=e^x-x+1$ 在 $(-\infty,0]$ 上单调减少.

【例 3-13】 求函数 $f(x)=x^{\frac{2}{3}}$ 的单调区间.

解　函数的定义域为 $(-\infty,+\infty)$，$f'(x)=\dfrac{2}{3}x^{-\frac{1}{3}}$，此函数无驻点，但当 $x=0$ 时，函数的导数不存在.

当 $x>0$ 时，$f'(x)>0$，所以 $f(x)=x^{\frac{2}{3}}$ 在 $[0,+\infty)$ 上单调增加.

当 $x<0$ 时，$f'(x)<0$，所以 $f(x)=x^{\frac{2}{3}}$ 在 $[0,+\infty)$ 上单调减少.

求函数 $y=f(x)$ 单调区间的步骤如下：

第一步，确定函数 $y=f(x)$ 的定义域；

第二步，求 $f'(x)$，并求出函数 $f(x)$ 在定义域内的驻点以及不可导点；

第三步，用驻点和不可导点将定义域分成若干小区间，列表分析；

第四步，写出函数 $y=f(x)$ 的单调区间.

【例 3-14】 求函数 $f(x)=2x^3-9x^2+12x-3$ 的单调区间.

解　① 函数的定义域为 $(-\infty,+\infty)$.

② $f'(x)=6x^2-18x+12=6(x-2)(x-1)$，令 $f'(x)=0$，得驻点 $x_1=1$，$x_2=2$.

③ $x_1=1$，$x_2=2$ 把定义域分成三部分，见表 3-1. 由表可知，函数 $f(x)$ 在 $(-\infty,1]$ 和 $[2,+\infty)$ 上单调增加，在 $[1,2]$ 上单调减少.

表 3-1

x	$(-\infty,1)$	1	$(1,2)$	2	$(2,+\infty)$
$f'(x)$	+	0	−	0	+
$f(x)$	↗	2	↘	1	↗

【例 3-15】 求证 $x>\ln(1+x)$ $(x>0)$.

证　设 $f(x)=x-\ln(1+x)$，则

$$f'(x)=1-\frac{1}{1+x}.$$

当 $x>0$ 时，$f'(x)>0$，由定理 3-6 知 $f(x)$ 为单调增加，又 $f(0)=0$，故当

$x>0$ 时，$f(x)>f(0)$，即

$$x-\ln(1+x)>0.$$

从而

$$x>\ln(1+x).$$

【例 3-16】（人口增长问题）中国的人口总数 P（以 10 亿为单位）在 1993～1995 年间可近似用方程 $P=1.15\times(1.014)^t$ 来计算，其中 t 是以 1993 年为起点的年数，根据这一方程，说明中国人口总数在这段时间是增长还是减少？

解 $\dfrac{\mathrm{d}P}{\mathrm{d}t}=1.15\times\ln(1.014)\times(1.014)^t=0.015988\times(1.014)^t>0.$

因此，中国人口总数在 1993～1995 年期间是增长的．

3.3.2 函数的凹凸性

【引例 3-1】 1985 年，美国的一家报刊报道了国防部长抱怨国会和参议院削减了国防预算，但是他的对手却反驳道，国会只是削减了国防预算增长的变化率．换句话说，若用 $f(x)$ 表示关于时间的函数，那么预算的导数 $f'(x)>0$，预算仍在增加，只是 $f''(x)<0$，即预算的增长变缓了．

定义 3-1 在开区间 (a,b) 内，如果曲线上每一点处的切线都在它的下方，则称曲线在 (a,b) 内是凹的，如图 3-3 所示．如果曲线上每一点处的切线都在它的上方，则称曲线在 (a,b) 内是凸的，如图 3-4 所示．

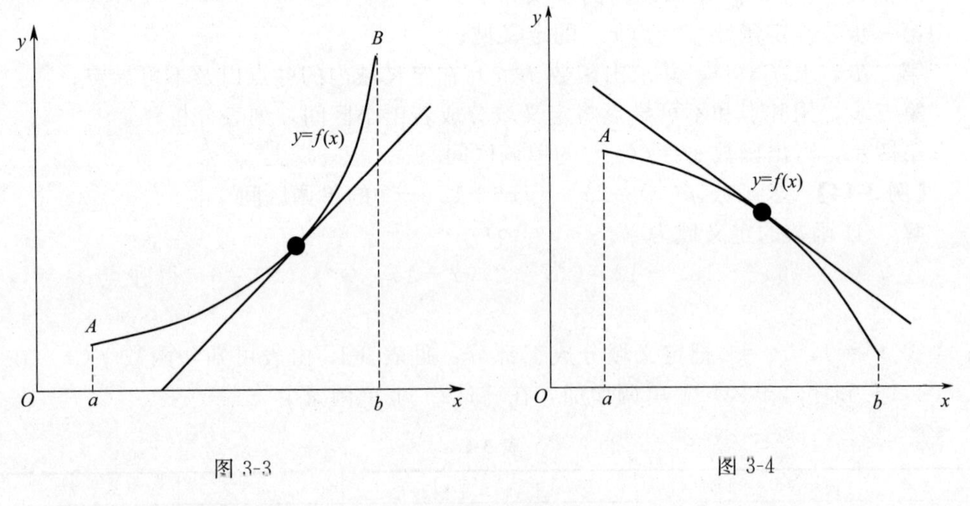

图 3-3　　图 3-4

定理 3-7（曲线凸凹性的判定定理） 设函数 $y=f(x)$ 在闭区间 $[a,b]$ 上连续，且在开区间 (a,b) 内具有二阶导数，如果对任意的 $x\in(a,b)$，有

① $f''(x)>0$，则曲线 $f(x)$ 在闭区间 $[a,b]$ 上是凹的；

② $f''(x)<0$，则曲线 $f(x)$ 在闭区间 $[a,b]$ 上是凸的．

曲线凹凸区间的分界点称为曲线的拐点．

求曲线的凹凸区间及拐点的步骤：

① 确定函数 $f(x)$ 的定义域；

② 求 $f'(x)$，$f''(x)$，解出 $f''(x)=0$ 的点和 $f''(x)$ 不存在的点；

③ 这些点将定义域分成若干小区间，列表判定在这些小区间内 $f''(x)$ 的符号；

④ 写出函数 $y=f(x)$ 的凹凸区间及拐点．

【例 3-17】 确定曲线 $y=x^3-6x^2+9x-3$ 的凸凹性和拐点．

解 $f'(x)=3x^2-12x+9$，$f''(x)=6x-12=6(x-2)$，由 $f''(x)=0$，得 $x=2$.

由表 3-2 可知，曲线在 $(-\infty,2)$ 内是凸的，在 $(2,+\infty)$ 内是凹的，曲线的拐点为 $(2,-1)$．

表 3-2

x	$(-\infty,2)$	2	$(2,+\infty)$
$f''(x)$	$-$	0	$+$
$y=f(x)$	$\cap$	拐点$(2,-1)$	$\cup$

【例 3-18】 确定曲线 $y=1+(x-1)^{\frac{1}{3}}$ 的凹凸性和拐点．

解 $f'(x)=\dfrac{1}{3}(x-1)^{-\frac{2}{3}}$，$f''(x)=-\dfrac{2}{9}\times\dfrac{1}{(x-1)^{\frac{5}{3}}}$，当 $x=1$ 时，$f''(x)$ 不存在．

由表 3-3 可知，曲线在 $(-\infty,1)$ 内是凹的，在 $(1,+\infty)$ 内是凸的，曲线的拐点为 $(1,1)$．

表 3-3

x	$(-\infty,1)$	1	$(1,+\infty)$
$f''(x)$	$+$	不存在	$+$
$y=f(x)$	$\cup$	拐点$(1,1)$	$\cap$

习题 3.3

1. 若在区间 (a,b) 内每一点都有 $f'(x)>0$，则函数 $y=f(x)$ 在区间 (a,b) 内是单调________.

2. 若函数 $y=f(x)$ 在区间 (a,b) 可导，且为单调减函数，则 $f'(x)=$________.

3. 确定下列函数的单调区间．

(1) $f(x)=x^3-3x^2-9x+5$；　(2) $f(x)=x^3-6x^2-15x+1$；

(3) $f(x)=\sqrt[3]{x^2}$；　(4) $f(x)=x\ln x$；

(5) $f(x)=x^2\mathrm{e}^{-x}$；　(6) $f(x)=\dfrac{1}{3}x^3-x^2-3x-3$；

(7) $f(x)=x^4-2x^3$；　(8) $f(x)=x\sqrt{6-x}$；

(9) $f(x)=x^4-2x^2-5$；　(10) $f(x)=2x+\dfrac{8}{x}(x>0)$；

(11) $f(x)=(x-1)(x+1)^3$；　(12) $f(x)=\ln(x+\sqrt{1+x^2})$；

(13) $f(x)=x-e^x$；　　(14) $f(x)=x-2\sin x$ $(0\leqslant x\leqslant 2\pi)$.

4. 确定函数 $y=\ln(1+x^2)$ 的单调减少区间.

5. 确定函数 $y=x+\frac{1}{x}$ 的单调增加区间.

6. 判定下列函数的单调性：

(1) $f(x)=x+\cos x$ $(0\leqslant x\leqslant 2\pi)$；　　(2) $f(x)=\arctan x-x$.

7. 讨论下列曲线的凹凸性，并求出曲线的拐点.

(1) $y=e^x$；　　(2) $y=\sin x$，$x\in[0,2\pi]$；

(3) $y=\sqrt[3]{x}$；　　(4) $y=x^3-3x+1$；

(5) $y=x^3-5x^2+3x+5$；　　(6) $y=x+\frac{1}{x}$，$x>0$；

(7) $y=3x^4-4x^3+1$；　　(8) $y=4x-x^2$；

(9) $y=1+\sqrt[3]{x-2}$；　　(10) $y=x^3-3x^2$；

(11) $y=(2x-1)^4+1$；　　(12) $y=\ln(1+x^2)$；

(13) $y=x^2+\frac{1}{x}$；　　(14) $y=x+x^{\frac{5}{3}}$.

8. 已知曲线 $y=ax^3+bx^2+1$ 以 (1, 3) 为拐点，试求 a,b 的值.

9. 证明下列不等式.

(1) 当 $x>0$ 时，$x>\ln(1+x)$；　　(2) 当 $x>0$ 时，$1+\frac{1}{2}x>\sqrt{1+x}$；

(3) 当 $x>4$ 时，$2^x>x^2$.

3.4 函数的极值与最值

3.4.1 函数的极值

定义 3-2 设函数 $f(x)$ 在点 x_0 的某邻域 $U(x_0)$ 内有定义，如果对去心邻域 $\mathring{U}(x_0)$ 内的任一 x，有 $f(x)<f(x_0)$（或 $f(x)>f(x_0)$），那么就称 $f(x_0)$ 是函数 $f(x)$ 的一个极大值（或极小值）.

函数的极大值和极小值统称为函数的极值，使得函数取得极值的点称为函数的极值点.

注 ① 极值是函数值，而极值点是指自变量的值.

② 极值与函数在整个区间上的最大值、最小值不同，前者是局部性的，而后者是整体性的. 因此，对于同一函数来说，其极小值可能大于极大值.

观察图 3-5，可以看到，在极值点处，曲线都有水平切线.

定理 3-8（必要条件） 若函数 $f(x)$ 在点 x_0 处可导，且在点 x_0 处取得极值，那么必有 $f'(x)=0$.

注 ① 可导函数 $f(x)$ 的极值点必是它的驻点，但函数的驻点不一定是极值点；

② 函数在它的导数不存在的点处也可能取得极值.

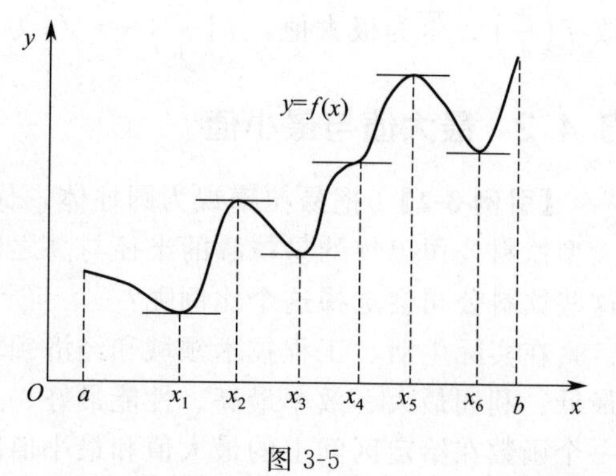

图 3-5

定理 3-9（极值判定法则 1）　设函数 $f(x)$ 在点 x_0 处连续且在 x_0 的某一去心邻域 $\mathring{U}(x_0)$ 内可导，则

① 当 $x<x_0$ 时，$f'(x)>0$，当 $x>x_0$ 时，$f'(x)<0$，那么函数 $f(x)$ 在点 x_0 处取得极大值；

② 当 $x<x_0$ 时，$f'(x)<0$，当 $x>x_0$ 时，$f'(x)>0$，那么函数 $f(x)$ 在点 x_0 处取得极小值.

定理 3-10（极值判定法则 2）　设函数 $f(x)$ 在 x_0 某一邻域内二阶可导，且 $f'(x_0)=0$，$f''(x_0)\neq 0$，则

① 当 $f''(x_0)<0$ 时，那么函数 $f(x)$ 在点 x_0 处取得极大值；

② 当 $f''(x_0)>0$ 时，那么函数 $f(x)$ 在点 x_0 处取得极小值.

求极值的步骤：

① 求导数 $f'(x)$；

② 求 $f(x)$ 的全部驻点和不可导点；

③ 检查 $f'(x)$ 在驻点或不可导点左右的正负号，判断极值点；如果是极值点，进一步判断是极大值点还是极小值点；

④ 求极值.

【例 3-19】　求函数 $f(x)=(x-1)^2(x+1)^3$ 的极值.

解　$f'(x)=(x-1)(x+1)^2(5x-1)$，$f'(x)=0$，求得驻点 $x=-1$，$\frac{1}{5}$，1.

x	$(-\infty,-1)$	-1	$\left(-1,\frac{1}{5}\right)$	$\frac{1}{5}$	$\left(\frac{1}{5},1\right)$	1	$(-1,3)$
$f'(x)$	+	0	+	0	−	0	+
$f(x)$	↗	无极值	↗	有极大值	↘	有极小值	↗

可见，在 $x=\frac{1}{5}$ 处，$f(x)$ 有极大值 $f\left(\frac{1}{5}\right)=\frac{3456}{3125}$；在 $x=1$ 处，$f(x)$ 有极小值 $f(1)=0$. 而在 $x=-1$ 两侧，函数均单调增加，所以函数在 $x=-1$ 处没有极值.

【例 3-20】　求函数 $f(x)=\sin x+\cos x$ 在区间 $[0,2\pi]$ 上的极值.

解　$f'(x)=\cos x-\sin x$，$f''(x)=-\sin x-\cos x$.

令 $f'(x)=\cos x-\sin x=0$ 得驻点 $x=\frac{\pi}{4}$，$\frac{5\pi}{4}$，而

$$f''\left(\frac{\pi}{4}\right)<0, f''\left(\frac{5\pi}{4}\right)>0$$

故 $f\left(\frac{\pi}{4}\right)=\sqrt{2}$ 为极大值，$f\left(\frac{5\pi}{4}\right)=-\sqrt{2}$ 为极小值.

3.4.2 最大值与最小值

【引例 3-2】 把易拉罐视为圆柱体，你是否注意到可口可乐、雪碧、健力宝等大型饮料公司出售的易拉罐的半径与高之比是多少？不妨去测量一下，思考为什么这些饮料公司会选择这个比例呢？

在实际生活、工程技术领域和经济领域，经常会遇到在一定条件下如何使成本最低、利润最大、效率最高、性能最好、进程最快等问题，这些问题均可归结为求一个函数在给定区间上的最大值和最小值问题.

由极值和最值的定义可知，极值是一个局部概念，而最值是一个整体概念。根据闭区间上连续函数一定存在最大值和最小值，由以上内容可知函数 $f(x)$ 最大值和最小值只可能在区间 $[a,b]$ 内的端点、或 (a,b) 内的极值点处取得，而只有驻点和不可导点有可能是极值点。

因此，求函数 $y=f(x)$ 在闭区间 $[a,b]$ 上最大值和最小值的步骤可归纳为：

① 求出函数 $f(x)$ 在 $[a,b]$ 内的所有驻点及不可导点；

② 求出各驻点不可导点及区间端点处的函数值；

③ 比较这些函数值的大小，其中最大者即为函数 $f(x)$ 在 $[a,b]$ 内的最大值；最小者即为函数 $f(x)$ 在 $[a,b]$ 内的最小值.

注 如果区间内只有一个极值，则这个极值就是最值（最大值或最小值）.

【例 3-21】 求函数 $y=2x^3+3x^2-12x+14$ 在 $[-3,4]$ 上的最大值与最小值.

解 因为 $f'(x)=6(x+2)(x-1)$，

令 $f'(x)=0$，得 $x_1=-2$，$x_2=1$.

计算 $f(-3)=23$，$f(-2)=34$，$f(1)=7$，$f(4)=142$.

比较得，最大值 $f(4)=142$，最小值 $f(1)=7$.

【例 3-22】 敌人乘汽车从河的北岸 A 处以 1km/min 的速度向正北逃窜，同时我军摩托车从河的南岸 B 处向正东追击，速度为 2km/min. 问：我军摩托车何时射击最好（相距最近射击最好)？

解 ① 建立敌我相距函数关系。

设 t 为我军从 B 处发起追击至射击的时间（min)，敌我相距函数 $s(t)$，则

$$s(t)=\sqrt{(0.5+t)^2+(4-2t)^2}.$$

② 求 $s=s(t)$ 的最小值点：

$$s'(t)=\frac{5t-7.5}{\sqrt{(0.5+t)^2+(4-2t)^2}}.$$

令 $s'(t)=0$，得唯一驻点 $t=1.5$.

故得我军从 B 处发起追击后 1.5min 射击最好.

实际问题求最值应注意：

① 建立目标函数；

② 求最值．

若目标函数只有唯一驻点，则该点的函数值即为所求的最大（小）值．

【例 3-23】 由直线 $y=0$，$x=8$ 及抛物线 $y=x^2$ 围成一个曲边三角形（图 3-6），在曲边 $y=x^2$ 上求一点，使曲线在该点处的切线与直线 $y=0$，$x=8$ 围成的三角形面积最大．

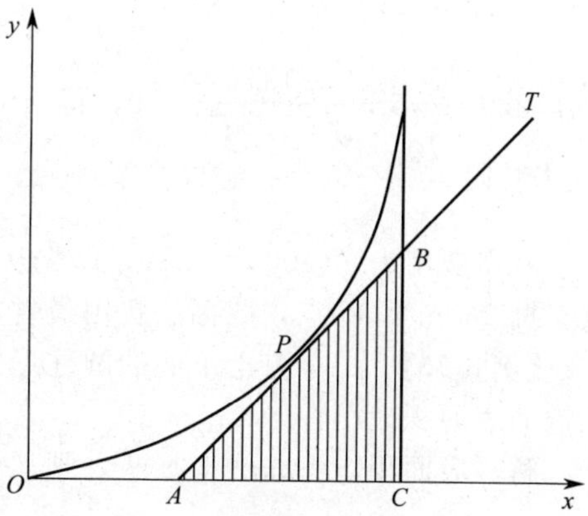

图 3-6

解 设所求切点为 $P(x_0,y_0)$，则切线 PT 为

$$y-y_0=2x_0(x-x_0).$$

因为 $y_0=x_0^2$，所以 $A\left(\frac{1}{2}x_0,0\right)$，$C(8,0)$，$B(8,16x_0-x_0^2)$．

所以 $S_{\Delta ABC}=\frac{1}{2}\left(8-\frac{1}{2}x_0\right)(16x_0-x_0^2)$ $(0\leqslant x_0\leqslant 8)$ ．

令 $S'=\frac{1}{4}(3x_0^2-64x_0+16\times 16)=0$，

解得 $x_0=\frac{16}{3}$，$x_0=16$（舍去）．

因为 $s''\left(\frac{16}{3}\right)=-8<0$，所以 $s\left(\frac{16}{3}\right)=\frac{4096}{27}$为极大值．

故曲线在点$\left(\frac{16}{3},\frac{4096}{27}\right)$处的切线与线 $y=0,x=8$ 围成的三角形面积最大，最大面积为 $s\left(\frac{16}{3}\right)=\frac{4096}{27}$.

【例 3-24】 某矿务局拟从地平面上一点 A 挖掘一管道至地平面下一点 C，设 AB 长 600m，BC 长 240m，如图 3-7 所示．沿水平 AB 方向是黏土，掘进费为每米 5 元，地平面下是岩石，掘进费是每米 13 元，怎么样挖掘费用最省？最省要多少元？

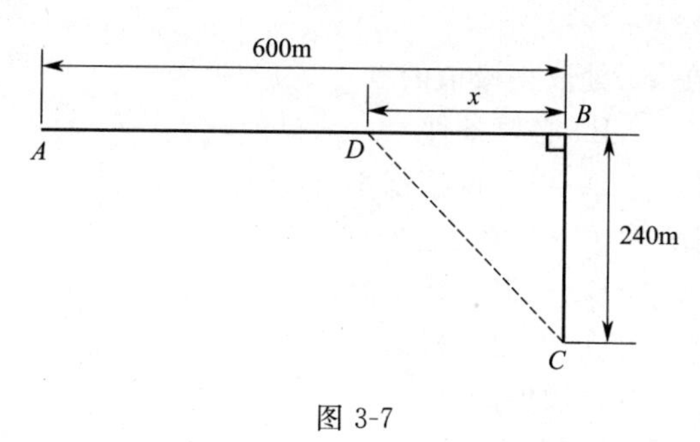

图 3-7

解 设先在地平面上由 A 点掘到 D 点，再由 D 点掘到 C 点，并令 $BD=x$，则所需费用为

$$f(x)=5(600-x)+13\sqrt{x^2+240^2}.$$

所以
$$f'(x)=-5+\frac{13x}{\sqrt{x^2+240^2}}.$$

令 $f'(x)=-5+\frac{13x}{\sqrt{x^2+240^2}}=0$，得 $x=100$. 于是

$$AD=500,DC=260.$$

所需费用为 $f(100)=5880$，即先从地平面的 A 点掘进 500m 到 D 点，再从 D 点斜掘 260m 到 C 点，此掘法费用最省，要用 5880 元.

【例 3-25】 一个有上下底的圆柱形铁桶，容积是常数 V，问底半径 r 多大时，铁桶的表面积最小？

解 表面积 $S=2\pi r^2+2\pi rh$，则

$$\frac{\mathrm{d}S}{\mathrm{d}r}=4\pi r-\frac{2V}{r^2},$$

令 $\frac{\mathrm{d}S}{\mathrm{d}r}=0$，得到函数在 $(0,+\infty)$ 内的唯一驻点 $r=\sqrt[3]{\frac{V}{2\pi}}$，故其为最小值点. 此时 $h=2r$.

【例 3-26】 一汽车厂家正在测试新开发的汽车发动机的效率 $p(\%)$ 与汽车的速度 v（km/h）之间的关系为 $p=0.768v-0.00004v^3$. 问：发动机的最大效率是多少？

解 $p=0.768v-0.00004v^3$，$p'_v=0.768-0.00012v^2$.

令 $p'_v=0$，解得 $v_1=80$，$v_2=-80$（不合题意，舍去）.

$p''_v(80)<0$，所以当 $v=80$ 时，函数达到极大值. 又因为是唯一的极值点，故为最大值点. 即 $v=80$km/h 时，发动机的效率最大，最大效率为

$$p(80)=0.768\times80-0.00004\times80^3\approx41\%.$$

习题 3.4

1. $f'(x_0)=0$ 是可导函数 $f(x)$ 在 x_0 处取得极值的（　　）.

A. 充分条件　　B. 必要条件

C. 充分必要条件　　D. 以上说法都不对

2. 若 $f'(x_0)=0$，$f''(x_0)=0$，则函数 $f(x)$ 在 x_0 处（　　）.

A. 一定有极大值　　B. 一定有极小值

C. 可能有极值　　D. 一定无极值

3. $f'(x_0)=0$ 是函数 $f(x)$ 在 x_0 处取得极值的（　　）.

A. 充分条件　　B. 必要条件

C. 充分必要条件　　D. 以上说法都不对

4. 求下列函数的极值.

(1) $f(x)=-x^4+2x^2$；　　(2) $f(x)=x^3-4x^2-3x$；

(3) $f(x)=x^3-3x^2-9x+5$；　(4) $f(x)=x^2\mathrm{e}^{-x}$；

(5) $f(x)=x-\mathrm{e}^x$；　(6) $f(x)=2-(x+1)^{\frac{2}{3}}$；

(7) $f(x)=x^3-3x^2+7$；　(8) $f(x)=(x-3)^2(x-2)$；

(9) $f(x)=x-\ln(1+x)$；　(10) $f(x)=(x^2-1)^3+1$；

(11) $f(x)=\sin x-2x$；　(12) $f(x)=\arctan x-\dfrac{1}{2}\ln(1+x^2)$；

(13) $f(x)=x+\sqrt{1-x}$；　(14) $f(x)=2\mathrm{e}^x+\mathrm{e}^{-x}$.

5. 求下列函数在给定区间上的最大值和最小值.

(1) $f(x)=x^4-2x^2+5$，$x\in[-2,2]$；

(2) $f(x)=x^4-4x^3+8$，$x\in[-1,1]$；

(3) $f(x)=2x^3-3x^2$，$x\in[-1,4]$；

(4) $f(x)=\dfrac{x}{1+x^2}$，$x\in[0,2]$；

(5) $f(x)=\sin x+\cos x$，$x\in[0,2\pi]$；

(6) $f(x)=\ln(1+x^2)$，$x\in[-1,2]$；

(7) $f(x)=x+\sqrt{1-x}$，$x\in[-5,1]$；

(8) $f(x)=2x^3+3x^2-12x+14$，$x\in[-3,4]$；

(9) $f(x)=x+\sqrt{x}$，$x\in[0,4]$；

(10) $f(x)=\sqrt{5-4x}$，$x\in[-1,1]$.

6. 函数 $f(x)=x^2-\dfrac{54}{x}$ $(x<0)$ 在何处取得最小值？最小值为多少？

7. 函数 $f(x)=\dfrac{x}{x^2+1}$ $(x\geqslant 0)$ 在何处取得最大值？最大值为多少？

8. 若函数 $f(x)=ax^2+bx$ 在点 $x=1$ 处取极大值 2，求 a，b.

9. 某房地产公司有 50 套公寓要出租，当租金定为每月 180 元时，公寓会全部租出去．当租金每月增加 10 元时，就有一套公寓租不出去，而租出去的房子每月需花费 20 元的整修维护费．试问：房租定为多少可获得最大收入？

10. 欲制造一个容积为 V 的圆柱形有盖容器．问：如何设计可使用料最省？

11. 建造一个容积为 300cm^3 圆柱形无盖水池，已知池底的单位造价是侧围单位造价的 2 倍．问：如何设计可以使造价最低？

12. 某高速公路上有一隧道，其横截面上方为半圆形，下方为矩形，半圆的直径与矩形的宽度相等，截面的面积为 5m^2．问：宽度为多少时，才能使截面的周长最小，从而使所用的材料最省？

13. 用一块边长为 a 的正方形铁皮，在其四角上各剪去一块面积相等的小正方形，做成无盖方盒．问：做出的铁盒容积最大为多少？

14. 证明：①面积一定的矩形中，正方形的周长最短；②周长一定的矩形中，正方形的面积最大．

3.5 函数图形的描绘　曲线的曲率

3.5.1 函数图形的描绘

以前我们利用描点法作图，这样作出的图形往往与实际图形相去甚远．这是因为，尽管我们比较准确地描出曲线上的一些点，但两点之间的其他点未能更细地描出，尤其是曲线的升降、凹凸性及有无极值点等问题不明了．为了提高作图的准确程度，现在我们可以利用函数的一阶与二阶导数，根据曲线的升降、极值点、凹凸性、拐点与渐近线等特性来作图，使图形能正确反映函数的性态．

作函数 $y=f(x)$ 图形的一般步骤如下：

① 确定函数的定义域；

② 考察函数的奇偶性（对称性）、周期性；

③ 确定水平渐近线与垂直渐近线；

④ 求 y' 与 y''，找出 y' 和 y'' 的零点、它们不存在的点以及函数的间断点；

⑤ 利用④中所得的点，将定义域划分为若干个区间，列表讨论各个区间上曲线的升降与凹凸性，并讨论每个分界点是否为极值点或产生拐点；

⑥ 描出极值点，拐点与特殊点，再根据上述性质逐段描出曲线．

定义 3-3　若当 $x\to\infty$（有时仅当 $x\to+\infty$ 或 $x\to-\infty$）时，$f(x)\to b$，则称直线 $y=b$ 为曲线 $y=f(x)$ 的水平渐近线．

例如，由于 $\lim\limits_{x\to\infty}\dfrac{2x-1}{x}=2$，故直线 $y=2$ 是曲线 $y=\dfrac{2x-1}{x}$ 的水平渐近线．同理可知，直线 $y=\dfrac{\pi}{2}$ 与 $y=-\dfrac{\pi}{2}$ 都是曲线 $y=\arctan x$ 的水平渐近线．

定义 3-4　若当 $x\to c$（有时仅当 $x\to c^+$ 或 $x\to c^-$）时，$f(x)\to\infty$，则称直线 $x=c$ 为曲线 $y=f(x)$ 的垂直渐近线．

例如，当 $x\to0^+$ 时，$\ln x\to-\infty$，所以直线 $x=0$ 是对数曲线 $y=\ln x$ 的垂直渐近线．同理可知，$x=0$ 是曲线 $y=\dfrac{2x-1}{x}$ 的垂直渐近线．

为求曲线 $y=f(x)$ 的垂直渐近线，应先找 $f(x)$ 的间断点 c，再看当 $x\to c$（或单侧）时，是否有 $f(x)\to\infty$.

【例 3-27】　作函数 $f(x)=x^3-x^2-x+1$ 的图形．

解　定义域为 $(-\infty,+\infty)$，无奇偶性及周期性．

$$f'(x)=(3x+1)(x-1),\quad f''(x)=2(3x-1).$$

令 $f'(x)=0$，得 $x=-\dfrac{1}{3}$，$x=1$. 令 $f''(x)=0$，得 $x=\dfrac{1}{3}$.

列表综合如下：

x	$\left(-\infty,-\frac{1}{3}\right)$	$-\frac{1}{3}$	$\left(-\frac{1}{3},\frac{1}{3}\right)$	$\frac{1}{3}$	$\left(\frac{1}{3},1\right)$	1	$(1,+\infty)$
$f'(x)$	+	0	−		−	0	+
$f''(x)$	−		−		+		+
$f(x)$	↗ ∩	极大值 $\frac{32}{27}$	↘ ∩	拐点 $\left(\frac{1}{3},\frac{16}{27}\right)$	↘ ∪	极小值 0	↗ ∪

补充点：$A(1,0)$，$B(0,1)$，$C\left(\frac{3}{2},\frac{5}{8}\right)$. 综合作出图形（图 3-8）.

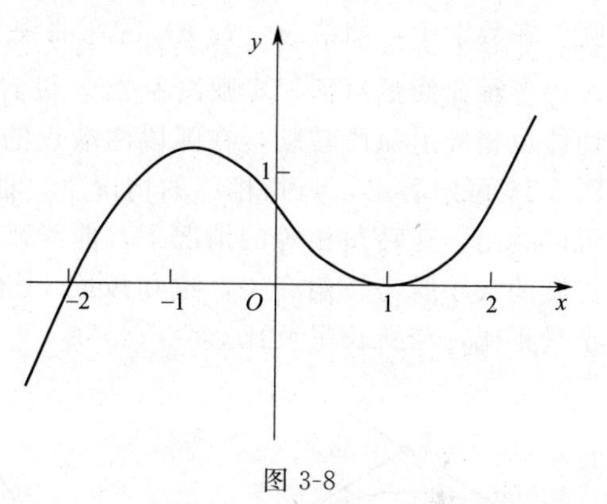

图 3-8

【例 3-28】 作函数 $y=\frac{1}{\sqrt{2\pi}}e^{-\frac{x^2}{2}}$ 的图形.

解 ① 定义域为 $x\in(-\infty,+\infty)$.

② $y=f(x)$ 为偶函数，图形对称于 y 轴. 我们可先讨论 $[0,+\infty)$ 上函数的图形，再据对称性作出左边的图形.

③ $\lim\limits_{x\to\infty}f(x)=0$，有水平渐近线 $y=0$. 但图形无垂直渐近线.

④ $y'=\frac{x}{\sqrt{2\pi}}e^{-\frac{x^2}{2}}$，$y''=\frac{x^2-1}{\sqrt{2\pi}}e^{-\frac{x^2}{2}}$.

令 $y'=0$，$y''=0$，得 $[0,+\infty)$ 上两点 $x_1=0$，$x_2=1$.

⑤ 列表讨论如下.

x	0	$(0,1)$	1	$(1,+\infty)$
$f''(x)$	0	−	−	−
$f''(x)$	−	−	0	+
$y=f(x)$	极大值	↘ ∩	有拐点	↘ ∪

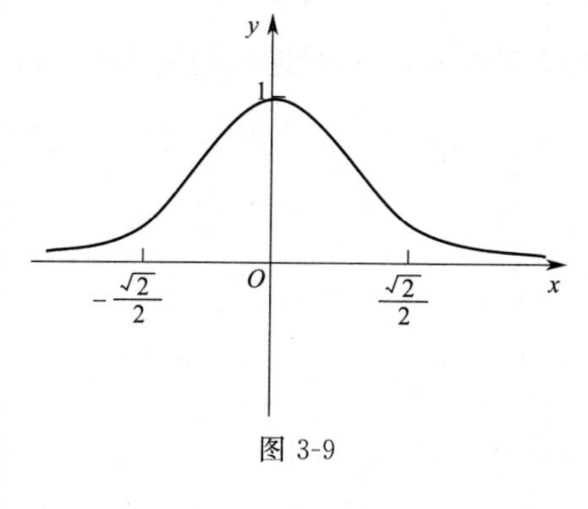

图 3-9

得极大值点 $M_1\left(0,\frac{1}{\sqrt{2\pi}}\right)$，拐点 $M_2\left(1,\frac{1}{\sqrt{2\pi e}}\right)$.

⑥ 描出点 M_1,M_2 和点 $M_3\left(2,\frac{1}{\sqrt{2\pi}\,e^2}\right)$，根据上表所列性质，描出 $y=f(x)$ 在 $[0,+\infty)$ 上的图形，再利用对称性描出函数在 $(-\infty,0)$ 上的图形. 如图 3-9 所示.

3.5.2 曲线的曲率

(1) 曲率的定义

曲线的弯曲程度问题是生产实践和工程技术中常常会遇到的一类问题．例如，设计铁路、高速公路的弯道时，就需要根据最高限速来确定弯道的弯曲程度．直觉上，我们知道，直线不弯曲，半径小的圆比半径大的圆弯曲得厉害些，抛物线上在顶点附近比远离顶点的部分弯曲得厉害些．那么如何用数量来描述曲线的弯曲程度呢？在数学中，曲线 $y=f(x)$ 的弯曲程度，常用"曲率"来描述．

考察曲线弧$\overset{\frown}{MN}$，其弧长为 Δs，设有一动点 M 沿弧段移动点 N，则该动点的切线也相应沿弧段转动，在弧段两端点的切线构成了一个角 $\Delta\alpha$，此角叫转角．由图 3-10 可以看出，弧长相等的情况下，曲线弯曲程度大的，转角也大．由图 3-11 可以看出，在转角相等的情况下，曲线弧长较短的弯曲较大．由此可见，曲线弯曲程度的大小既与转角有关，也和弧长 Δs 有关．由以上讨论知弯曲程度与转角的大小呈正比，与弧长呈反比．

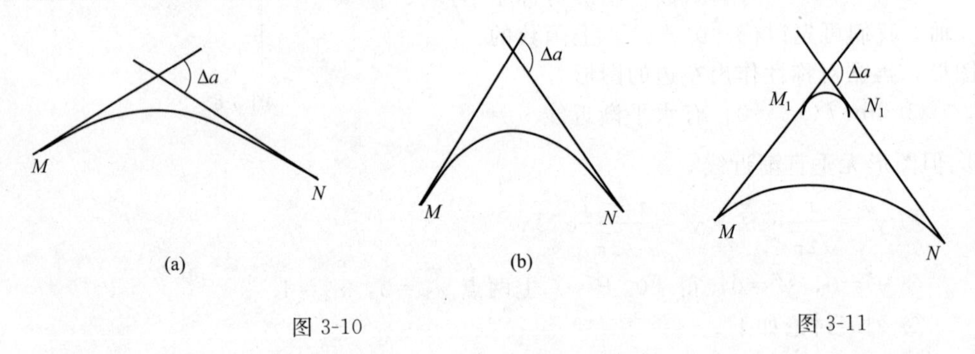

图 3-10　　图 3-11

通常用 $|\Delta\alpha|$ 与 $|\Delta s|$ 的比值来表示弧段$\overset{\frown}{MN}$的弯曲程度，称为$\overset{\frown}{MN}$平均曲率，记为

$$\bar{k}=\left|\frac{\Delta\alpha}{\Delta s}\right|.$$

Δs 越小，比值 $\left|\frac{\Delta\alpha}{\Delta s}\right|$ 越接近于 M 点的弯曲程度．

定义 3-5 设 M 和 N 是曲线 $y=f(x)$ 上的两点，当 N 沿曲线趋向于 M 时，$\overset{\frown}{MN}$的平均曲率 $\bar{k}=\left|\frac{\Delta\alpha}{\Delta s}\right|$ 的极限，称为曲线 $y=f(x)$ 在点 M 处的曲率，记为 k，即

$$k=\lim_{\Delta s\to 0}\frac{\Delta\alpha}{\Delta s}.$$

注 ① 这里 $\Delta\alpha$ 用弧度表示，平均曲率和曲率的单位为弧度/单位长．

② 在 $\lim\limits_{\Delta s\to 0}\left|\frac{\Delta\alpha}{\Delta s}\right|=\left|\frac{\mathrm{d}\alpha}{\mathrm{d}s}\right|$ 存在的条件下，k 可以表示为

$$k=\left|\frac{\mathrm{d}\alpha}{\mathrm{d}s}\right|.$$

【例 3-29】 求半径为 R 的圆周上任一点处的曲率.

解 取任意圆弧 $\overset{\frown}{MN}$

$$\Delta\alpha=\alpha=\angle MON,\quad \Delta s=R\alpha.$$

于是

$$\bar{k}=\left|\frac{\Delta\alpha}{\Delta s}\right|=\frac{\alpha}{R\alpha}=\frac{1}{R}.$$

故

$$k=\lim_{\Delta s\to 0}\left|\frac{\Delta\alpha}{\Delta s}\right|=\lim_{\Delta s\to 0}\frac{1}{R}=\frac{1}{R}.$$

所以圆周上任一点的曲率都是 $\frac{1}{R}$，即圆周上任一点的弯曲程度相同，且圆的半径越小，弯曲程度越大.

(2) 曲率公式

设函数 $y=f(x)$ 二阶可导，以下先来求 $\mathrm{d}\alpha$ 与 $\mathrm{d}s$.

① 由导数的几何意义知，曲线 $y=f(x)$ 在点 M 的切线斜率为

$$y'=\tan\alpha,\quad \alpha=\arctan y'$$

于是

$$\mathrm{d}\alpha=\mathrm{d}(\arctan y')=\frac{1}{1+y'^2}\mathrm{d}y'=\frac{y''}{1+y'^2}\mathrm{d}x.$$

② 考察图 3-12 中弧段 $\overset{\frown}{MN}$，当点 N 无限接近点 M 时，可用弦 $\overline{MN}$ 的长近似地替代 $\overset{\frown}{MN}$ 的弧长 Δs，则

$$\frac{\Delta s}{\Delta x}=\overset{\frown}{MN}\frac{1}{\overline{MN}}\cdot\sqrt{1+\left(\frac{\Delta y}{\Delta x}\right)^2}.$$

当 $N\to M$ 时，即 $\Delta x\to 0$ 时，取极限得

$$\frac{\mathrm{d}s}{\mathrm{d}x}=\sqrt{1+y'^2}.$$

即 $\mathrm{d}s=\sqrt{1+y'^2}\,\mathrm{d}x$，$\mathrm{d}s$ 叫弧微分. 于是，曲率的计算公式为

$$k=\left|\frac{\mathrm{d}\alpha}{\mathrm{d}s}\right|=\left|\frac{\frac{y''}{1+y'^2}\mathrm{d}x}{\sqrt{1+y'^2}\,\mathrm{d}x}\right|=\left|\frac{y''}{(1+y'^2)^{3/2}}\right|.$$

【例 3-30】 求直线 $y=ax+b(a\neq 0)$ 的曲率.

解 $y'=a$，$y''=0$，代入曲率计算公式得 $k=0$. 即直线的弯曲程度为零.

(3) 曲率圆

如图 3-13 所示，设曲线 $y=f(x)$ 在点 $M(x,y)$ 处的曲率为 k ($k\neq 0$). 在点 M 处的曲线的法线上，在凹的一侧取一点 D，使 $|DM|=\frac{1}{k}=\rho$. 以 D 为圆心，ρ 为半径所作的圆称为曲线在点 M 处的曲率圆；曲率圆的圆心 D 称为曲线在点 M

处的曲率中心；曲率圆的半径 ρ 称为曲线在点 M 处的曲率半径．

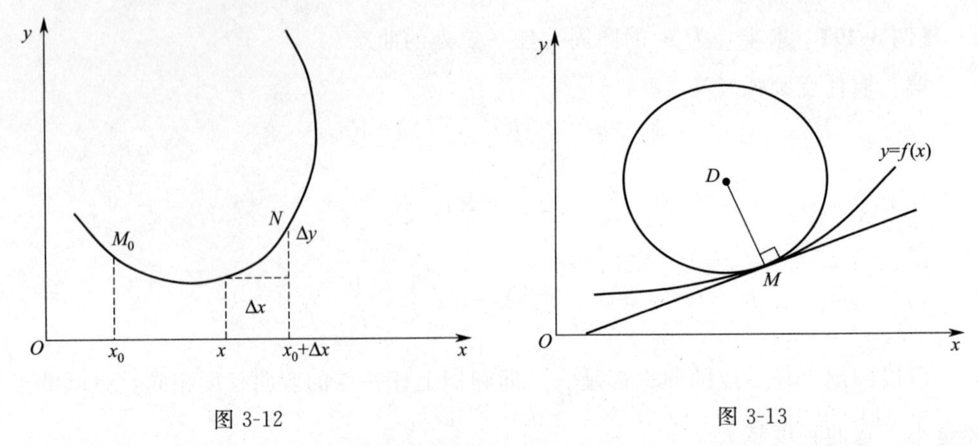

图 3-12　　　　图 3-13

根据上述规定，曲率圆与曲线在点 M 处有相同的切线和曲率，且在点 M 邻近处凹凸性相同．因此，在工程上常常用曲率圆在点 M 邻近处的一段圆弧来近似代替该点邻近处的小曲线弧．

【例 3-31】 设工件内表面的截线为抛物线 $y=0.4x^2$，现在要用砂轮磨削其内表面，问用直径多大的砂轮才比较合适？

解 为了在磨削时不使砂轮与工件接触处附近的那部分工件磨去太多，砂轮的半径应不大于抛物线上各点处曲率半径中的最小值．因为

$$y'=0.8x,\quad y''=0.8.$$

所以，抛物线上任一点的曲率半径为

$$\rho=\frac{1}{k}=\frac{(1+y'^2)^{3/2}}{|y''|}=\frac{[1+(0.8x)^2]^{3/2}}{|0.8|},$$

当 $x=0$ 时，即在顶点处，曲率半径最小，为 $\rho=1.25$.

所以，选用砂轮的半径不得超过 1.25 单位长，即直径不得超过 2.50 单位长．

习题 3.5

1. 求下列函数的水平渐近线．

(1) $y=\frac{\sin x}{x}$；　　(2) $y=\frac{1}{x}-2$；

(3) $y=\operatorname{arccot}x$；　　(4) $y=\mathrm{e}^x$．

2. 求下列函数的垂直渐近线．

(1) $y=\frac{1}{x}$；　　(2) $y=\frac{2}{x^2-x}$．

3. 求下列曲线的渐近线．

(1) $y=\arctan x$；　　(2) $y=\frac{1}{x^2-1}$；

(3) $y=\frac{x-1}{(x-2)^2}-1$；　(4) $y=x^2+\frac{1}{x}$；

(5) $y=\frac{x^2}{x^2-x-2}$；　(6) $y=\frac{a}{(x-b)^2}+c$.

4. 作下列函数的图形.

(1) $y=xe^x$；　(2) $y=2-x-x^3$；　(3) $y=\ln(x^2+1)$；

(4) $y=\frac{x}{1+x^2}$；　(5) $y=\frac{e^x}{1+x}$；　(6) $y=\frac{x^2}{x^2-1}$.

5. 求下列曲线在给定点处的曲率.

(1) $xy=4$ 在点 (2,2) 处；　(2) $y=\ln(1-x^2)$ 在原点处；

(3) $y=\frac{e^x+e^{-x}}{2}$在点 (0，1) 处.

6. 证明抛物线 $y^2=4x$ 在原点处的曲率最大.

7. 已知函数 $f(x)=ax^3+bx^2+cx+d$ 有极值点 $x_1=1$ 和 $x_2=3$，曲线 $y=f(x)$ 的拐点为 (2,4)，在拐点处曲线的斜率等于-3，确定 a,b,c,d 的值，并作函数的图像.

8. 求曲线 $y=e^x$ 上曲率为最大的点.

9. 求曲线 $y=a\ln\left(1-\frac{x^2}{a^2}\right)$ $(a>0)$ 上曲率半径为最小的点.

第 3 章单元测试

1. 填空题.

(1) 若 $f'(x_0)=0$，则称 x_0 为 $f(x)$ 的________.

(2) 如果 $f(x)$ 在 (a,b) 内单调减少，那么 $f'(x)$ ________ 0；如果 $f(x)$ 在 (a,b) 内单调增加，那么 $f'(x)$ ________ 0.

(3) 如果点 x_0 是函数 $f(x)$ 的极值点，且 $f'(x_0)$ 存在，则 $f'(x_0)$ ______ 0.

(4) 曲线凹凸性的分界点称为________.

(5) 如果 $f(x)$ 在 (a,b) 内是凹的，那么 $f''(x_0)$ ________ 0；如果 $f(x)$ 在 (a,b) 内是凸的，那么 $f''(x_0)$ ________ 0.

(6) 在$[1,2]$上，函数 $f(x)=x^2-1$ 满足拉格朗日中值定理中的 $\xi=$________.

(7) $f(x)=x^2+4x+3$ 的单调增区间为________，单调减区间为________.

(8) 函数 $f(x)$ 的可能极值点有________和________.

(9) 曲线 $y=3x^3+\frac{9}{2}x-1$ 的拐点为________.

(10) 函数 $f(x)=\frac{x^3+x+1}{2x^3-2x+5}$的水平渐近线为________.

2. 选择题.

(1) 在$[-1,1]$上满足罗尔中值定理的是 (　　).

A. $y=\frac{\tan x}{x}$　　B. $y=(x+1)^2$　　C. $y=-x$　　D. $y=2x^2+3$

(2) 极限$\lim\limits_{x\to 0}\frac{e^x+x-1}{x}=$（　）.

A. 0　　B. 1　　C. 2　　D. 不存在

(3) 函数 $y=f(x)$ 在点 x_0 处取极大值，则必有（　）.

A. $f'(x_0)=0$　　B. $f''(x_0)<0$

C. $f'(x_0)=0$，$f''(x_0)<0$　　D. $f'(x_0)=0$ 或 $f'(x_0)$ 不存在

(4) $f''(x_0)=0$ 是 $y=f(x)$ 的图形在 x_0 处有拐点的（　）.

A. 充分条件　　B. 必要条件

C. 充分必要条件　　D. 以上说法都不对

(5) 曲线 $y=\frac{x^2+1}{x-1}$（　）.

A. 有水平渐近线无垂直渐近线

B. 无水平渐近线有垂直渐近线

C. 既无水平渐近线又无垂直渐近线

D. 既有水平渐近线又有垂直渐近线

3. 判断题（正确的为“对”，错误的为“错”）.

(1) 若 $f'(x_0)=0$，则称 x_0 为 $f(x)$ 的极值点.（　）

(2) $f(x)$ 的极值点一定是驻点或不可导点，反之则不成立.（　）

(3) 函数的极大值不一定是函数的最大值.（　）

(4) 若 $f(x)$ 在 $[0,+\infty)$ 上连续，且在 $(0,+\infty)$ 内 $f'(x)<0$，则 $f(0)$ 为 $f(x)$ 在 $[0,+\infty)$ 上的最大值.（　）

(5) 若函数 $f(x)$ 在开区间 (a,b) 内是单调的，则曲线 $y=f(x)$ 必是凹的或必是凸的.（　）

4. 求下列函数极限.

(1) $\lim\limits_{x\to 0}\frac{e^x-e^{-x}}{x}$；　　(2) $\lim\limits_{x\to +\infty}\frac{\ln x}{x+2}$；

(3) $\lim\limits_{x\to +\infty}\frac{\ln(1+e^x)}{\sqrt{1+x^2}}$；　　(4) $\lim\limits_{x\to 1}\left(\frac{x}{x-1}-\frac{1}{\ln x}\right)$；

(5) $\lim\limits_{x\to 0}x\cot 2x$；　　(6) $\lim\limits_{x\to 0^+}\left(\frac{1}{\tan x}\right)^{\sin x}$.

5. 求下列函数的单调区间.

(1) $y=-\frac{1}{2}x^2+x$；　　(2) $y=x+\sin x$ $(0\leqslant x\leqslant 2\pi)$.

6. 求下列函数的极值.

(1) $f(x)=1-(x-2)^{\frac{2}{3}}$；　　(2) $f(x)=x^2+2x-1$.

7. 若 $(1,4)$ 是曲线 $y=ax^3+bx^2$ 的拐点，求 a,b.

8. 求函数 $y=x-3(x-1)^{\frac{2}{3}}$ 的单调区间．

9. 若函数 $f(x)=ax^2+bx$ 在点 $x=1$ 处取极大值 4，求 a,b.

10. 某工厂要利用原有的一面墙壁建一面积为 512m^2 的矩形堆料场，问：堆料场的长和宽各为多少米时，可以使砌墙所用的材料最少？

11. 甲船位于乙船东 75n mile[1]（海里），以每小时 12n mile 的速度向西行驶，而乙船则以每小时 6n mile 的速度向北行驶．问：经过多少时间，两船相距最近？

数学名人故事

开普勒猜想

假如在你面前放着一堆橘子，怎么摆放才能最节约空间？别以为这只是困扰水果店老板的日常烦恼之一．虽然任何人都可以凭着经验或直觉断定，把上一层橘子交错着放到下一层橘子彼此相邻的凹处，显然要比直接一个叠一个的摆放更合理，也更节约空间．但是，谁能从数学上证明，的确不存在比这更合理的方法呢？

说起开普勒猜想的历史，要回到 1590 年的某一天．在为自己的船队出海远征前准备物资时，沃尔特·罗利爵士突然想到：能不能根据一堆摆放整齐的炮弹的高度，推算出这些炮弹的准确数目呢？他的助手、数学家托马斯·哈里耳特（Thomas Harriot）几乎毫不费力地就给出了答案．然而，当更深入地思考这个问题时，哈里耳特却发现，其中的奥秘并不那么简单．水手们惯常使用的摆放方式是否是最节约空间的方式？怎样摆放球体，才能使它们占用最少的地方？哈里耳特设想出了多种堆放模型，并在此基础上发展出了自己的原子理论．

几年后，在写给著名天文学家开普勒（Johannes Kepler）的信中，哈里耳特提到了这个问题．在经过一系列的试验之后，开普勒在 1611 年出版的小册子《新年礼物——论六出的雪花》中提出了自己对于问题正确解答的猜想：当大小相当的球体按照“面心晶体”——球心位于正方体各面的中心上——的形式，并且将第一层摆放成六角形时，它们占用的空间最小，对空间的利用率可以超过 74%．虽然开普勒没有为自己的猜想给出证明，但他的影响力却使该问题自此被命名为“开普勒猜想”．

开普勒猜想被提出之后，许多数学家都试图为其给出证明．但直到 200 多年后，另一位伟大的数学家高斯（Carl Friedrich Gauss）才在 1831 年部分证明了开普勒猜想，即对于规则形状，开普勒猜想是正确的．但在此之后，开普勒猜想的证明工作再度停滞．在 1900 年的国际数学家大会上，数学家大卫·希尔伯特因此将其列入了著名的“二十三个未解数学难题”之一．

1953 年，匈牙利数学家拉兹洛·费耶·托斯（Laszlo Fejes Toth）指出，无论对于规则和不规则形状，开普勒猜想的证明都可以减少到有限次数——但数目极为庞

[1] 1n mile=1852m.

大——的计算．这就意味着，从理论上讲，一种穷尽所有可能的证明方式是可行的．而一台速度足够快的计算机就可以将这种设想变为现实．

从 1992 年开始，遵循着托斯的思路，当时在密歇根大学的海尔斯开始与自己的学生合作，使用计算机辅助证明开普勒猜想．在经过了 6 年的运算后，1998 年 8 月，海尔斯宣布证明完成．他的全部证明包括 250 页笔记，3GB 的计算机程序、数据和运算结果．

围绕开普勒猜想计算机证明产生了一系列争论．这种争论很大程度上是“数学课是否应该允许学生使用计算器”的高端版本，只不过争论的双方变成了专业的数学家，而价值判断的取舍也更为困难．问题的焦点在于，如果接受了海尔斯的证明，也就意味着，假定计算机在执行计算时完全无误，不会存在任何微小的程序错误．而是否真是这样，人类很难凭借自己的能力作出判断．就像普林斯顿数学教授约翰·康威(John Conway) 在接受《纽约时报》采访时说的：“我不喜欢它们（计算机证明），因为你感觉不知道究竟发生了什么．”

对于一向追求凭逻辑和运算即可判定真伪，并以明确简洁的证明为“好的数学”的原则的数学界而言，这无疑是让人非常难以接受的结果．更何况，计算机的运算也并非无可挑剔．英特尔公司就一直在使用校验工具软件检查其计算机芯片的运算法则，希望避免 1994 年奔腾芯片曾经出现过的数据运算错误再度发生．

不过，也有乐观的数学家指出，既然现在最好的计算机可以在比赛中打败世界象棋冠军，那么，未来的计算机也应该能够解出难倒了最伟大的数学家的数学难题．但问题的关键似乎不在于此．开普勒说过，数学是唯一好的形而上学．用计算机如此形而下的方式解答他留下来的猜想，多少总有些讽刺的味道．

不定积分是导数和微分运算的逆运算，是积分学的一个基本问题. 本章主要介绍不定积分的概念、性质和公式.

4.1 不定积分的概念和性质

4.1.1 原函数的概念

定义 4-1 如果在某一区间上，有 $F'(x)=f(x)$[或 $\mathrm{d}F(x)=f(x)\mathrm{d}x$]，则称 $F(x)$ 为 $f(x)$ 在该区间上的一个原函数.

例如，因为 $(x^2)'=2x$，所以 x^2 是 $2x$ 的一个原函数. 而 $(x^2+1)'=2x$，所以 x^2+1 也是 $2x$ 的一个原函数. 对于任意常数 C，有 $(x^2+C)'=2x$，所以 x^2+C 也是 $2x$ 的一个原函数. 可见一个函数的原函数并不是唯一的.

定理 4-1 若 Fx 为 $f(x)$ 在某区间上的一个原函数，则 $F(x)+C$（C 为任意常数）都是 $f(x)$ 在该区间上的原函数.

定理 4-2 $f(x)$ 在某区间上的任意两个原函数之间只相差一个常数.

由上述两个定理可知，$F(x)+C$ 是 $f(x)$ 的全体原函数，并且可以表示 $f(x)$ 的任意一个原函数.

定理 4-3（原函数存在定理） 在某区间上连续的函数，在该区间上一定存在原函数.

注 ① 初等函数在其定义区间上的原函数一定存在，但它的原函数却未必能用初等函数来表示.

② 并不是任何一个函数都存在原函数.

4.1.2 不定积分的定义

定义 4-2 在某区间上，$f(x)$ 的全体原函数 $F(x)+C$，称为 $f(x)$ 在该区间上的不定积分，记为

$$\int f(x)\mathrm{d}x = F(x) + C.$$

其中，“$\int$”称为积分号；“$f(x)$”称为被积函数；“$f(x)\mathrm{d}x$”称为被积表达式；“x”称为积分变量.

【例 4-1】 求 $\int x^2\mathrm{d}x$.

解 因为 $\left(\frac{x^3}{3}\right)'=x^2$，所以 $\int x^2\mathrm{d}x=\frac{x^3}{3}+C$.

【例 4-2】 求 $\int \frac{1}{x}\mathrm{d}x$.

解 因为 $(\ln|x|)'=\frac{1}{x}$，所以 $\int \frac{1}{x}\mathrm{d}x=\ln|x|+C$.

求不定积分的运算称为积分运算，积分运算是微分运算的逆运算. 故

① $[\int f(x)\mathrm{d}x]'=f(x)$ 或 $\mathrm{d}[\int f(x)\mathrm{d}x]=f(x)\mathrm{d}x$；

② $\int F'(x)\mathrm{d}x=F(x)+C$ 或 $\int \mathrm{d}F(x)=F(x)+C$.

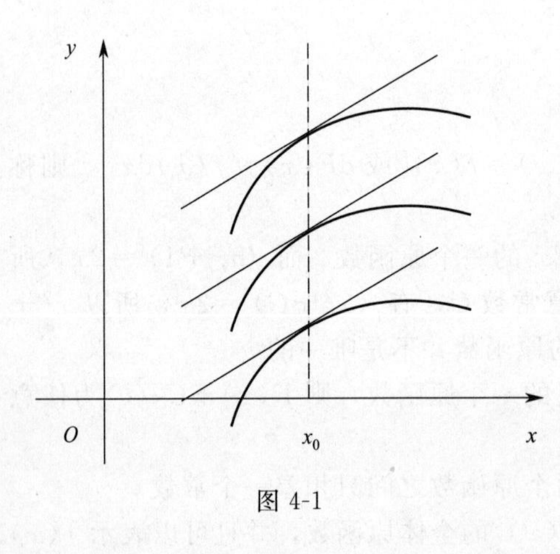

图 4-1

这就是说，若先积后微，则两者作用抵消. 反之，若先微后积则抵消后相差一个常数.

几何意义：由定义知，不定积分所表示的不是一个函数，而是一个函数族：$y=F(x)+C$. 从几何上看（图 4-1），不定积分的图像是一个曲线族，我们称之为 $f(x)$ 的积分曲线.

积分曲线有两个显著的特征：

① 在相同的点 x_0 处，各条曲线的切线都是平行的. 其斜率为 $f(x_0)$.

② 两条曲线在 y 轴方向上的距离相等，即其中一条可以由另一条沿 y 轴方向平移而得.

【例 4-3】 求过点（1,1），且切线斜率等于 $3x^2$ 的曲线.

解 设曲线为 $y=F(x)$，则 $F'(x)=3x^2$，于是

$$\mathrm{d}x=6t^5\mathrm{d}t.$$

因过点（1,1），所以 $C=0$.

因此所求曲线为 $y=x^3$.

4.1.3 不定积分的基本公式

由不定积分的定义及导数的基本公式可以得到相应不定积分的基本公式：

① $\int k\,\mathrm{d}x = kx + C$（$k$ 为任意常数）；　② $\int x^{\mu}\,\mathrm{d}x = \frac{1}{\mu+1}x^{\mu+1} + C$（$\mu \neq 1$）；

③ $\int \frac{1}{x}\mathrm{d}x = \ln|x| + C$；　④ $\int \frac{1}{1+x^2}\mathrm{d}x = \arctan x + C$；

⑤ $\int \frac{1}{\sqrt{1-x^2}}\mathrm{d}x = \arcsin x + C$；　⑥ $\int a^x\,\mathrm{d}x = \frac{1}{\ln a}a^x + C$；

⑦ $\int \mathrm{e}^x\,\mathrm{d}x = \mathrm{e}^x + C$；　⑧ $\int \sin x\,\mathrm{d}x = -\cos x + C$；

⑨ $\int \cos x\,\mathrm{d}x = \sin x + C$；　⑩ $\int \frac{1}{\cos^2 x}\mathrm{d}x = \int \sec^2 x\,\mathrm{d}x = \tan x + C$；

⑪ $\int \frac{1}{\sin^2 x}\mathrm{d}x = \int \csc^2 x\,\mathrm{d}x = -\cot x + C$；⑫ $\int \sec x\tan x\,\mathrm{d}x = \sec x + C$；

⑬ $\int \csc x\cot x\,\mathrm{d}x = -\csc x + C$.

【例 4-4】　求 $\int \frac{1}{\sqrt[3]{x^2}}\mathrm{d}x$.

解　原式 $=\int x^{-\frac{2}{3}}\mathrm{d}x = 3x^{\frac{1}{3}} + C$.

4.1.4　不定积分的性质

性质 4-1　$\int [f(x) \pm g(x)]\mathrm{d}x = \int f(x)\mathrm{d}x \pm \int g(x)\mathrm{d}x$.

性质 4-2　$\int kf(x)\mathrm{d}x = k\int f(x)\mathrm{d}x$（$k$ 为不等于零的常数）.

【例 4-5】　求 $\int (2x^3 - \mathrm{e}^x + 3)\mathrm{d}x$.

解

$$\int (2x^3 - \mathrm{e}^x + 3)\mathrm{d}x = \int 2x^3\mathrm{d}x - \int \mathrm{e}^x\mathrm{d}x + \int 3\mathrm{d}x$$

$$= 2\times\frac{x^4}{4} - \mathrm{e}^x + 3x + C = \frac{x^4}{2} - \mathrm{e}^x + 3x + C.$$

注　① 逐项积分后，每个不定积分都含有任意常数，但只需写出一个任意常数；

② 检验积分结果是否正确，只需将结果求导，看其是否等于被积函数即可．

4.1.5　直接积分法

直接利用积分的基本公式和基本运算法则求出积分结果，或者将被积函数经过适当的恒等变形，再利用积分的基本公式和基本运算法则求出积分结果的积分方法就称为直接积分法．

【例 4-6】　求 $\int \frac{x^4}{1+x^2}\mathrm{d}x$.

解 原式$=\int\frac{x^4-1+1}{1+x^2}dx=\int\frac{(x^2+1)(x^2-1)+1}{1+x^2}dx=\int\left[(x^2-1)+\frac{1}{1+x^2}\right]dx$

$$=\int x^2dx-\int dx+\int\frac{1}{1+x^2}dx=\frac{1}{3}x^3-x+\arctan x+C.$$

【例 4-7】 求$\int\sin^2\frac{x}{2}dx$.

解 原式$=\int\frac{1-\cos x}{2}dx=\frac{1}{2}\int(1-\cos x)dx$

$$=\frac{1}{2}\left[\int dx-\int\cos x dx\right]=\frac{1}{2}(x-\sin x)+C.$$

习题 4.1

1. 下列各式是否正确？为什么？

(1) $\int x^2dx=\frac{1}{3}x^3+1$；

(2) $\int x^2dx=\frac{1}{3}x^3+C$（$C$ 为任意常数）；

(3) $\frac{d}{dx}\left[\int f(x)dx\right]=f(x)$；

(4) $\int f'(x)dx=f(x)$；

(5) $d\left[\int f(x)dx\right]=f(x)$.

2. 求下列不定积分.

(1) $\int\frac{1}{x^2}dx$；

(2) $\int\left(\frac{2}{x}+\frac{x}{2}\right)dx$；

(3) $\int\frac{x-3}{\sqrt{x}+\sqrt{3}}dx$；

(4) $\int\frac{x^3-2x^2+3}{x}dx$；

(5) $\int x(x-3)dx$；

(6) $\int\left(\frac{x+1}{x}\right)dx$；

(7) $\int\left(\frac{x+2}{x}\right)^2dx$；

(8) $\int\cos^2\frac{x}{2}dx$；

(9) $\int\sin^2\frac{x}{2}dx$；

(10) $\int\cot^2 x dx$；

(11) $\int\frac{1}{x^2(1+x^2)}dx$；

(12) $\int 2^t dt$.

3. 曲线 $y=f(x)$ 在点 x 处切线斜率为 $-x+2$，且曲线过点(2,5)，求该曲线的方程.

4. 曲线 $y=f(x)$ 在点 x 处切线斜率为 $3x^2$，且曲线过点(1,1)，求该曲线的方程.

5. 一物体由静止开始运动，经 t 秒(s) 后的速度是 $3t^2$ m/s，问：

(1) 在 2s 后，物体离开出发点的距离是多少？

(2) 物体走完 360m 需要多少时间？

4.2　换元积分法

4.2.1　第一类换元积分法（凑微分法）

定理 4-4　若$\int f(x)\mathrm{d}x=F(x)+C$，则

$$\int f(\varphi(x))\varphi'(x)\mathrm{d}x=\int f(u)\mathrm{d}u=F(u)+C=F(\varphi(x))+C$$

或

$$\int f(\varphi(x))\varphi'(x)\mathrm{d}x=\int f(\varphi(x))\mathrm{d}\varphi(x)=F(\varphi(x))+C.$$

定理 4-4 的特点是将“子函数”$\varphi(x)$ 换为u. 而$\varphi'(x)\mathrm{d}x=\mathrm{d}\varphi(x)$，说明被积式中有一部分可以凑微分，从这个意义上说“第一类换元积分法”又称“凑微分法”.

【例 4-8】　求$\int(1+2x)^3\mathrm{d}x$.

解　方法 1，令 $u=1+2x$，则 $\mathrm{d}u=2\mathrm{d}x$，即 $\mathrm{d}x=\frac{1}{2}\mathrm{d}u$，于是有

$$\int(1+2x)^3\mathrm{d}x=\frac{1}{2}\int u^3\mathrm{d}u=\frac{1}{8}u^4+C,$$

还原变量，得

$$\int(1+2x)^3\mathrm{d}x=\frac{1}{8}(1+2x)^4+C.$$

方法 2，$\int(1+2x)^3\mathrm{d}x=\frac{1}{2}\int(1+2x)^3\mathrm{d}(1+2x)=\frac{1}{8}(1+2x)^4+C.$

【例 4-9】　求$\int\frac{1}{\sqrt{a^2-x^2}}\mathrm{d}x\ (a>0)$.

解　$\int\frac{1}{\sqrt{a^2-x^2}}\mathrm{d}x=\int\frac{1}{a}\frac{\mathrm{d}x}{\sqrt{1-\left(\frac{x}{a}\right)^2}}=\int\frac{1}{\sqrt{1-\left(\frac{x}{a}\right)^2}}\mathrm{d}\left(\frac{x}{a}\right)=\arcsin\frac{x}{a}+C.$

【例 4-10】　求积分.

① $\int x\mathrm{e}^{x^2}\mathrm{d}x$；　② $\int\frac{1}{x^2}\cos\frac{1}{x}\mathrm{d}x$；　③ $\int\frac{\cos x}{\sqrt{\sin x}}\mathrm{d}x$；④ $\int\frac{1}{x\ln x}\mathrm{d}x$.

解　① $\int x\mathrm{e}^{x^2}\mathrm{d}x=\frac{1}{2}\int\mathrm{e}^{x^2}\mathrm{d}x^2=\frac{1}{2}\mathrm{e}^{x^2}+C.$

② $\int\frac{1}{x^2}\cos\frac{1}{x}\mathrm{d}x=-\int\cos\frac{1}{x}\mathrm{d}\frac{1}{x}=-\sin\frac{1}{x}+C.$

③ $\int\frac{\cos x}{\sqrt{\sin x}}\mathrm{d}x=\int\frac{1}{\sqrt{\sin x}}\mathrm{d}\sin x=2\sqrt{\sin x}+C.$

④ $\int \frac{1}{x\ln x}\mathrm{d}x=\int \frac{1}{\ln x}\mathrm{d}(\ln x)=\ln|\ln x|+C$.

【例 4-11】 求$\int \frac{x}{1+x}\mathrm{d}x$.

解 $$\int \frac{x}{1+x}\mathrm{d}x=\int \frac{1+x-1}{1+x}\mathrm{d}x=\int\left(1-\frac{1}{1+x}\right)\mathrm{d}x=\int \mathrm{d}x-\int \frac{1}{1+x}\mathrm{d}x$$
$$=x-\ln|1+x|+C$$

【例 4-12】 求$\int \frac{1}{x^2-a^2}\mathrm{d}x$.

解 $$\int \frac{1}{x^2-a^2}\mathrm{d}x=\frac{1}{2a}\int\left(\frac{1}{x-a}-\frac{1}{x+a}\right)\mathrm{d}x=\frac{1}{2a}\int\left(\frac{\mathrm{d}(x-a)}{x-a}-\frac{\mathrm{d}(x+a)}{x+a}\right)$$
$$=\frac{1}{2a}(\ln|x-a|-\ln|x+a|)+C=\frac{1}{2a}\ln\left|\frac{x-a}{x+a}\right|+C.$$

【例 4-13】 求$\int \sec x\,\mathrm{d}x$.

解 $$\int \sec x\,\mathrm{d}x=\int \frac{1}{\cos x}\mathrm{d}x=\int \frac{\cos x}{\cos^2 x}\mathrm{d}x=\int \frac{\mathrm{d}(\sin x)}{1-\sin^2 x}=\frac{1}{2}\ln\left|\frac{1+\sin x}{1-\sin x}\right|+C$$
$$=\ln|\tan x+\sec x|+C.$$

【例 4-14】 求$\int \frac{\mathrm{d}x}{\sqrt{x-x^2}}$.

解 方法 1，$$\int \frac{\mathrm{d}x}{\sqrt{x-x^2}}=\int \frac{\mathrm{d}x}{\sqrt{x(1-x)}}=2\int \frac{\mathrm{d}\sqrt{x}}{\sqrt{1-(\sqrt{x})^2}}=2\arcsin\sqrt{x}+C.$$

方法 2

$$\int \frac{\mathrm{d}x}{\sqrt{x-x^2}}=\int \frac{\mathrm{d}x}{\sqrt{\frac{1}{4}-\left(x-\frac{1}{2}\right)^2}}=\int \frac{2\mathrm{d}x}{\sqrt{1-(2x-1)^2}}=\int \frac{\mathrm{d}(2x-1)}{\sqrt{1-(2x-1)^2}}$$
$$=\arcsin(2x-1)+C.$$

4.2.2 第二类换元积分法

引入变量t，使得$x=\varphi(t)$单调可导，且$\varphi'(t)\neq 0$，把原积分化成容易计算的形式，即

$$\int f(x)\mathrm{d}x=\int f(\varphi(t))\mathrm{d}(\varphi(t))=\int f(\varphi(t))\varphi'(t)\mathrm{d}t=F(t)+C=F(\varphi^{-1}(x))+C.$$

我们把这种积分法称为第二换元法.

这里主要介绍被积函数中含一般根式的不定积分. 其中一种思想方法是：令根式整体为中间变量，已达到去掉根式的目的.

【例 4-15】 求$\int \frac{x+1}{x\sqrt{x-2}}\mathrm{d}x$.

解 令$\sqrt{x-2}=t$，即$x=t^2+2$，$\mathrm{d}x=2t\mathrm{d}t$，于是

$$\int \frac{x+1}{x\sqrt{x-2}}dx=\int \frac{t^2+3}{(t^2+2)t}2t\,dt=2\int \frac{t^2+3}{t^2+2}dt=2\left(\int dt+\int \frac{1}{t^2+2}dt\right)$$

$$=2t+\arctan\frac{t}{\sqrt{2}}+C=2\sqrt{x-2}+\arctan\sqrt{\frac{x-2}{2}}+C.$$

【例 4-16】 求$\int \frac{dx}{\sqrt{x}+\sqrt[3]{x}}$.

解 令 $x=t^6$，$dx=6t^5dt$，于是

$$\int \frac{dx}{\sqrt{x}+\sqrt[3]{x}}=\int \frac{6t^5}{t^3+t^2}dt=6\int \frac{t^3}{t+1}dt=6\int \frac{t^3+1-1}{t+1}dt=6\int\left[(t^2-t+1)\frac{1}{t+1}\right]dt$$

$$=6\left(\frac{t^3}{3}-\frac{t^2}{2}+t-\ln|t+1|\right)+C=2\sqrt{x}-3\sqrt[3]{x}+6\sqrt[6]{x}-6\ln\left|\sqrt[6]{x}+1\right|+C.$$

【例 4-17】 求$\int \sqrt{a^2-x^2}\,dx\,(a>0)$.

解 由于 $\sin^2t+\cos^2t=1$，则设 $x=a\sin t$，$t\in\left(-\frac{\pi}{2},\frac{\pi}{2}\right)$，故 $dx=a\cos t\,dt$，于是

$$\int \sqrt{a^2-x^2}\,dx=\int a\cos t a\cos t\,dt=a^2\int \cos^2 t\,dt=a^2\int \frac{1+\cos 2t}{2}dt$$

$$=\frac{a^2}{2}\left(t+\frac{\sin 2t}{2}\right)+C=\frac{a^2}{2}t+\frac{a^2}{2}\sin t\cos t+C.$$

由 $x=a\sin t$，$t\in\left(-\frac{\pi}{2},\frac{\pi}{2}\right)$，有 $t=\arcsin\frac{x}{a}$，$\cos t=\frac{\sqrt{a^2-x^2}}{a}$，故

$$\int \sqrt{a^2-x^2}\,dx=\frac{a^2}{2}\arcsin\frac{x}{a}+\frac{x}{2}\sqrt{a^2-x^2}+C.$$

【例 4-18】 求$\int \frac{dx}{\sqrt{x^2+a^2}}$ $(a>0)$.

解 利用公式 $1+\tan^2t=\sec^2t$ 消去根式.

设 $x=a\tan t$，$t\in\left(-\frac{\pi}{2},\frac{\pi}{2}\right)$，故 $dx=a\sec^2dt$，于是

$$\int \frac{dx}{\sqrt{x^2+a^2}}=\int \frac{a\sec^2 t}{a\sec t}dt=\int \sec t\,dt=\ln|\tan t+\sec t|+C_1$$ （利用例 4-13 的结果）.

由 $x=a\tan t$，$t\in\left(-\frac{\pi}{2},\frac{\pi}{2}\right)$，有 $\tan t=\frac{x}{a}$，$\sec t=\frac{\sqrt{x^2+a^2}}{a}$，且 $\tan t+\sec t>0$，故

$$\int \frac{dx}{\sqrt{x^2+a^2}}=\ln\left(\frac{x}{a}+\frac{\sqrt{x^2+a^2}}{a}\right)+C_1=\ln(x+\sqrt{x^2+a^2})+C$$ （其中 $C=C_1-\ln a$）.

习题 4.2

1. 填空题.

(1) $x^3\mathrm{d}x=$ ________ $\mathrm{d}(3x^4-2)$； (2) $\mathrm{e}^{-2x}\mathrm{d}x=$ ________ $\mathrm{d}(1+\mathrm{e}^{-2x})$；

(3) $\cos(2x-1)\mathrm{d}x=$ ________ $\mathrm{d}[\sin(2x-1)]$； (4) $\dfrac{\mathrm{d}x}{1+9x^2}=$ ________ $\mathrm{d}(\arctan 3x)$.

2. 求下列不定积分.

(1) $\displaystyle\int\frac{1}{\sqrt{2x-1}\,(2x-1)}\mathrm{d}x$； (2) $\displaystyle\int\frac{x\,\mathrm{d}x}{1+x^4}$；

(3) $\displaystyle\int\mathrm{e}^{\mathrm{e}^x+x}\mathrm{d}x$； (4) $\displaystyle\int\sin 2x\,\mathrm{d}x$；

(5) $\displaystyle\int\frac{\cos x}{\mathrm{e}^{\sin x}}\mathrm{d}x$； (6) $\displaystyle\int\cos^2 3x\,\mathrm{d}x$；

(7) $\displaystyle\int\frac{\mathrm{d}x}{\sin x\cos x}$； (8) $\displaystyle\int\frac{x\,\mathrm{d}x}{\sin^2(x^2+1)}$.

3. 求下列不定积分.

(1) $\displaystyle\int\frac{\mathrm{d}x}{1+\sqrt{2x}}$； (2) $\displaystyle\int\frac{\sqrt{x+1}-1}{\sqrt{x+1}+1}\mathrm{d}x$；

(3) $\displaystyle\int\frac{x\,\mathrm{d}x}{\sqrt{1+\sqrt[3]{x^2}}}$； (4) $\displaystyle\int\frac{\sqrt{a^2-x^2}}{x^2}\mathrm{d}x$；

(5) $\displaystyle\int\frac{\mathrm{d}x}{\sqrt{1+\mathrm{e}^x}}$； (6) $\displaystyle\int\frac{2x+3}{\sqrt{3-2x-x^2}}\mathrm{d}x$；

(7) $\displaystyle\int\frac{\mathrm{d}x}{x^3\sqrt{x^2-9}}$； (8) $\displaystyle\int\frac{\mathrm{d}x}{\sqrt{x^2+4x+5}}$；

(9) $\displaystyle\int\frac{\mathrm{d}x}{\mathrm{e}^x+\mathrm{e}^{-x}}$； (10) $\displaystyle\int\frac{\mathrm{d}x}{x+\sqrt{1-x^2}}$.

4.3 分部积分法

利用两个函数乘积的求导法则，推导出另一个求积分的方法——部分积分法.

设函数 $u=u(x)$，$v=v(x)$ 具有连续导数，则有 $(uv)'=u'v+uv'$，则 $uv'=(uv)'-u'v$，即

$$uv'=(uv)'-u'v,$$

两边积分，得

$$\int uv'\mathrm{d}x=uv-\int u'v\,\mathrm{d}x \quad 或 \quad \int u\,\mathrm{d}v=uv-\int v\,\mathrm{d}u.$$

称$\int u\mathrm{d}v=uv-\int v\mathrm{d}u$为不定积分的分部积分公式.

根据经验可归纳为口诀“反对幂三指，前u后$\mathrm{d}v$”.

【例4-19】 求$\int x\cos x\mathrm{d}x$.

解 $\int x\cos x\mathrm{d}x=\int x\mathrm{d}\sin x=x\sin x-\int \sin x\mathrm{d}x=x\sin x+\cos x+C.$

【例4-20】 求$\int x\ln x\mathrm{d}x$.

解 $$\int x\ln x\mathrm{d}x=\int \ln x\mathrm{d}\left(\frac{1}{2}x^2\right)=\frac{1}{2}x^2\ln x-\frac{1}{2}\int x^2\mathrm{d}(\ln x)=\frac{1}{2}x^2\ln x-\frac{1}{2}\int x\mathrm{d}x$$

$$=\frac{1}{2}x^2\ln x-\frac{1}{4}x^2+C.$$

【例4-21】 求$\int x^2\mathrm{e}^x\mathrm{d}x$.

解 $$\int x^2\mathrm{e}^x\mathrm{d}x=\int x^2\mathrm{d}\mathrm{e}^x=x^2\mathrm{e}^x-2\int x\mathrm{e}^x\mathrm{d}x=x^2\mathrm{e}^x-2\left(x\mathrm{e}^x-\int \mathrm{e}^x\mathrm{d}x\right)$$

$$=x^2\mathrm{e}^x-2(x\mathrm{e}^x-\mathrm{e}^x)+C=\mathrm{e}^x(x^2-2x+2)+C.$$

【例4-22】 求$\int \mathrm{e}^{\sqrt{x}}\mathrm{d}x$.

解 令$\sqrt{x}=t$，$t^2=x$，$\mathrm{d}x=2t\mathrm{d}t$，则

$$\int \mathrm{e}^{\sqrt{x}}\mathrm{d}x=2\int t\mathrm{e}^t\mathrm{d}t=2\left(t\mathrm{e}^t-\int \mathrm{e}^t\mathrm{d}t\right)=2(t\mathrm{e}^t-\mathrm{e}^t)=2\mathrm{e}^t(t-1)+C$$

$$=2\mathrm{e}^{\sqrt{x}}(\sqrt{x}-1)+C.$$

【例4-23】 求$\int \mathrm{e}^x\sin x\mathrm{d}x$.

解 $$\int \mathrm{e}^x\sin x\mathrm{d}x=\int \sin x\mathrm{d}(\mathrm{e}^x)=\mathrm{e}^x\sin x-\int \mathrm{e}^x\cos x\mathrm{d}x=\mathrm{e}^x\sin x-\int \cos x\mathrm{d}(\mathrm{e}^x)$$

$$=\mathrm{e}^x\sin x-\mathrm{e}^x\cos x-\int \mathrm{e}^x\sin x\mathrm{d}x.$$

将$\int \mathrm{e}^x\sin x\mathrm{d}x$作为未知函数解出来得

$$\int \mathrm{e}^x\sin x\mathrm{d}x=\frac{1}{2}\mathrm{e}^x(\sin x-\cos x)+C.$$

习题4.3

1. 求下列不定积分.

(1) $\int x\sin x\mathrm{d}x$；　　(2) $\int \ln x\mathrm{d}x$；

(3) $\int \arcsin x\mathrm{d}x$；　　(4) $\int x\mathrm{e}^x\mathrm{d}x$；

(5) $\int \ln(x+\sqrt{x^2-1})\mathrm{d}x$；(6) $\int \frac{\arctan x}{x^2}\mathrm{d}x$；

(7) $\int x^3(\ln x)^2\mathrm{d}x$；(8) $\int \sec^3 x\mathrm{d}x$；

(9) $\int \frac{\ln\ln x}{x}\mathrm{d}x$；(10) $\int x^n \ln x\mathrm{d}x$.

2. 求下列不定积分.

(1) $\int (\arcsin x)^2\mathrm{d}x$；(2) $\int \mathrm{e}^{-x}\cos x\mathrm{d}x$；

(3) $\int x^2\cos x\mathrm{d}x$；(4) $\int x\cos\frac{x}{2}\mathrm{d}x$；

(5) $\int x\sin x\cos x\mathrm{d}x$；(6) $\int \mathrm{e}^{-2x}\sin\frac{x}{2}\mathrm{d}x$.

第4章单元测试

1. 填空题.

(1) $\int 0\mathrm{d}x=$________；(2) $\int \mathrm{d}f(x)=$________；

(3) $[\int f(x)\mathrm{d}x]'=$________.；(4) $\int \frac{f'(\tan x)}{\cos^2 x}\mathrm{d}x=$________；

(5) 若$\int f(x)\mathrm{d}x=\sin 2x+C$，则 $f'(x)=$________；

(6) 设曲线通过点(0,1)，且任意点切线的斜率为 $2\cos 2x$，则曲线方程 $y=$________.

2. 单选题.

(1) $\sqrt{x}$ 是(　　)的一个原函数.

A. $\frac{1}{2x}$　　B. $\frac{1}{2\sqrt{x}}$　　C. $\ln x$　　D. $\sqrt[3]{x}$

(2) 下列等式成立的是(　　).

A. $\int f'(x)\mathrm{d}x=f(x)$　　B. $\frac{\mathrm{d}}{\mathrm{d}x}\int f(x)\mathrm{d}x=f(x)$

C. $\mathrm{d}\int f(x)\mathrm{d}x=f(x)$　　D. $\int \mathrm{d}f(x)=f(x)$

(3) 若$\int f(x)\mathrm{d}x=2^x+x+1+C$，则 $f(x)=$(　　).

A. $\frac{2^x}{\ln 2}+\frac{1}{2}x^2+x$　　B. 2^x+1　　C. $2^{x+1}+1$　　D. $2^x\ln 2+1$

(4) 设函数 $f(x)$ 的一个原函数是$\frac{1}{2}\sin 2x$，则 $f(x)=$(　　).

A. $\frac{1}{2}\sin 2x$　　B. $\cos 2x$　　C. $-\cos 2x$　　D. $-2\sin 2x$

(5) 若$\int f(x)\mathrm{d}x = x^2\mathrm{e}^{2x} + C$，则$f(x)=$(　　).

A. $2x\mathrm{e}^{2x}$　　B. $2x^2\mathrm{e}^{2x}$

C. $x\mathrm{e}^{2x}$　　D. $2x\mathrm{e}^{2x}(1+x)$

(6) $(\int \arcsin x\,\mathrm{d}x)' =$(　　)′.

A. $\frac{1}{\sqrt{1-x^2}}+C$　　B. $\frac{1}{\sqrt{1-x^2}}$　　C. $\arcsin x + C$　　D. $\arcsin x$

3. 求下列不定积分.

(1) $\int 3x^6\,\mathrm{d}x$；　　(2) $\int x\sqrt{x}\,\mathrm{d}x$

(3) $\int 5^t\,\mathrm{d}t$；　　(4) $\int (x-2)^2\,\mathrm{d}x$；

(5) $\int \frac{2^x-3^x}{5^x}\mathrm{d}x$；　　(6) $\int \frac{\sin 2x}{\cos x}\mathrm{d}x$；

(7) $\int (x^3 + x\mathrm{e}^{x^2} + 2^x)\mathrm{d}x$；　　(8) $\int \frac{x-9}{\sqrt{x}-3}\mathrm{d}x$ ；

(9) $\int \frac{1+2x^2}{x^2(1+x^2)}\mathrm{d}x$；　　(10) $\int \cos^2 x\,\mathrm{d}x$；

(11) $\int x^2\ln x\,\mathrm{d}x$；　　(12) $\int \cos\ln x\,\mathrm{d}x$.

4. 一曲线通过点$(\mathrm{e}^2, 3)$且在任一点处的切线斜率等于该点横坐标的倒数，求该曲线方程.

数学名人故事

欧拉与七桥问题

几乎每一个数学领域都可以看到欧拉的名字——初等几何的欧拉线、多面体的欧拉定理、立体解析几何的欧拉变换公式、数论的欧拉函数、变分法的欧拉方程、复变函数的欧拉公式等．欧拉还是数学史上最多产的数学家，他一生写下886种书籍论文，平均每年写出800多页，彼得堡科学院为了整理他的著作，足足忙碌了47年．他的著作《无穷小分析引论》、《微分学》、《积分学》是18世纪欧洲标准的微积分教科书．欧拉还创造了一批数学符号，如$f(x)$，Σ，i，e等，使得数学更容易表述、推广．并且，欧拉把数学应用到数学以外的很多领域．

欧拉在1736年访问哥尼斯堡，发现当地的市民正从事一项非常有趣的消遣活动．哥尼斯堡城中有一条名叫普雷格尔的河流，河中有两个岛，有七座桥连接各块陆地（如附图(a)图）．这项有

趣的消遣活动是在星期六作一次走过所有七座桥的散步，每座桥只能经过一次而且起点与终点必须是同一地点．没有人能够做到，为什么不存在这样的路线呢？欧拉将这一问题中的陆地抽象为点，将桥抽象为线，把这一问题抽象为在一个由点和线构成的图（如附图(b) 图）中的几何问题——一笔画问题．他不仅解决了此问题，而且给出了连通图可以一笔画的充要条件是：奇点的数目不是 0 个就是 2 个（连到一点的数目如是奇数条，就称为奇点，如果是偶数条就称为偶点，要想一笔画成，必须中间点均是偶点，也就是有来路必有另一条去路，奇点只可能在两端，因此任何图能一笔画成，奇点要么没有要么在两端）．

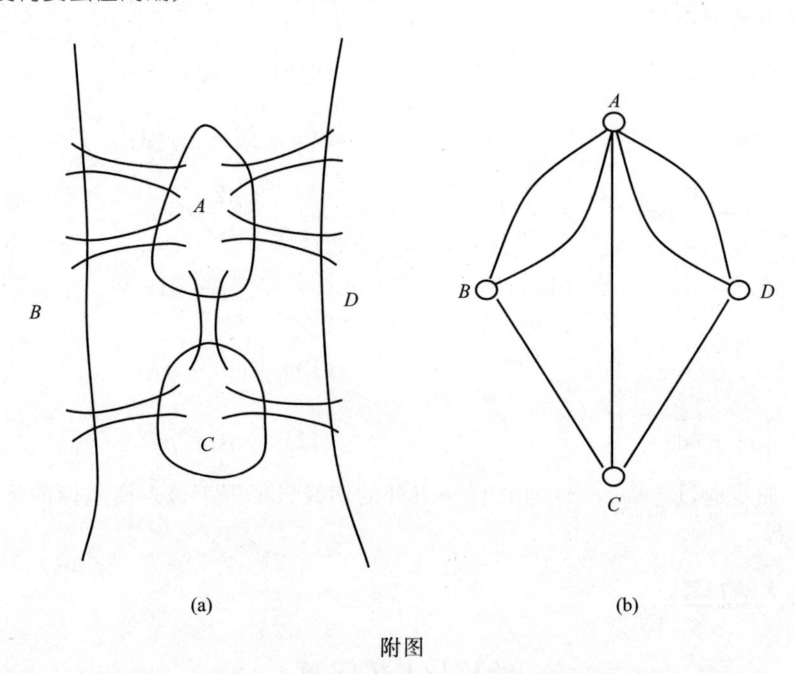

附图

时年 29 岁的欧拉向圣彼得堡科学院递交了《哥尼斯堡的七座桥》的论文，在解答问题的同时，开创了数学的一个新的分支——图论与几何拓扑．

第 5 章　定积分及其应用

定积分的概念是从实际问题中抽象出来的，它在理论上和实际应用中都有着重要的意义．本章主要介绍了定积分的概念，并通过变上限积分导出了微积分基本公式，即牛顿-莱布尼茨公式，从而实现利用不定积分来解决定积分的计算问题，最后通过实例介绍了定积分在几何学和物理学中的应用．

5.1　定积分的概念和性质

5.1.1　定积分的概念

前面我们研究了积分学的第一类问题——已知函数的导数求其原函数族，即不定积分，下一步我们来讨论积分学的另一类问题——求和式的极限问题，即定积分．实际生活中存在许多相似的问题和解决此类问题相同的思想与方法，如求变速直线运动路程、变力做功等，从而引出定积分的概念．

【引例 5-1】　曲边梯形的面积

曲边梯形是指由连续曲线 $y=f(x)$（$f(x)\geqslant 0$）、两条直线 $x=a$、$x=b$ 以及 x 轴围成的平面图形（图 5-1），现求曲边梯形的面积．

如何计算曲边梯形的面积，通过下面的讨论，来寻找求其面积的思路和方法．面积计算中，矩形的面积计算最简单

$$矩形面积=底\times 高．$$

因此，如果把区间 $[a,b]$ 划分为许多小区间，在每个小区间上用某一点处的高来近似代替同一个小区间上的小曲边梯形的变化的高，那么，每个小曲边梯形就可以近似看作一个小矩形．于是

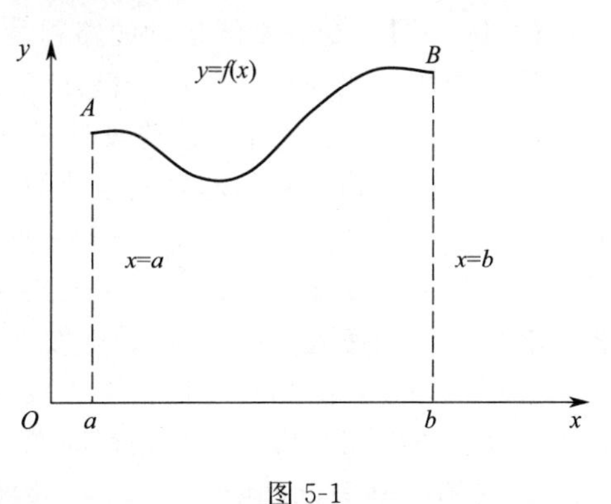

图 5-1

所有小矩形的面积之和就是曲边梯形面积的近似值.

基于这样一个事实，我们把区间 $[a, b]$ 无限地细分下去，使得每个小区间的长度都趋近于零，这时所有小曲边梯形的面积之和的极限就可定义为曲边梯形的面积.

根据上述分析，我们按四个步骤计算曲边梯形的面积.

① 分割。在区间 $[a,b]$ 内任意插入 $n-1$ 个分点 $x_1,x_2,\cdots,x_{n-1}$，使

$$a=x_0<x_1<x_2<\cdots<x_{n-1}<x_n=b,$$

把区间分成 n 个小区间：$[x_0,x_1],[x_1,x_2],\cdots,[x_{n-1},x_n]$. 它们的长度依次是 $\Delta x_i=x_i-x_{i-1}$ $(i=1,2,\cdots,n)$.

相应地，曲边梯形被分割成 n 个窄小曲边梯形（图 5-2）.

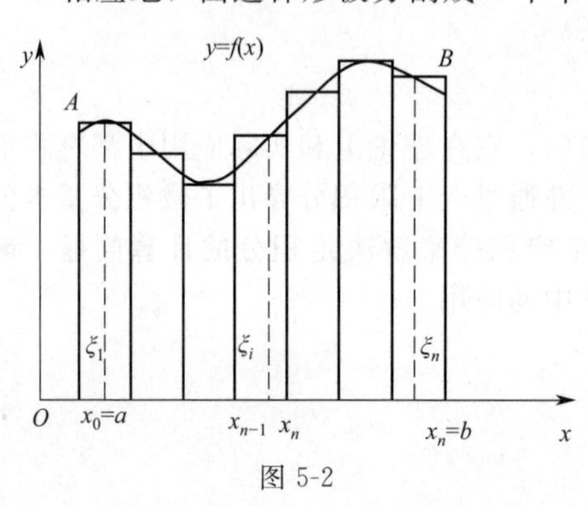

图 5-2

② 近似。当每个小区间 $[x_{i-1},x_i]$ 很小时，它所对应的每个小曲边梯形的面积可以用矩形面积近似. 小矩形的宽为 Δx_i，在 $[x_{i-1},x_i]$ 上任取一点 ξ_i，以对应的函数值 $f(\xi_i)$ 为高，则小曲边梯形面积 ΔA_i 的近似值为

$$\Delta A_i\approx f(\xi_i)\Delta x_i\ (i=1,2,\cdots,n).$$

③ 求和。把 n 个窄小曲边梯形面积加起来，就得到整个曲边梯形面积 A 的近似值，即

$$A=\sum_{i=1}^{n}\Delta A_i\approx\sum_{i=1}^{n}f(\xi_i)\Delta x_i.$$

④ 逼近。为了保证所有的长度 Δx_i 都趋近于零，令 $\lambda=\max\{\Delta x_1,\Delta x_2,\cdots,\Delta x_n\}$，当 $\lambda\to0$ 时，和式 $\sum\limits_{i=1}^{n}f(\xi_i)\Delta x_i$ 的极限就是曲边梯形的面积，即

$$A=\lim_{\lambda\to0}\sum_{i=1}^{n}f(\xi_i)\Delta x_i.$$

采用“分割、近似、求和、逼近”可求得曲边梯形的面积.

【引例 5-2】 变速直线运动的路程

设某物体做变速直线运动，已知速度 $v=v(t)$ 是时间间隔 $[T_1,T_2]$ 上的连续函数，且 $v(t)\geqslant0$，计算在这段时间内物体所经过的路程.

我们知道，物体做匀速直线运动的路程公式为

$$\text{路程}=\text{速度}\times\text{时间}.$$

由于物体做变速直线运动，速度是变化的，不能用匀速运动的路程公式计算路程. 然而，已知速度 $v=v(t)$ 是连续变化的，在很短一段时间内，速度的变化很小，近似于匀速，其路程可用匀速直线运动的路程公式来计算. 同样，可按求曲边梯形面积的思路与步骤来求解路程问题.

① 分割。在时间间隔 $[T_1,T_2]$ 内任意插入 $n-1$ 个分点 $t_1,t_2,\cdots,t_{n-1}$，使

$$T_1=t_0<t_1<t_2<\cdots<t_{n-1}<t_n=T_2.$$

把 $[T_1,T_2]$ 分成 n 个小段：$[t_0,t_1],[t_1,t_2],\cdots,[t_{n-1},t_n]$. 各小段的时间长依次是：$\Delta t_i=t_i-t_{i-1}\ (i=1,2,\cdots,n)$.

② 近似。当每个小段 $[t_{i-1},t_i]$ 很小时，它所对应的每个小段的速度可近似看成匀速，其对应的路程可以用匀速直线运动路程来计算．在 $[t_{i-1},t_i]$ 上任取一点 ξ_i，对应的速度值 $v(\xi_i)$，那么物体在这小段时间间隔内经过的路程 Δs_i 的近似值为

$$\Delta s_i\approx v(\xi_i)\Delta t_i\quad(i=1,2,\cdots,n).$$

③ 求和。这 n 个小段所有路程的近似之和，就是全部路程 s 的近似值，即

$$s\approx\sum_{i=1}^{n}v(\xi_i)\Delta t_i.$$

④ 逼近。为了保证所有的小段时间 Δt_i 都无限小，我们要求小段时间长度的最大值 $\lambda=\max\{\Delta t_1,\Delta t_2,\cdots,\Delta t_n\}$ 趋近于零，和式 $\sum\limits_{i=1}^{n}v(\xi_i)\Delta t_i$ 的极限就是全部路程 s 的精确值．即

$$s\approx\lim_{\lambda\to 0}\sum_{i=1}^{n}v(\xi_i)\Delta t_i.$$

从以上两个引例可以看出，虽然研究的问题不同，但解决问题的思路和方法是相同的．在科学技术和实际生活中，许多问题都可以归结为这种特定和式的极限．撇开问题的具体意义，找出它们在数量上共同特点并加以概括．由此，我们可以抽象出定积分的概念．

(1) 定积分的定义

设函数 $f(x)$ 为区间 $[a,b]$ 的有界函数，在 $[a,b]$ 中任意插入 $n-1$ 个分点

$$a=x_0<x_1<x_2<\cdots<x_{n-1}<x_n=b,$$

把区间 $[a,b]$ 分成 n 个小区间：$[x_{i-1},x_i](i=1,2,\cdots,n)$，记 $\Delta x_i=x_i-x_{i-1}$ 为各区间的长度．在区间 $[x_{i-1},x_i]$ 上任取一点 $\xi_i(x_i\leqslant\xi_i\leqslant x_{i-1})$，作函数值 $f(\xi_i)$ 与小区间长度 Δx_i 的乘积 $f(\xi_i)\Delta x_i(i=1,2,\cdots,n)$，并作和式

$$\sum_{i=1}^{n}f(\xi_i)\Delta x_i.$$

令 $\lambda=\max\{\Delta x_1,\Delta x_2,\cdots,\Delta x_n\}$，当 $\lambda\to 0$ 时，若上述和式的极限存在，则称函数 $f(x)$ 在区间 $[a,b]$ 上是可积的．并称这个极限值为 $f(x)$ 在区间 $[a,b]$ 上的定积分，记作 $\int_b^a f(x)\,\mathrm{d}x$，即

$$\int_b^a f(x)\,\mathrm{d}x=\lim_{\lambda\to 0}\sum_{i=1}^{n}f(\xi_i)\Delta x_i,$$

式中，$f(x)$ 为被积函数；$f(x)\mathrm{d}x$ 为被积表达式；x 为积分变量；区间 $[a,b]$ 为积分区间；a 为积分下限，b 为积分上限．

由定积分定义可知：

① 定积分是一个数值，它与被积函数 $f(x)$ 和积分区间 $[a,b]$ 有关，而与区间 $[a,b]$ 的分法和点 ξ_i 的取法无关，也与其积分变量的记号无关．所以

$$\int_b^a f(x)\,\mathrm{d}x=\int_b^a f(u)\,\mathrm{d}u=\int_b^a f(t)\,\mathrm{d}t.$$

② 函数 $f(x)$ 在 $[a,b]$ 上可积的条件是函数 $f(x)$ 在 $[a,b]$ 上连续或只有有限个第一类间断点．

（2）定积分的几何意义

由前面的曲边梯形面积的求法可知：

① 当 $f(x)\geqslant 0$ 时，定积分 $\int_b^a f(x)\,\mathrm{d}x$ 表示由曲线 $y=f(x)$、两条直线 $x=a$、$x=b$ 及 x 轴围成的曲边梯形面积 A，即 $\int_b^a f(x)\,\mathrm{d}x=A$.

② 当 $f(x)\leqslant 0$ 时，$\int_b^a f(x)\,\mathrm{d}x=-A$.（即曲边梯形面积的相反数）

一般地，定积分 $\int_b^a f(x)\,\mathrm{d}x$ 的几何意义为：由曲线 $y=f(x)$、两条直线 $x=a$、$x=b$ 及 x 轴围成的平面图形的各部分面积的代数和．图形在 x 轴的上方取正号，在 x 轴的下方取负号．

如图 5-3 所示的函数 $y=f(x)$ 在区间 $[a,b]$ 的定积分为

$$\int_b^a f(x)\,\mathrm{d}x=A_1-A_2+A_3.$$

补充规定：

① 当 $a=b$ 时，$\int_b^a f(x)\,\mathrm{d}x=0$；

② 当 $a>b$ 时，$\int_b^a f(x)\,\mathrm{d}x=-\int_b^a f(x)\,\mathrm{d}x$.

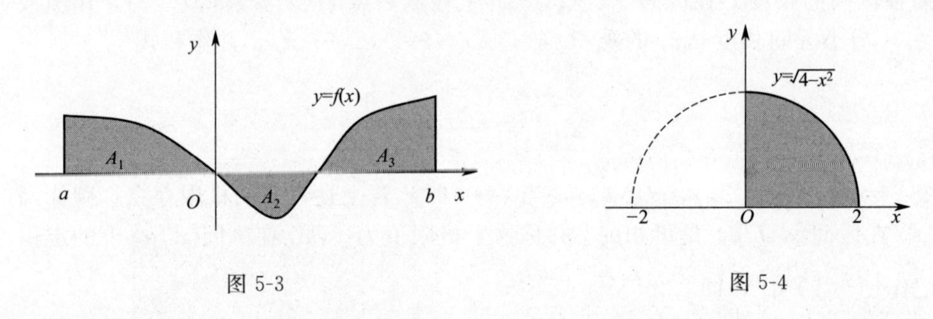

图 5-3　　　　图 5-4

【例 5-1】 利用定积分的几何意义求定积分 $\int_0^2\sqrt{4-x^2}\,\mathrm{d}x$.

解　该定积分是由曲线 $y=\sqrt{4-x^2}$，直线 $x=0$，$x=2$ 及 x 轴所围成的面积，即半径为 2 的圆的面积的四分之一，如图 5-4 所示．所以

$$\int_0^2 \sqrt{4-x^2}\ \mathrm{d}x = \frac{1}{4}\pi 2^2 = \pi.$$

5.1.2　定积分的性质

设 $f(x)$, $g(x)$ 为可积的，根据定积分定义可得以下性质.

性质 5-1　两个函数和（差）的定积分等于它们定积分的和（差），即

$$\int_b^a [f(x) \pm g(x)]\ \mathrm{d}x = \int_b^a f(x)\ \mathrm{d}x \pm \int_b^a g(x)\ \mathrm{d}x.$$

性质 5-2　被积表达式中的常数因子可以提到积分号前面，即

$$\int_b^a kf(x)\ \mathrm{d}x = k\int_b^a f(x)\ \mathrm{d}x.$$

性质 5-3　若把区间 $[a,b]$ 分成 $[a,c]$ 和 $[c,b]$ 两部分，则定积分对区间 $[a,b]$ 具有可加性，即

$$\int_b^a f(x)\mathrm{d}x = \int_b^c f(x)\mathrm{d}x + \int_c^b f(x)\mathrm{d}x.$$

性质 5-4　如果在区间 $[a,b]$ 上，$f(x) \equiv 1$，则

$$\int_b^a f(x)\mathrm{d}x = \int_b^a 1\mathrm{d}x = b-a.$$

性质 5-5　如果在区间 $[a,b]$ 上，$f(x) \geqslant 1$，则

$$\int_b^a f(x)\mathrm{d}x \geqslant 0.$$

性质 5-6　如果在区间 $[a,b]$ 上，$f(x) \leqslant g(x)$，则

$$\int_b^a f(x)\mathrm{d}x \leqslant \int_b^a g(x)\mathrm{d}x.$$

性质 5-7（估值定理）　如果 $f(x)$ 在 $[a,b]$ 上最大值为 M，最小值为 m，那么

$$m(b-a) \leqslant \int_b^a f(x)\mathrm{d}x \leqslant M(b-a).$$

性质 5-8（积分中值定理）　如果 $f(x)$ 在 $[a,b]$ 上连续，则在区间 $[a,b]$ 上至少存在一点 ξ，使下式成立

$$\int_b^a f(x)\mathrm{d}x = f(\xi)(b-a)(a \leqslant \xi \leqslant b).$$

积分中值定理由如下几何解释：如果 $f(x) \geqslant 0$ 在区间 $[a,b]$ 上连续，则在区间 $[a,b]$ 上至少存在一点 ξ，使得 $f(x)$ 在区间 $[a,b]$ 上所对应曲边梯形的面积与底边相同而高为 $f(\xi)$ 的矩形面积相等（图 5-5）.

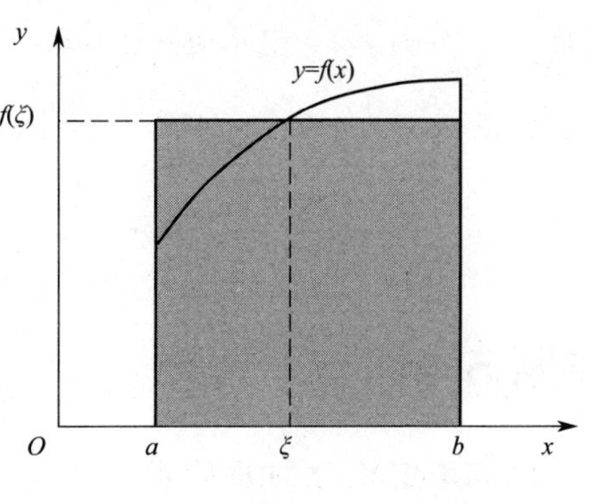

图 5-5

由中值定理得

$$f(\xi) = \frac{1}{b-a}\int_b^a f(x)\mathrm{d}x,$$

称为函数 $f(x)$ 在区间 $[a,b]$ 上的平均值.

【例 5-2】 计算 $\int_{-\pi}^{\pi}\sin x\ \mathrm{d}x$.

解 当 $x\in[0,\pi]$ 时，$\sin x\geqslant 0$，$\int_{0}^{\pi}\sin x\ \mathrm{d}x$ 的值在几何上表示 $y=\sin x$ 及 x 轴在 $[0,\pi]$ 之间的面积 A，当 $x\in[-\pi,0]$ 时，$\sin x\leqslant 0$，由其几何意义知

$$\int_{-\pi}^{0}\sin x\ \mathrm{d}x=-A.$$

因此

$$\int_{-\pi}^{\pi}\sin x\mathrm{d}x=\int_{-\pi}^{0}\sin x\mathrm{d}x+\int_{0}^{\pi}\sin x\mathrm{d}x=A-A=0.$$

【例 5-3】 比较下列各积分值的大小.

① $\int_{0}^{\frac{\pi}{2}}\sin x\mathrm{d}x$ 和 $\int_{0}^{\frac{\pi}{2}}\sin^2 x\mathrm{d}x$； ② $\int_{1}^{2}\ln x\mathrm{d}x$ 和 $\int_{1}^{2}\ln^2 x\mathrm{d}x$.

解 ① 在区间 $[0,\frac{\pi}{2}]$ 上，$0\leqslant\sin x\leqslant 1$，因此 $\ln x\geqslant\ln^2 x$，由性质 5-6 可知

$$\int_{0}^{\frac{\pi}{2}}\sin x\mathrm{d}x\geqslant\int_{0}^{\frac{\pi}{2}}\sin^2 x\mathrm{d}x.$$

② 在区间 $[1,2]$ 上，$0\leqslant\ln x\leqslant\ln 2\leqslant 1$，因此 $\ln x\geqslant\ln^2 x$，由性质 5-6 可知

$$\int_{1}^{2}\ln x\mathrm{d}x\geqslant\int_{1}^{2}\ln^2 x\mathrm{d}x.$$

【例 5-4】 估计定积分 $\int_{-1}^{2}\mathrm{e}^{-x^2}\mathrm{d}x$ 值的范围.

解 先求出函数 $f(x)=\mathrm{e}^{-x^2}$ 在 $[-1,2]$ 上的最大值和最小值，为此计算导数

$$f'(x)=-2x\mathrm{e}^{-x^2},$$

令 $f'(x)=0$，得驻点 $x=0$，算出

$$f(0)=1,\quad f(-1)=\mathrm{e}^{-1},\quad f(2)=\mathrm{e}^{-4},$$

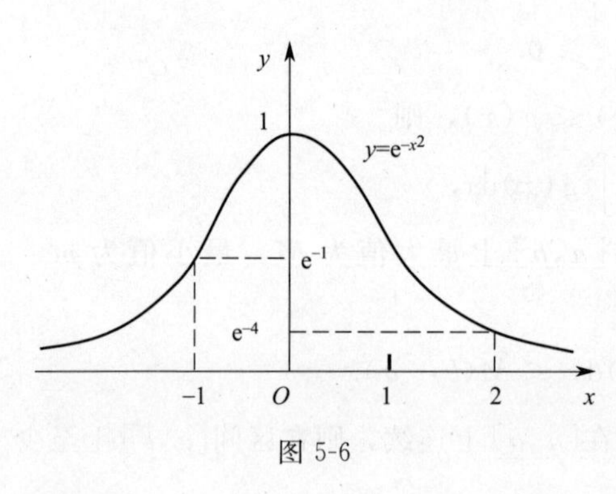

图 5-6

得最大值 $f(0)=1$，最小值 $f(2)=\mathrm{e}^{-4}$，如图 5-6 所示，根据性质 5-7 得

$$f(2)[2-(-1)]\leqslant\int_{-1}^{2}\mathrm{e}^{-x^2}\mathrm{d}x\leqslant f(0)[2-(-1)],$$

即
$$3\mathrm{e}^{-4}\leqslant\int_{-1}^{2}\mathrm{e}^{-x^2}\mathrm{d}x\leqslant 3.$$

习题 5.1

1. 利用定积分的几何意义，画出下列积分所表示的面积，并求出各积分的值.

(1) $\int_0^2 2x\mathrm{d}x$.　　(2) $\int_{-2}^2 \sqrt{4-x^2}\mathrm{d}x$.

2. 利用定积分的性质，化简下列各式.

(1) $\int_{-2}^{-1} f(x)\mathrm{d}x + \int_{-1}^2 f(x)\mathrm{d}x$.　　(2) $\int_a^{x+\Delta x} f(x)\mathrm{d}x - \int_a^x f(x)\mathrm{d}x$.

3. 利用定积分的性质，确定下列定积分的符号.

(1) $\int_0^{\pi} \sin x\mathrm{d}x$.　　(2) $\int_{\frac{1}{4}}^1 \ln x\mathrm{d}x$.

(3) $\int_0^1 \frac{\sqrt{x}}{1+\sqrt{x}}\mathrm{d}x$.　　(4) $\int_{-1}^0 x\mathrm{e}^{-x^2}\mathrm{d}x$.

4. 利用定积分的性质，比较各对积分值的大小.

(1) $\int_0^{\frac{\pi}{2}} x\mathrm{d}x$ 与 $\int_0^{\frac{\pi}{2}} \sin x\mathrm{d}x$.　　(2) $\int_0^1 \mathrm{e}^x\mathrm{d}x$ 与 $\int_0^1 (1+x)\mathrm{d}x$.

5. 估计下列积分值的范围.

(1) $\int_1^2 (x^2+1)\mathrm{d}x$.　　(2) $\int_0^{\frac{3\pi}{2}} (1+\cos^2 x)\mathrm{d}x$.

6. 一物体以速度 $v=3t^2+2t$(m/s) 作直线运动，计算它在 $t=0$ 到 $t=3$s 这段时间内的平均速度.(提示：利用积分中值定理和 $\int_0^3 t^2\mathrm{d}t=9$，$\int_0^3 2t\mathrm{d}t=9$)

5.2　定积分的基本公式

5.2.1　变上限的定积分

【引例 5-3】　变速直线运动位置函数与速度函数之间的关系.

我们先从实际问题寻求解决定积分计算的思路与线索. 从 5.1 节知：物体做变速直线运动从时刻 T_1 到时刻 T_2 所经过的位移 s 等于速度函数 $v=v(t)$ 在区间 $[T_1,T_2]$ 上的定积分，即

$$s=\int_{T_1}^{T_2} v(t)\mathrm{d}t.$$

但是，另一方面从物理学知位移 s 又可表示位置函数 $s(t)$ 在区间 $[T_1,T_2]$ 上的增量

$$s(T_2)-s(T_1),$$

于是

$$\int_{T_1}^{T_2} v(t)\mathrm{d}t = s(T_2)-s(T_1).$$

我们已经知道，$s'(t)=v(t)$，即位移函数 $s(t)$ 市速度函数 $v(t)$ 的原函数，因此上式表明速度函数 $v(t)$ 在区间 $[T_1,T_2]$ 上的定积分等于其原函数 $s(t)$ 在区间 $[T_1,T_2]$ 上的改变量，这一结论是否有普遍意义？下面我们就来讨论这一问题.

定义　设函数 $f(x)$ 在区间 $[a,b]$ 上连续，并且设 x 为 $[a,b]$ 上任意一点，那

么在部分区间$[a,x]$上的定积分为$\int_a^x f(x)\mathrm{d}x$，一般记为$\int_a^x f(t)\mathrm{d}t$. 显然，当x在$[a,b]$上变动时，对应每一个x值，积分$\int_a^x f(t)\mathrm{d}t$应有一个确定的值，因此$\int_a^x f(t)\mathrm{d}t$是关于上限x的一个函数，记作$\Phi(x)$，于是，$\Phi(x)=\int_a^x f(t)\mathrm{d}t$称为积分上限函数，这个积分也称为变上限定积分.

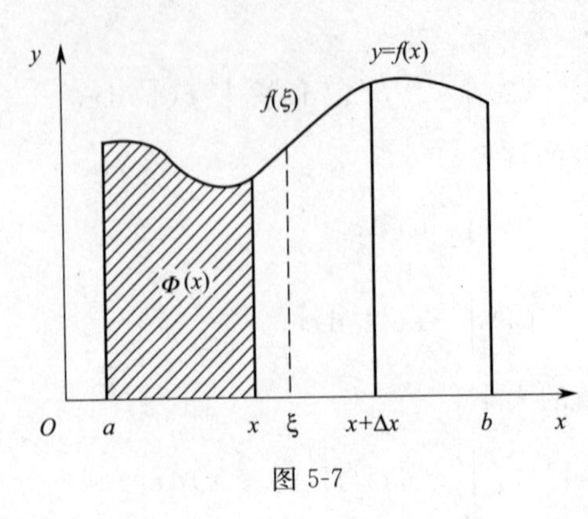

图 5-7

积分上限函数的几何意义如图5-7所示.

定理 5-1（变上限积分对上限求导定理） 设函数$f(x)$在区间$[a,b]$上连续，则积分上限函数$\Phi(x)=\int_a^x f(t)\mathrm{d}t$在$[a,b]$上可导，且

$$\Phi'(x)=\frac{\mathrm{d}}{\mathrm{d}x}\int_a^x f(t)\mathrm{d}t=f(x).$$

注 ① $\Phi(x)=\int_a^x f(t)\mathrm{d}t$是连续函数$f(x)$的一个原函数，说明连续函数的原函数必定存在.

② 与下限a的值无关.

推论 5-1 $\frac{\mathrm{d}}{\mathrm{d}x}\int_x^a f(t)\mathrm{d}t=-f(x).$

推论 5-2 $\frac{\mathrm{d}}{\mathrm{d}x}\int_a^{\varphi(x)} f(t)\mathrm{d}t=f(\varphi(x))\varphi'(x).$

【例 5-5】 计算下列各题.

① $\frac{\mathrm{d}}{\mathrm{d}x}\int_0^x \mathrm{e}^{-t}\mathrm{d}t$； ② $\frac{\mathrm{d}}{\mathrm{d}x}\int_0^{x^2} \mathrm{e}^{-t}\mathrm{d}t$.

解 ① $\frac{\mathrm{d}}{\mathrm{d}x}\int_0^x \mathrm{e}^{-t}\mathrm{d}t=\mathrm{e}^{-x}$.

② $\frac{\mathrm{d}}{\mathrm{d}x}\int_0^{x^2} \mathrm{e}^{-t}\mathrm{d}t=\mathrm{e}^{-x^2}\times 2x$.

【例 5-6】 计算$\frac{\mathrm{d}}{\mathrm{d}x}\int_0^{x^2}\cos t\,\mathrm{d}t$.

解 $\frac{\mathrm{d}}{\mathrm{d}x}\int_0^{x^2}\cos t\,\mathrm{d}t=\cos x^2(x^2)'=2x\cos x^2$.

5.2.2 牛顿-莱布尼茨公式

定理 5-2 设$f(x)$在区间$[a,b]$上连续，又$F(x)$是$f(x)$在区间$[a,b]$上的

任一原函数，则有

$$\int_a^b f(x)\mathrm{d}x = F(b) - F(a).$$

证 因 $F(x)$ 和 $\Phi(x) = \int_a^x f(t)\mathrm{d}t$ 都是 $f(x)$ 的原函数，由原函数的性质得

$$\Phi(x) - F(x) = C.$$

令 $x = a$，因 $\Phi(a) = \int_a^a f(t)\mathrm{d}t = 0$，所以 $C = -F(a)$，于是

$$\Phi(x) = \int_a^x f(t)\mathrm{d}t = F(x) - F(a).$$

令 $x = b$，则

$$\Phi(b) = \int_a^b f(t)\mathrm{d}t = F(b) - F(a).$$

为了书写方便，上式通常表示为

$$\int_a^b f(x)\mathrm{d}x = F(b) - F(a) = F(x)\big|_a^b.$$

上式称为牛顿-莱布尼茨公式，也称为微积分基本公式．它揭示了定积分和不定积分之间的内在联系．公式表明了计算定积分的值的基本方法是先用不定积分的方法求出原函数，然后计算原函数在上、下限处的值之差．

【例 5-7】 计算．

① $\int_1^2 x^3\mathrm{d}x$； ② $\int_0^1 (2-3\cos x)\mathrm{d}x$.

解 ① $\int_1^2 x^3\mathrm{d}x = \frac{x^4}{4}\Big|_1^2 = \frac{2^4}{4} - \frac{1^4}{4} = \frac{15}{4}$.

② $\int_0^1 (2-3\cos x)\mathrm{d}x = (2x - 3\sin x)\big|_0^1$

$$= (2\times 1 - 2\times 0) - (3\sin 1 - 3\sin 0) = 2 - 3\sin 1.$$

【例 5-8】 计算$\int_1^2 \left(x+\frac{1}{x}\right)^2\mathrm{d}x$.

解 $\int_1^2 \left(x+\frac{1}{x}\right)^2\mathrm{d}x = \int_1^2 \left(x^2+2+\frac{1}{x^2}\right)\mathrm{d}x = \left(\frac{1}{3}x^3+2x-\frac{1}{x}\right)\Big|_1^2 = \frac{29}{6}$.

【例 5-9】 计算$\int_{-2}^2 |x|\mathrm{d}x$.

解 被积函数 $f(x)=|x|$ 在积分区间$[-2,2]$ 应是分段函数，即

$$f(x) = \begin{cases} -x, & -2 \leqslant x < 0, \\ x, & 0 \leqslant x \leqslant 2. \end{cases}$$

所以有

$$\int_{-2}^2 |x|\mathrm{d}x = \int_{-2}^0 (-x)\mathrm{d}x + \int_0^2 x\mathrm{d}x = \left(-\frac{1}{2}x^2\right)\Big|_{-2}^0 + \left(\frac{1}{2}x^2\right)\Big|_0^2 = 4.$$

【例 5-10】 计算下列定积分．

① $\int_1^4 \sqrt{x}\,\mathrm{d}x$； ② $\int_{-1}^1 \frac{1}{1+x^2}\mathrm{d}x$.

解 ① $\int_1^4 \sqrt{x}\,dx = \frac{2}{3}x^{\frac{3}{2}}\Big|_1^4 = \frac{2}{3}(4^{\frac{3}{2}}-1) = \frac{14}{3}$.

② $\int_{-1}^1 \frac{1}{1+x^2}dx = \arctan x\ \Big|_{-1}^1 = \arctan 1 - \arctan(-1) = \frac{\pi}{4} - \left(-\frac{\pi}{4}\right) = \frac{\pi}{2}$.

【例 5-11】 计算正弦曲线 $y=\sin x$ 在$[0, \pi]$上与 x 轴所围成的平面图形(图5-8)的面积.

解 按求曲边梯形的方法，它的面积为

$$A=\int_0^\pi \sin x\,dx = [-\cos x]\Big|_0^\pi = -(-1-1) = 2.$$

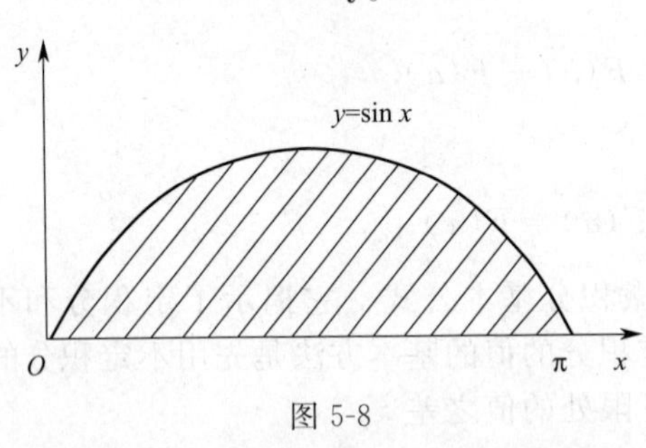

图 5-8

【例 5-12】 一个物体从某一高处由静止自由落下，经 t 秒后它的速度为 $v=gt$，问经过 4s 后，这个物体下落的距离是多少?(设 $g=10\text{m/s}^2$，下落时物体离地面足够高.)

解 物体自由下落是变速直线运动，故物体经过 4s 后，下落的距离可用定积分计算

$$s(4)=\int_0^4 v(t)\,dt = \int_0^4 gt\,dt = \int_0^4 10t\,dt = 5t^2\Big|_0^4 = 80(\text{m}).$$

习题 5.2

1. 计算下列各题的导数.

(1) $F(x)=\int_1^x \sin t^4\,dx$；　　(2) $F(x)=\int_x^3 \sqrt{1+t^2}\,dt$；

(3) $F(x)=\int_1^{x^3} \ln t^2\,dx$；　　(4) $F(x)=\int_{x^2}^{x^3} e^{-t}\,dt$.

2. 计算下列各定积分.

(1) $\int_1^2 x^2\,dx$；　　(2) $\int_0^1 e^x\,dx$；

(3) $\int_2^3 \left(x^2+\frac{1}{x}+4\right)dx$；　　(4) $\int_0^{\frac{\pi}{2}} \cos x\,dx$；

(5) $\int_0^{2\pi} |\sin x|\,dx$；　　(6) $\int_4^9 \sqrt{x}(1+\sqrt{x})\,dx$；

(7) $\int_{-1}^0 \frac{3x^4+3x^2+1}{x^2+1}dx$；　　(8) $\int_0^3 \sqrt{4-4x+x^2}\,dx$；

(9) $\int_{\frac{\pi}{6}}^{\frac{\pi}{4}} \sin^2 x\,dx$；　　(10) $\int_1^e \frac{1+\ln x}{x}dx$.

3. 设 $f(x)=\begin{cases} x+1, & x\leqslant 1, \\ \dfrac{1}{2}x^2, & x>1, \end{cases}$ 求$\int_0^2 f(x)\mathrm{d}x$.

5.3　定积分计算方法

5.3.1　定积分的换元积分法

(1) 定积分的凑微法

【例 5-13】　求 ① $\int_1^e \frac{\ln x\,\mathrm{d}x}{x}$；　　② $\int_0^1 x\,(1+x^2)^3\,\mathrm{d}x$.

解　① $\int_1^e \frac{\ln x\,\mathrm{d}x}{x}=\int_1^e \ln x\,\mathrm{d}(\ln x)=\frac{1}{2}\,(\ln x)^2\Big|_1^e=\frac{1}{2}$.

② $\int_0^1 x\,(1+x^2)^3\,\mathrm{d}x=\frac{1}{2}\int_0^1 x\,(1+x^2)^3\,\mathrm{d}(1+x^2)=\frac{1}{8}\,(1+x^2)^4\Big|_0^1=\frac{15}{8}$.

(2) 定积分的第二换元积分法

【例 5-14】　求$\int_0^4 \frac{1}{1+\sqrt{x}}\mathrm{d}x$.

解　方法 1，令 $t=\sqrt{x}$，则 $t^2=x$ $(t\geqslant 0)$，$\mathrm{d}x=2t\,\mathrm{d}t$，

则
$$\int \frac{\mathrm{d}x}{1+\sqrt{x}}=\int \frac{2t\,\mathrm{d}t}{1+t}=2\int\left(1-\frac{1}{1+t}\right)\mathrm{d}t$$
$$=2(t-\ln|1+t|)+C=2(\sqrt{x}-\ln|1+\sqrt{x}|)+C.$$

由牛顿-莱布尼茨公式得

$$\int_0^4 \frac{1}{1+\sqrt{x}}\mathrm{d}x=2(\sqrt{x}-\ln|1+\sqrt{x}|)\Big|_0^4=4-2\ln 3.$$

方法 2，设 $t=\sqrt{x}$，则 $t^2=x(t\geqslant 0)$，$\mathrm{d}x=2t\,\mathrm{d}t$. 当 $x=0$ 时，$t=\sqrt{0}=0$；当 $x=4$ 时，$t=\sqrt{4}=2$. 于是

$$\int_0^4 \frac{1}{1+\sqrt{x}}\mathrm{d}x=\int_0^2 \frac{1}{1+t}\times 2t\,\mathrm{d}t=2\int_0^2\left(1-\frac{1}{1+t}\right)\mathrm{d}t$$
$$=2(t-\ln|1+t|)\Big|_0^2=2(2-\ln 3).$$

定理 5-3　设函数 $f(x)$ 在区间$[a,b]$上连续，而且 $x=\varphi(t)$ 满足下列条件：
① $x=\varphi(t)$ 在$[\alpha,\beta]$上单调并有连续导数 $\varphi'(t)$；
② $\varphi(\alpha)=a,\varphi(\beta)=b$；
③ 当 t 在$[\alpha,\beta]$上变化时，$x=\varphi(t)$ 的值在$[a,b]$上变化.
则有

$$\int_a^b f(x)\mathrm{d}x=\int_\alpha^\beta f[\varphi(t)]\varphi'(t)\mathrm{d}t.$$

上述定理称为定积分的第二换元积分公式．

注　用 $x=\varphi(t)$ 换元时，积分上、下限要将原来的积分变量 x 的上、下限换成相应新积分变量的 t 的上下限，换元后变成一个以 t 为积分变量新的定积分，运算后不必换回原积分变量．

【例 5-15】　求定积分 $\int_0^1 x^2\sqrt{1-x^2}\,dx$.

解　令 $x=\sin t$，则 $dx=\cos t\,dt$，$\sqrt{1-x^2}=\sqrt{1-\sin^2 t}=\cos t$，换限，$x=0\to t=0$，$x=1\to t=\frac{\pi}{2}$，故

$$\int_0^1 x^2\sqrt{1-x^2}\,dx=\int_0^{\frac{\pi}{2}}\sin^2 t\cos t\cos t\,dt=\int_0^{\frac{\pi}{2}}\sin^2 t\cos^2 t\,dt=\frac{1}{4}\int_0^{\frac{\pi}{2}}\sin^2 2t\,dt$$

$$=\frac{1}{4}\int_0^{\frac{\pi}{2}}\frac{1-\cos 4t}{2}dt=\frac{1}{8}\int_0^{\frac{\pi}{2}}(1-\cos 4t)\,dt=\frac{1}{8}\left(t-\frac{\sin 4t}{4}\right)\Bigg|_0^{\frac{\pi}{2}}$$

$$=\frac{\pi}{16}.$$

【例 5-16】　计算 $\int_{\ln 3}^{\ln 8}\sqrt{1+e^x}\,dx$.

解　令 $\sqrt{1+e^x}=t$，则 $x=\ln(t^2-1)$，$dx=\frac{2t}{t^2-1}dt$，当 $x=\ln 3\to t=2$，$x=\ln 8\to t=3$，

$$\int_{\ln 3}^{\ln 8}\sqrt{1+e^x}\,dx=\int_2^3\frac{2t^2}{t^2-1}dt=2\int_2^3\left(1+\frac{1}{t^2-1}\right)dt$$

$$=\left[2t+\ln\left|\frac{t-1}{t+1}\right|\right]\Bigg|_2^3=2+\ln\frac{3}{2}.$$

【例 5-17】　$\int_0^{\frac{\pi}{2}}\cos^5 x\sin x\,dx$.

解　令 $t=\cos x$，则 $dt=-\sin x\,dx$，当 $x=0\to t=1$，$x=\frac{\pi}{2}\to t=0$，

$$\int_0^{\frac{\pi}{2}}\cos^5 x\sin x\,dx=-\int_1^0 t^5\,dt=\int_0^1 t^5\,dt=\left[\frac{t^6}{6}\right]\Bigg|_0^1=\frac{1}{6}.$$

此题也可用凑微法来求解

$$\int_0^{\frac{\pi}{2}}\cos^5 x\sin x\,dx=-\int_0^{\frac{\pi}{2}}\cos^5 x\,d(\cos x)=-\frac{\cos^6 x}{6}\Bigg|_0^{\frac{\pi}{2}}=\frac{1}{6}.$$

5.3.2　定积分的分部积分法

不定积分有分部积分的方法，对于定积分同样有分部积分法．

设 $u(x)$，$v(x)$ 在区间 $[a,b]$ 上有连续导数，则有

$$\int_a^b u\,dv=uv\big|_a^b-\int_a^b v\,du.$$

这就是定积分的分部积分公式．

注　① 定积分中计算$\int_a^b v\mathrm{d}u$要比$\int_a^b u\mathrm{d}v$简单一些；

② 要及时地算出数值$uv\big|_a^b$，可使书写简单一些．

【例 5-18】　计算$\int_0^1 x\mathrm{e}^x\mathrm{d}x$.

解　$\int_0^1 x\mathrm{e}^x\mathrm{d}x = x\mathrm{e}^x\big|_0^1 - \int_0^1 \mathrm{e}^x\mathrm{d}x = \mathrm{e} - \mathrm{e}^x\big|_0^1 = 1.$

【例 5-19】　计算$\int_1^2 x\ln x\mathrm{d}x$.

解
$$\int_1^2 x\ln x\mathrm{d}x = \frac{1}{2}\int_1^2 \ln x\mathrm{d}(x^2) = \frac{1}{2}x^2\ln x\Big|_1^2 - \frac{1}{2}\int_1^2 x\mathrm{d}x$$
$$= 2\ln 2 - \frac{1}{4}x^2\Big|_1^2 = 2\ln 2 - \frac{3}{4}.$$

【例 5-20】　计算$\int_0^{\frac{\pi}{2}} x^2\cos x\mathrm{d}x$.

解
$$\int_0^{\frac{\pi}{2}} x^2\cos x\mathrm{d}x = \int_0^{\frac{\pi}{2}} x^2\mathrm{d}(\sin x) = x^2\sin x\big|_0^{\frac{\pi}{2}} - \int_0^{\frac{\pi}{2}} 2x\sin x\mathrm{d}x$$
$$= \frac{\pi^2}{4} + 2\int_0^{\frac{\pi}{2}} x\mathrm{d}(\cos x) = \frac{\pi^2}{4} + 2x\cos x\big|_0^{\frac{\pi}{2}} - 2\int_0^{\frac{\pi}{2}}\cos x\mathrm{d}x$$
$$= \frac{\pi^2}{4} - 2\sin x\big|_0^{\frac{\pi}{2}} = \frac{\pi^2}{4} - 2.$$

【例 5-21】　计算$\int_0^1 \mathrm{e}^{\sqrt{x}}\mathrm{d}x$.

解　令$\sqrt{x}=t$，则$x=t^2$，$\mathrm{d}x=2t\mathrm{d}t$，当$x=0\to t=0$，$x=1\to t=1$，于是
$$\int_0^1 \mathrm{e}^{\sqrt{x}}\mathrm{d}x = 2\int_0^1 t\mathrm{e}^t\mathrm{d}t = 2\int_0^1 t\mathrm{d}(\mathrm{e}^t) = 2\left(t\mathrm{e}^t\big|_0^1 - \int_0^1 \mathrm{e}^t\mathrm{d}t\right)$$
$$= 2(\mathrm{e} - \mathrm{e}^t\big|_0^1) = 2[\mathrm{e} - (\mathrm{e}-1)] = 2.$$

习题 5.3

计算下列定积分．

(1) $\int_{\frac{\pi}{6}}^{\frac{\pi}{3}} \sin\left(x+\frac{\pi}{6}\right)\mathrm{d}x$；　(2) $\int_0^2 \frac{1}{4+x^2}\mathrm{d}x$；

(3) $\int_0^2 \sqrt{4-x^2}\mathrm{d}x$；　(4) $\int_0^{\ln 2} \sqrt{\mathrm{e}^x-1}\mathrm{d}x$；

(5) $\int_1^{\mathrm{e}} x^2\ln x\mathrm{d}x$；　(6) $\int_0^{\frac{\pi}{2}} x\sin x\mathrm{d}x$；

(7) $\int_1^{\mathrm{e}^2} \frac{1}{x\sqrt{1+\ln x}}\mathrm{d}x$；　(8) $\int_0^1 x\mathrm{e}^{-x^2}\mathrm{d}x$；

(9) $\int_{-1}^1 \frac{x}{\sqrt{5-4x}}\mathrm{d}x$；　(10) $\int_0^1 \frac{x}{x^2+3x+2}\mathrm{d}x$；

(11) $\int_0^{\pi}(1-\cos^3\theta)\mathrm{d}\theta$；

(12) $\int_0^1 \frac{\sqrt{x}}{1+\sqrt{x}}\mathrm{d}x$；

(13) $\int_{-\frac{\pi}{2}}^{\frac{\pi}{2}} \sqrt{\cos x-\cos^3}\,\mathrm{d}x$；

(14) $\int_1^{\mathrm{e}} \sin\ln x\,\mathrm{d}x$；

(15) $\int_0^{\frac{\pi}{2}} \mathrm{e}^{2x}\cos x\,\mathrm{d}x$；

(16) $\int_0^{\pi}(1-\sin^3\theta)\mathrm{d}\theta$；

(17) $\int_{-\frac{1}{2}}^{\frac{1}{2}} \frac{1}{\sqrt{1-x^2}}\mathrm{d}x$；

(18) $\int_0^{2\pi} |\sin x|\,\mathrm{d}x$；

(19) $\int_1^2 x\log_2 x\,\mathrm{d}x$；

(20) $\int_0^2 \frac{x}{(1+x^2)^2}\mathrm{d}x$.

5.4 定积分的应用

5.4.1 定积分的微元法

我们曾提出的曲边梯形面积问题和变速直线运动的路程问题，它们都是采用分割、近似、求和、取极限四个步骤建立所求量的积分式来解决的．可简记为

$$\Delta x_i \to f(\xi_i)\Delta x_i \to \sum_{i=1}^{n} f(\xi_i)\Delta x_i \to \lim_{\lambda\to 0}\sum_{i=1}^{n} f(\xi_i)\Delta x_i = \int_b^a f(x)\mathrm{d}x.$$

如图 5-9 所示．

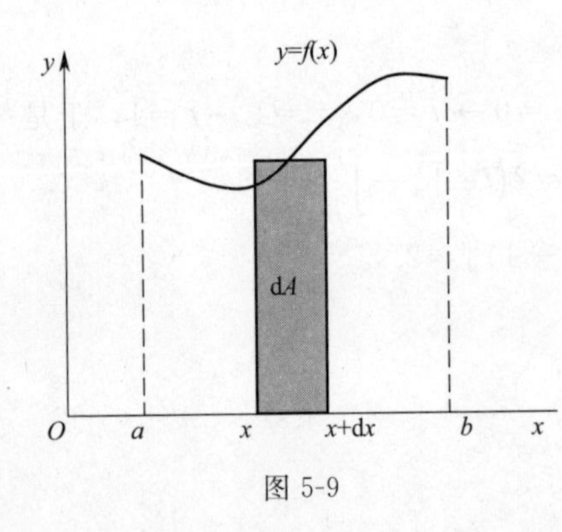

图 5-9

以上过程可以简化如下几步．

① 选变量．选某个变量 x 为分割变量，即积分变量；$[a,b]$ 是分割区间，也是积分区间；

② 求微元．把区间分成 n 个小区间，任意一个为$[x,x+\mathrm{d}x]$，$\Delta x_i=\mathrm{d}x$ 取 $\xi_i=x$，则小矩形的面积为 $f(x)\mathrm{d}x$，故微元 $\mathrm{d}A=f(x)\mathrm{d}x$；

③ 求定积分．$A=\int_a^b f(x)\mathrm{d}x$，这种方法称为定积分的微元法．

5.4.2 定积分在几何中的应用

(1) 平面图形的面积

① 曲线 $y=f(x)(f(x)\geqslant 0)$，$x=a$，$x=b$ 及与 x 轴所围成图形的面积，如图 5-10 所示。

以 x 为积分变量，在$[a,b]$内，任取一子区间$[x,x+\mathrm{d}x]$作垂直于 x 轴的矩形面积微元 $\mathrm{d}A$，代替所对应的小曲边图形的面积，其矩形的高为 $f(x)$，宽为 $\mathrm{d}x$，如图 5-10 所示，则面积微元 $\mathrm{d}A$ 为

$$dA = f(x)dx,$$

所求面积 A 为　$A=\int_b^a f(x)dx.$

若 $f(x)\leqslant 0$，则 $dA=|f(x)|dx$，从而 $A=\int_b^a |f(x)|dx.$

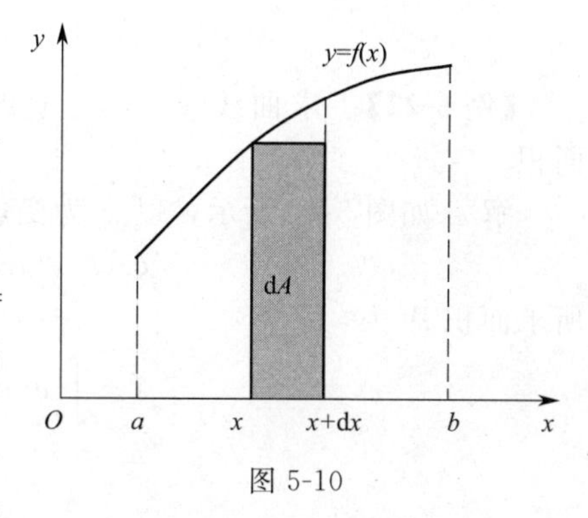

图 5-10

② 由上、下两条曲线 $y=f(x)$，$y=g(x)(f(x)\geqslant g(x))$ 及 $x=a$，$x=b$ 所围成图形的面积，如图 5-11 所示.

以 x 为积分变量，在$[a,b]$内，任取一子区间$[x,x+dx]$作垂直于 x 轴的矩形面积微元 dA，代替所对应的小曲边图形的面积，其矩形的高为 $f(x)-g(x)$，宽为 dx，如图 5-11 所示，面积微元 dA 为

$$dA=[f(x)-g(x)]dx,$$

所求面积 A 为

$$A=\int_b^a [f(x)-g(x)]dx.$$

③ 由左右两条曲线 $x=\varphi(y)$，$x=\psi(y)(\varphi(y)\geqslant\psi(y))$ 及 $y=c$，$y=d$ 所围成的图形的面积，如图 5-12 所示。

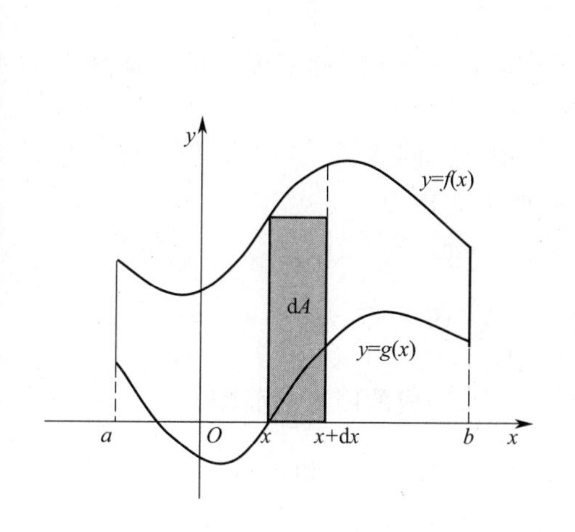

图 5-11

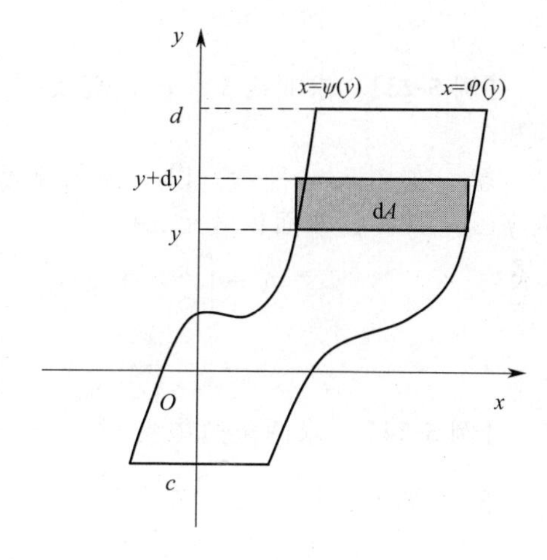

图 5-12

以 y 为积分变量，在$[c,d]$内，任取一子区间$[y,y+dy]$作垂直于 y 轴的矩形面积微元 dA，代替所对应的小曲边图形的面积，其矩形的高为 $\varphi(y)-\psi(y)$，宽为 dy，如图 5-12 所示，面积微元 dA 为

$$dA=[\varphi(y)-\psi(y)]dy,$$

所求面积 A 为

$$A=\int_c^d[\varphi(y)-\psi(y)]\mathrm{d}y.$$

【例 5-22】 求曲线 $y=\mathrm{e}^x$，直线 $x=0$，$x=1$ 及 x 轴所围成的平面图形的面积.

解 如图 5-13 所示，以 x 为变量，积分区间为 $[0,1]$，取面积微元

$$\mathrm{d}A=\mathrm{e}^x\mathrm{d}x,$$

所求面积 A 为

$$A=\int_0^1\mathrm{e}^x\mathrm{d}x=\mathrm{e}^x\Big|_0^1=\mathrm{e}-1.$$

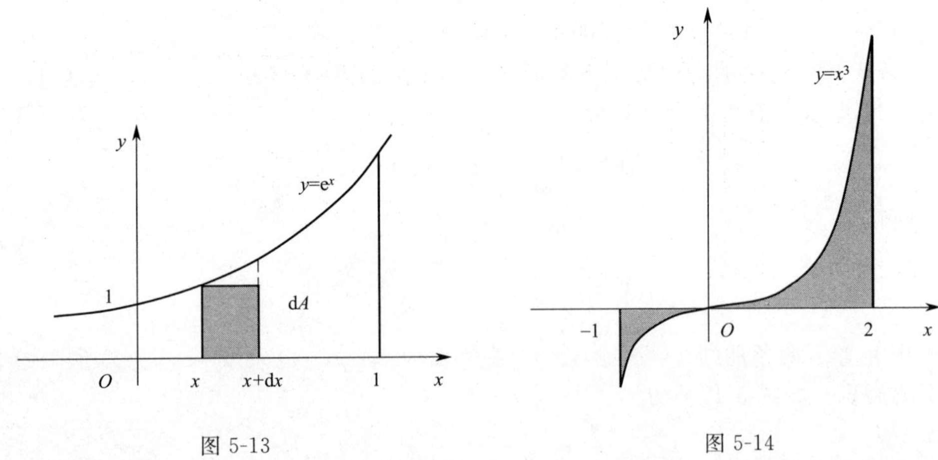

图 5-13 图 5-14

【例 5-23】 求曲线 $y=x^3$，直线 $x=-1$，$x=2$ 及 x 轴所围成的平面图形的面积.

解 如图 5-14 所示，以 x 为积分变量，积分区间为 $[-1,2]$，但在 $[-1,0]$ 内 $f(x)\leqslant 0$，任取面积微元 $\mathrm{d}A=|x^3|\mathrm{d}x$，所求面积为

$$A=\int_{-1}^2|x^3|\mathrm{d}x=\int_{-1}^0(-x^3)\mathrm{d}x+\int_0^2x^3\mathrm{d}x$$

$$=-\frac{x^4}{4}\Big|_{-1}^0+\frac{x^4}{4}\Big|_0^2=\frac{1}{4}+\frac{16}{4}=\frac{17}{4}.$$

【例 5-24】 求两条抛物线 $y^2=x$，$y=x^2$ 所围成的图形的面积.

解 如图 5 15 所示，先由 $\begin{cases}y^2=x,\\y=x^2\end{cases}$ 得交点坐标 $(0,0)$ 和 $(1,1)$，积分变量 x 的变化区间为 $[0,1]$，图形可以看成是两条曲线 $y=\sqrt{x}$ 与 $y=x^2$ 所围成的图形. 所以

$$A=\int_0^1(\sqrt{x}-x^2)\mathrm{d}x=\left[\frac{2}{3}x^{\frac{2}{3}}-\frac{1}{3}x^3\right]\Big|_0^1=\frac{2}{3}-\frac{1}{3}=\frac{1}{3}.$$

【例 5-25】 求由曲线 $y^2=2x$ 及直线 $y=x-4$ 所围成的平面图形的面积.

解 方法 1，如图 5-16 所示，先确定图形所在范围，由 $\begin{cases}y^2=2x,\\y=x-4\end{cases}$ 得交点坐标

(2，−2) 和(8,4)， 取积分变量 y，它的变化区间为[−2，4]，图形可以看成是两条曲线 $x=y+4$ 与 $x=\frac{1}{2}y^2$ 所围成图形．所以

$$A=\int_{-2}^{4}\left(y+4-\frac{1}{2}y^2\right)\mathrm{d}y=\left[\frac{1}{2}y^2+4y-\frac{1}{6}y^3\right]\Bigg|_{-2}^{4}=18.$$

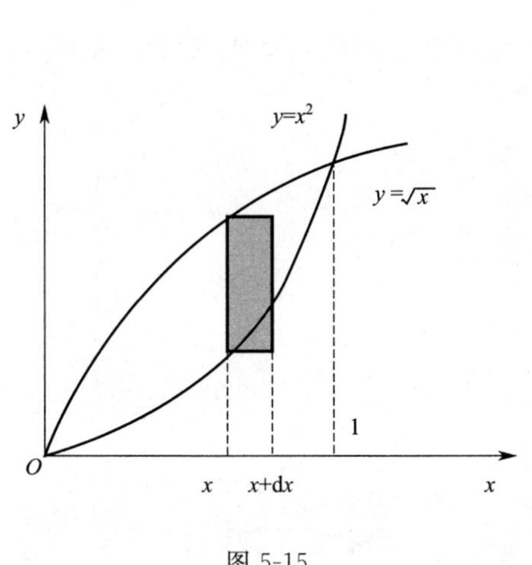

图 5-15

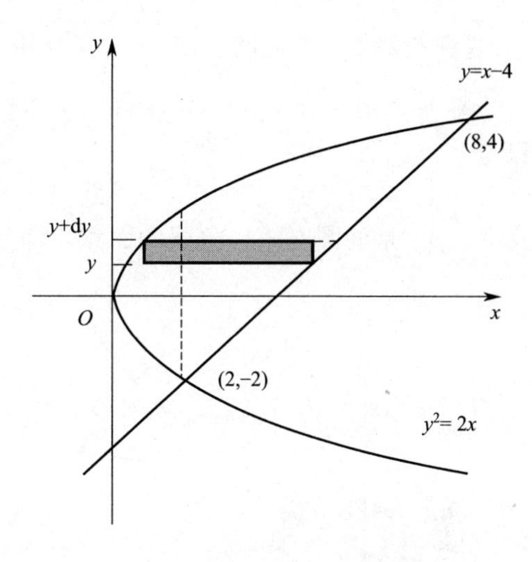

图 5-16

方法 2，以 x 为积分变量，x 的变化区间为[0,8]，在区间[0,8] 上面积微元不能用一个关系式表示，在区间[0,2] 上，面积微元为

$$\mathrm{d}A=[\sqrt{2x}-(-\sqrt{2x})]\mathrm{d}x=2\sqrt{2x}\,\mathrm{d}x,$$

在区间[2,8] 上，面积微元为

$$\mathrm{d}A=(\sqrt{2x}-x+4)\mathrm{d}x,$$

所以

$$\begin{aligned}A&=\int_0^2 2\sqrt{2x}\,\mathrm{d}x+\int_2^8(\sqrt{2x}-x+4)\mathrm{d}x\\&=\frac{4\sqrt{2}}{3}x^{\frac{3}{2}}\Bigg|_0^2+\left(\frac{2\sqrt{2}}{3}x^{\frac{3}{2}}-\frac{1}{2}x^2+4x\right)\Bigg|_2^8=18.\end{aligned}$$

【例 5-26】　求抛物线 $y^2=4x$，直线 $y=\frac{1}{2}x+2$ 及 x 轴所围成图形的面积．

解　如图 5-17 所示，求出交点，由

$$\begin{cases}y^2=4x,\\y=\frac{1}{2}x+2\end{cases}$$

得交点坐标(4,4)，又由

$$\begin{cases}y=0,\\y=\frac{1}{2}x+2\end{cases}$$

得另一交点坐标(−4,0).

由图5-17可知，因左右边界分别由一条曲线组成，故以y为积分变量，其变化区间为[0,4]，所以

$$A=\int_0^4\left[\frac{1}{4}y^2-2y+4\right]\mathrm{d}y=\left[\frac{1}{2}y^3-y^2+4y\right]\Bigg|_0^4=\frac{16}{3}.$$

【例 5-27】 求椭圆$\frac{x^2}{a^2}+\frac{y^2}{b^2}=1$所围成的的面积.

解 如图5-18所示，由于椭圆关于两坐标对称，因此椭圆所围成的图形的面积为

$$A=4A_1,$$

其中，A_1是椭圆在第一象限的面积，即

$$A=4A_1=\int_0^a y\,\mathrm{d}x,$$

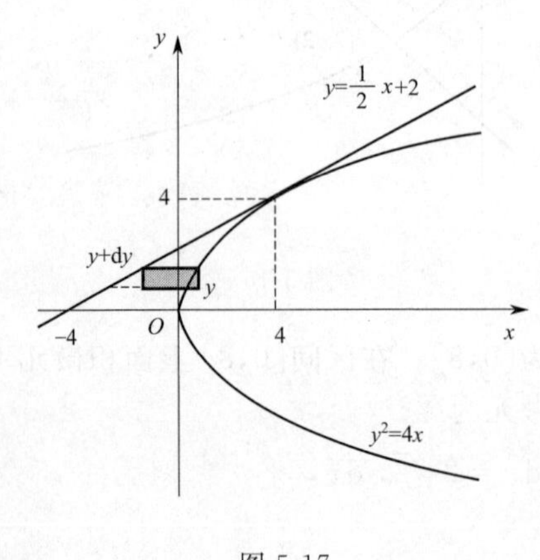

图 5-17

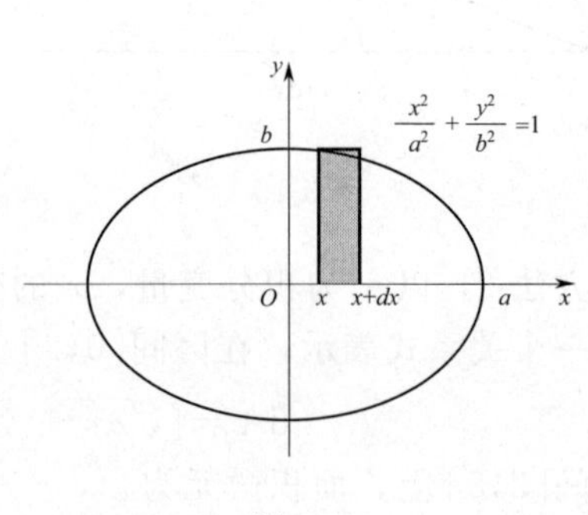

图 5-18

利用椭圆的参数方程

$$\begin{cases}x=a\cos t,\\ y=b\sin t\end{cases}$$

进行换元积分

$$x=0\rightarrow t=\frac{\pi}{2},x=a\rightarrow t=0,$$

所围成的图形的面积为

$$A=4\int_0^a y\,\mathrm{d}x=4\int_{\frac{\pi}{2}}^0 b\sin t(-a\sin t)\mathrm{d}t=4ab\int_0^{\frac{\pi}{2}}\sin^2 t\,\mathrm{d}t=2ab\int_0^{\frac{\pi}{2}}(1-\cos 2t)\mathrm{d}t$$

$$=2ab\left(t-\frac{\sin 2t}{2}\right)\Bigg|_0^{\frac{\pi}{2}}=2ab\times\frac{\pi}{2}=\pi ab.$$

(2) 空间立体的体积

① 旋转体的体积. 旋转体是由一个平面图形绕这个平面内的一条直线旋转一周而成的几何体，这条直线称为旋转轴.

常见的旋转体有球体、圆柱体、圆台、圆锥、椭球体等．

a. 平面图形绕 x 轴旋转体所形成的立体的体积．

由连续曲线 $y=f(x)$、直线 $x=a$、$x=b$ 以及 x 轴所围成的曲边梯形绕 x 轴旋转一周而形成的旋转体的体积，如图 5-19 所示．

在 $[a,b]$ 内任取一点 x 作垂直于 x 轴的平面，截面是半径为 $f(x)$ 的圆，其面积为 $A=\pi f^2(x)$，在 x 附近再取一点 $x+\mathrm{d}x$，再作截面，构成厚度为 $\mathrm{d}x$ 的圆柱体，形成体积微元，按圆柱体积公式，可知体积微元为 $\mathrm{d}V=\pi f^2(x)\mathrm{d}x$，故所求旋转体的体积为

$$V_x=\pi\int_a^b f^2(x)\mathrm{d}x.$$

b. 平面图形绕 y 轴旋转体所形成的立体的体积．

由连续曲线 $x=\varphi(y)$、直线 $y=c$、$y=d$ 及 y 轴所围成的曲边梯形绕 y 轴旋转一周而形成的旋转体的体积，如图 5-20 所示．

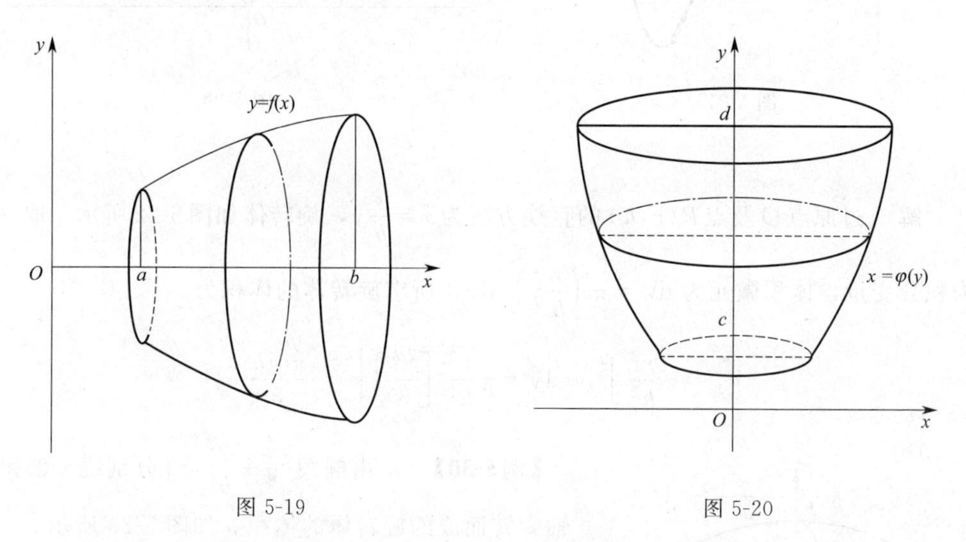

图 5-19　　　　图 5-20

同理可得体积微元为 $\mathrm{d}V=\pi\varphi^2(y)\mathrm{d}y$，所求旋转体的体积为

$$V_y=\pi\int_c^d \varphi^2(y)\mathrm{d}y.$$

【例 5-28】 求 $y=x^2$ 及 $x=1$，$y=0$ 所围成的平面图形绕 x 轴旋转一周而形成的旋转体体积．

解 旋转体如图 5-21 所示，取 x 为积分变量，体积微元为

$$\mathrm{d}V=\pi(x^2)^2\mathrm{d}x=\pi x^4\mathrm{d}x,$$

所求旋转体的体积为

$$V_x=\pi\int_0^1 x^4\mathrm{d}x=\frac{\pi}{5}x^5\bigg|_0^1=\frac{\pi}{5}.$$

【例 5-29】 连接坐标原点 O 及点 $P(r,h)$ 的直线，直线 $y=h$ 及 y 轴所围成一个直角三角形，将它绕 y 轴旋转一周构成一个底半径为 r 高为 h 的圆锥体，计算这

个圆锥体的体积．

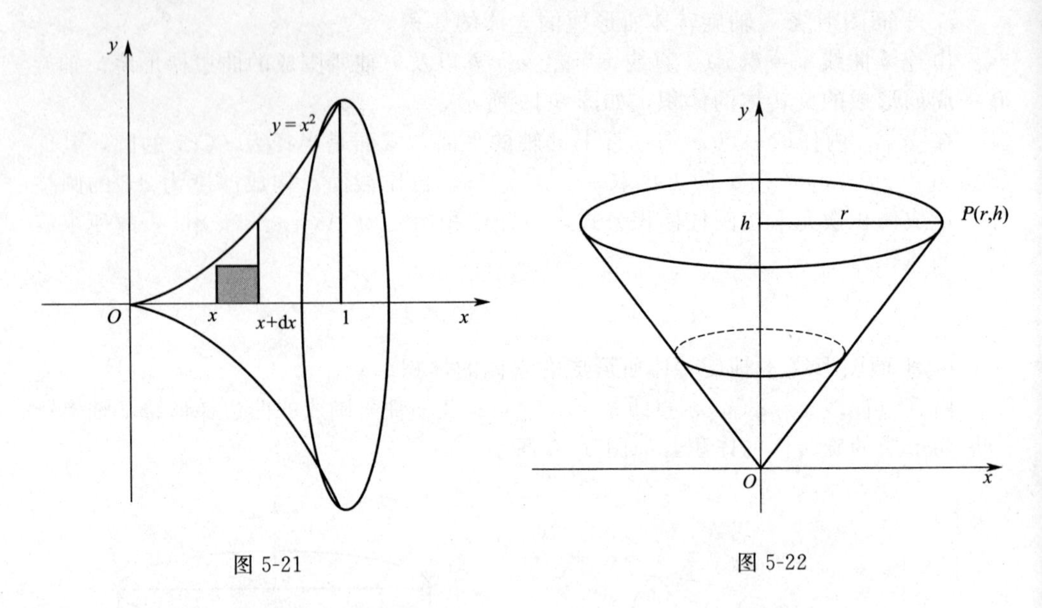

图 5-21　　　　图 5-22

解　过原点O及点$P(r,h)$的直线方程为$x=\frac{r}{h}y$，旋转体如图5-22所示，取y为积分变量，体积微元为$\mathrm{d}V=\pi\left(\frac{r}{h}y\right)^2\mathrm{d}y$，所求旋转体的体积为

$$V_y=\pi\frac{r^2}{h^2}\int_0^h y^2\mathrm{d}y=\pi\frac{r^2}{h^2}\left[\frac{y^3}{3}\right]\Bigg|_0^h=\frac{\pi r^2 h}{3}.$$

【例5-30】　求由椭圆$\frac{x^2}{a^2}+\frac{y^2}{b^2}=1$分别绕$x$轴和$y$轴旋转而成的旋转体的体积．如图5-23所示．

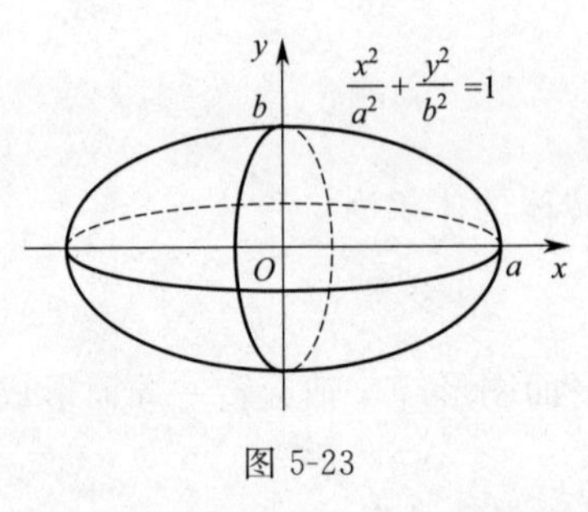

图 5-23

解　绕x轴旋转时，生成的旋转体可以看成由$y=\frac{b}{a}\sqrt{a^2-x^2}$及$x$轴围成的图形旋转一周而形成的旋转体的体积．积分变量为x，由体积微元

$$\mathrm{d}V=\pi y^2\mathrm{d}x=\pi b^2\left(1-\frac{x^2}{a^2}\right)\mathrm{d}x,$$

所以绕x轴旋转形成的旋转体的体积为

$$V_x=\pi b^2\int_{-a}^{a}\left(1-\frac{x^2}{a^2}\right)\mathrm{d}x=2\pi b^2\int_0^a\left(1-\frac{x^2}{a^2}\right)\mathrm{d}x=2\pi b^2\left(x-\frac{x^3}{3a^2}\right)\Bigg|_0^a=\frac{4}{3}\pi ab^2.$$

绕y轴旋转时，由体积微元$\mathrm{d}V=\pi x^2\mathrm{d}y=\pi a^2\left(1-\frac{y^2}{b^2}\right)\mathrm{d}y$，所以绕$y$轴旋转形成的旋转体的体积为

$$V_y=\pi a^2\int_{-b}^{b}\left(1-\frac{y^2}{b^2}\right)\mathrm{d}y=2\pi a^2\int_{0}^{b}\left(1-\frac{y^2}{b^2}\right)\mathrm{d}y=2\pi a^2\left(y-\frac{y^3}{3b^2}\right)\bigg|_0^b=\frac{4}{3}\pi a^2 b.$$

当 $a=b$ 时，旋转体就变成了半径为 a 的球体，它的体积为 $V=\frac{4}{3}\pi a^3$.

② 平行截面面积为已知的立体的体积．若某空间立体垂直于一定轴的各个截面面积已知，则这个立体的体积可用微元法求解．

设一立体如图 5-24 所示，它介于 $x=a$，$x=b$ 之间且垂直于 x 轴的各个截面面积是关于 x 的连续函数，在区间 $[a,b]$ 上任取小区间 $[x,x+\mathrm{d}x]$ 形成一薄片体积微元，由于薄片底为 $A(x)$，高为 $\mathrm{d}x$，则体积微元为 $\mathrm{d}V=A(x)\mathrm{d}x$，于是所求立体的体积为 $V=\int_a^b A(x)\mathrm{d}x$.

【例 5-31】 设有底面半径为 R 的圆柱，被一与圆柱面呈 α 角且过底面直径的平面所截，求这个截下的楔形．如图 5-25 所示．

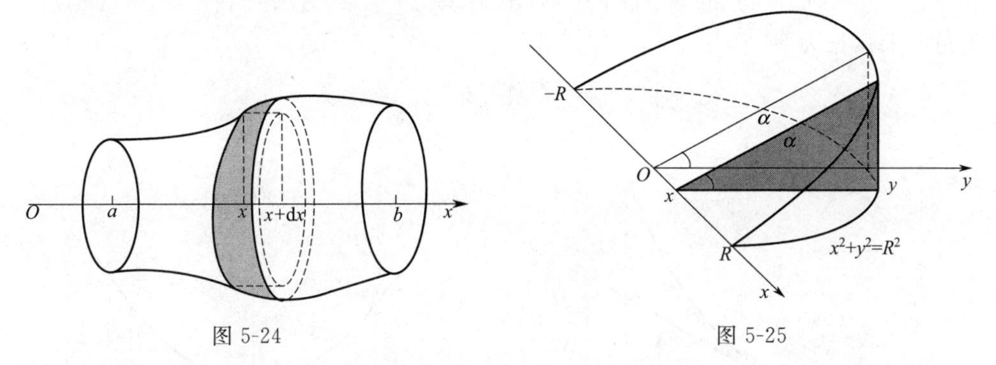

图 5-24　　　　图 5-25

解　在 x 处作垂直于 x 的截面，其截面为直角三角形，由底面圆的方程 $x^2+y^2=R^2$ 得半圆的方程为 $y=\sqrt{R^2-x^2}$，并可知截面为直角三角形的底为 y，高为 $y\cdot\tan\alpha$，故其面积为

$$A(x)=\frac{1}{2}yy\tan\alpha=\frac{1}{2}y^2\tan\alpha=\frac{1}{2}(R^2-x^2)\tan\alpha,$$

所以楔形体积为

$$V=\int_{-R}^{R}A(x)\mathrm{d}x=\int_{-R}^{R}\frac{1}{2}(R^2-x^2)\tan\alpha\,\mathrm{d}x$$
$$=\tan\alpha\int_0^R(R^2-x^2)\,\mathrm{d}x=\tan\alpha\left(R^2x-\frac{1}{3}x^3\right)\bigg|_0^R=\frac{2}{3}R^3\tan\alpha.$$

【例 5-32】 现有一个立体，其底是一个半径为 R 的圆，而垂直于底面上一条固定直径的所有截面都是等边三角形，求该立体的体积．如图 5-26 所示．

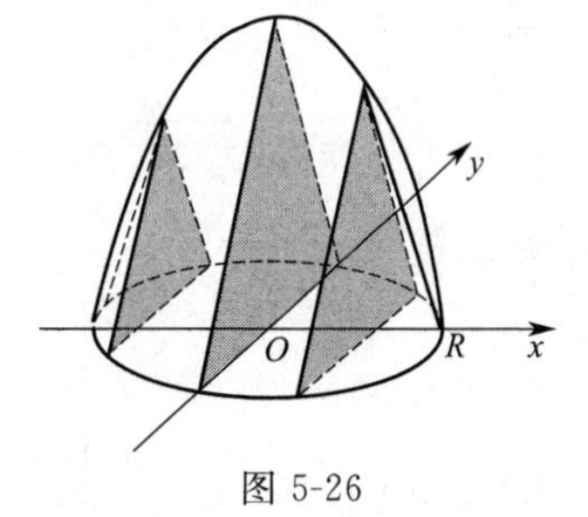

图 5-26

解　建立如图 5-26 所示的坐标，底圆的方程为 $x^2+y^2=R^2$，则有 $y=\sqrt{R^2-x^2}$．可知截面为等边三角形的底为 $2y$，高为 $\frac{\sqrt{3}}{2}\times 2y=\sqrt{3}\times y$，故其面积为

$$A(x)=\frac{1}{2}\times 2y\times\sqrt{3}\,y=\sqrt{3}\,y^2=\sqrt{3}\,(R^2-x^2),$$

所以该立体的体积为

$$V=\int_{-R}^{R}A(x)\,\mathrm{d}x=\int_{-R}^{R}\sqrt{3}\,(R^2-x^2)\,\mathrm{d}x=2\sqrt{3}\int_{-R}^{R}(R^2-x^2)\,\mathrm{d}x$$

$$=2\sqrt{3}\left(R^2x-\frac{1}{3}x^3\right)\Big|_0^R=\frac{4\sqrt{3}}{3}R^3.$$

(3) 平面曲线的弧长

求曲线 $y=f(x)$ 上 x 从 a 到 b 的一段弧的长度，我们可用弧长微元来求解．如图 5-27 所示．

取 x 为积分变量，在$[a,b]$上任取一子区间$[x,x+\mathrm{d}x]$，其上一小段弧长的长度用曲线在点$(x,f(x))$处的切线上对应的一小段长度近似代替，则弧长微元为

$$\mathrm{d}s=\sqrt{(\mathrm{d}x)^2+(\mathrm{d}y)^2}=\sqrt{1+y'^2}\,\mathrm{d}x,$$

于是所求弧长为

$$s=\int_a^b\sqrt{1+y'^2}\,\mathrm{d}x.$$

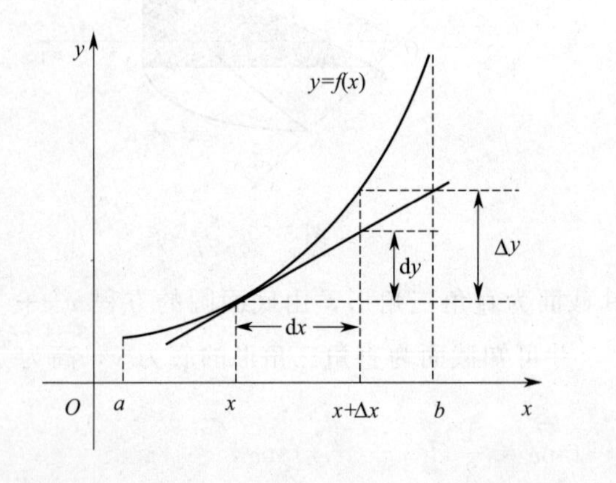

图 5-27

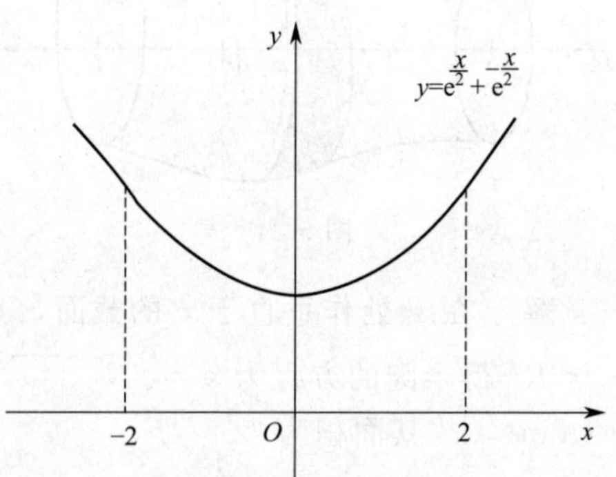

图 5-28

【例 5-33】 求悬链线 $y=(\mathrm{e}^{\frac{x}{2}}+\mathrm{e}^{-\frac{x}{2}})$ 在$[-2,2]$上的弧长．

解 作图 5-28，取 x 为积分变量 $y'=[(\mathrm{e}^{\frac{x}{2}}+\mathrm{e}^{-\frac{x}{2}})]'=\frac{1}{2}[(\mathrm{e}^{\frac{x}{2}}-\mathrm{e}^{-\frac{x}{2}})]$．则弧长微元为

$$\mathrm{d}s=\sqrt{1+y'^2}\,\mathrm{d}x=\sqrt{1+\frac{1}{4}(\mathrm{e}^{\frac{x}{2}}-\mathrm{e}^{-\frac{x}{2}})^2}\,\mathrm{d}x=\frac{1}{2}(\mathrm{e}^{\frac{x}{2}}+\mathrm{e}^{-\frac{x}{2}})\,\mathrm{d}x,$$

于是悬链线

$$s=\int_a^b\sqrt{1+y'^2}\,\mathrm{d}x=\int_{-2}^{2}\frac{1}{2}(\mathrm{e}^{\frac{x}{2}}+\mathrm{e}^{-\frac{x}{2}})\,\mathrm{d}x$$

$$=\int_0^2(\mathrm{e}^{\frac{x}{2}}+\mathrm{e}^{-\frac{x}{2}})\,\mathrm{d}x=2\,(\mathrm{e}^{\frac{x}{2}}-\mathrm{e}^{-\frac{x}{2}})\Big|_0^2=2(\mathrm{e}-\mathrm{e}^{-1}).$$

5.4.3　定积分在物理中的应用

（1）变力做功问题

由物理学知道，若常力 F 作用在物体上使物体沿力的方向移动一段距离 S，则力 F 对物体所做的功为

$$W=FS.$$

若作用在物体上的力是一个变化的力，力是移动距离 x 的函数 $F(x)$，求力将物体从 $x=a$ 移动到 $x=b$ 所做的功．

可用“以常代变”的微元法的重要思想进行定积分求解。功微元为

$$dW=F(x)dx,$$

于是所做的功为

$$W=\int_a^b F(x)dx.$$

【例 5-34】 弹簧压缩所受的力 F 与压缩的距离呈正比，现在弹簧由原长压缩了 6cm，问需做多少功？

解　建立如图 5-29 所示坐标系，由题意可知 $F=kx$（k 是弹簧的劲度系数），取 x 为积分变量，它的变化区间为 $[0,0.06]$，功的微元为 $dW=-kx\,dx$，于是需做的功为

$$W=-\int_0^{0.06} kx\,dx=-\frac{1}{2}kx^2\bigg|_0^{0.06}=-0.0018k(\mathrm{J}).$$

【例 5-35】 在原点 O 有一带电量为 $+q$ 的点电荷，它产生的电场对周围电荷有作用力，现有一单位正电荷从距原点 a 处沿射线方向移动到离原点距离 b 处 $(a\leqslant b)$，求电场力所做的功（图 5-30）．

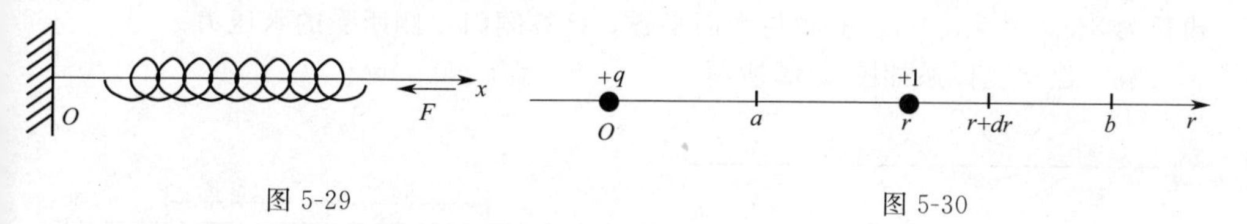

图 5-29　　图 5-30

解　单位电荷在 q 所形成电场中受到的电场力为

$$F=k\frac{q}{r^2}.$$

这是一个变力，以 r 为积分变量，在 $[r,r+dr]$ 上，“以常代变”得功微元

$$dW=F\cdot dr=k\frac{q}{r^2}dr,$$

故

$$W=\int_a^b k\frac{q}{r^2}\,dr=kq\left[-\frac{1}{r}\right]\bigg|_a^b=kq\left(\frac{1}{a}-\frac{1}{b}\right).$$

【例 5-36】 内燃机动力的产生可以简化为如下模型：把气缸体看成一个圆柱形容器，在圆柱形容器中盛有一定量的气体．在等温条件下，由于气体的膨胀，把容器中的一个活塞从一点推到另一点．经过一定的机械装置将活塞的这一直线运动

的动力传输出去．如果活塞的面积为 S，计算活塞从 a 点移动到 b 点过程中气体压力所做的功．

解　活塞的位置用 x 表示，根据物理知识，一定量的气体在等温条件下，其压强 P 与体积 V 有

$$PV=k\text{（常数）}\quad \text{或}\quad P=\frac{k}{V}$$

因为 $V=xS$，所以 $P=\dfrac{k}{xS}$.

于是作用在活塞上的力 $F=PS=\dfrac{k}{x}$，活塞面积 $S=\dfrac{V}{x}$. 在气体膨胀过程中，体积 V 是变化的，所以 x 也是变化的，即力也是变的，即可用微元法求得变力做的功．

在 $[a,\ b]$ 上任取一个小区间 $[x,\ x+\mathrm{d}x]$，在这个过程中气体做功 $dW=\dfrac{k}{x}\mathrm{d}x$. 则

$$W=\int_a^b \frac{k}{x}\mathrm{d}x=k\ln\frac{b}{a}.$$

（2）液体的压力问题

由于压强随深度变化，而压力具有可加性，故对平板进行“分割”，使压强相对小区间可以“以常压强代变压强”，这就是说可用微元法进行定积分求解．

建立坐标系如图 5-31 所示，横条的面积为 $\mathrm{d}A=f(x)\mathrm{d}x$，压力的微元为

$$\mathrm{d}F=\rho gx\,\mathrm{d}A=\rho gxf(x)\mathrm{d}x,$$

于是所求的压力为

$$F=\int_a^b \rho gxf(x)\mathrm{d}x.$$

【例 5-37】　某水库有一形状为等腰梯形的闸门，它的上底边长为 10m，下底边长为 8m，高为 20m，上底与水面平齐，计算闸门一侧所受的水压力．

解　建立坐标系如图 5-32 所示．

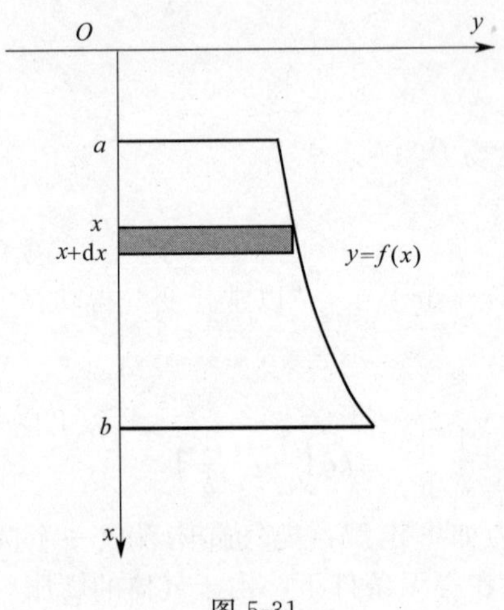

图 5-31

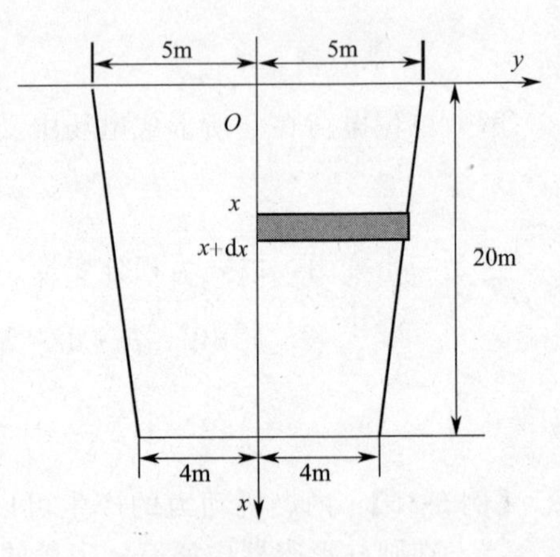

图 5-32

等腰梯形闸门一侧的方程为 $y=5-\frac{x}{20}$. 取 x 为积分变量，它的变化区间为 $[0,20]$，对任一微小区间，对应的端面的微面积为

$$dA=2y\,dx=2\left(5-\frac{x}{20}\right)dx=\left(10-\frac{x}{10}\right)dx.$$

则闸门一侧的压力微元为

$$dF=P\cdot dA=\rho gx\left(10-\frac{x}{10}\right)dx=(100000x-1000x^2)\,dx.$$

于是闸门一侧所受的水压力

$$F=\int_0^{20}(100000x-1000x^2)\,dx=\left(50000x^2-\frac{1000}{3}x^3\right)\Bigg|_0^{20}\approx 17333333\approx 17333(\text{kN}).$$

【例 5-38】 有一地面半径为 2m，深为 5m 的圆柱形水池（上部与地面平行），里面盛满了水．求水对池壁的压力．

解 建立坐标系如图 5-33 所示，取 x 为积分变量，它的变化区间为 $[0,5]$，则压力微元

$$dF=\rho gx\times 2\pi\times 1dx=2\pi\rho gx\,dx.$$

于是所求压力为

$$F=\int_0^5 2\pi\rho gx\,dx=2\pi\rho g\left(\frac{x^2}{2}\right)\Bigg|_0^5=25\pi\rho g=25\pi\times 10^3\times 10=785398\approx 785.4(\text{kN}).$$

(3) 引力问题

从物理学知道，质量分别为 m_1 和 m_2，相距为 r 的两个质点，它们之间的引力为

$$F=G\frac{m_1m_2}{r^2}.$$

式中，G 为引力系数，引力方向沿着两质点的连线方向．

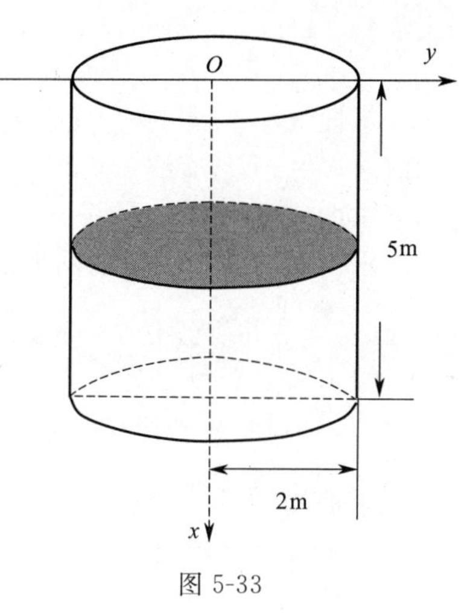

图 5-33

若要计算一根细棒与一个质点之间的引力，由于细棒上各质点相对于另一质点的距离是变化的，上述公式就不适用了，要计算细棒与一个质点之间的引力，我们用分割“细棒”的办法，使得细棒的每一小部分可以用质点来近似，分别计算每一小部分与另一质点之间的引力，然后求其和．这就是定积分的思想，每一小部分实际上是取微元．

【例 5-39】 设有一根长度为 l，线密度为 ρ 的均匀细棒，在中垂线上距棒为 a 处有一质量为 m 的质点 P，求细棒对质点的引力．

解 建立坐标系如图 5-34 所示，取 x 轴为积分变量，它的变化区间为 $\left[-\frac{l}{2},\frac{l}{2}\right]$，则引力微元为

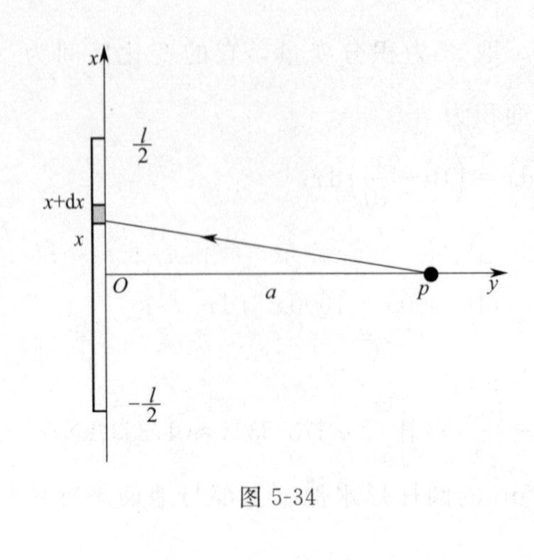

图 5-34

$$dF=G\frac{m\rho dx}{x^2+a^2}.$$

由于棒具有对称性，其合力的 x 方向相互取消，合力只有 y 方向的分量．于是该棒对质点的引力为

$$F=\int_{-\frac{l}{2}}^{\frac{l}{2}}dF\cos\alpha=\int_{-\frac{l}{2}}^{\frac{l}{2}}G\frac{am\rho}{(x^2+a^2)^{\frac{2}{3}}}dx$$

$$=2m\rho aG\int_{-\frac{l}{2}}^{\frac{l}{2}}\frac{1}{(x^2+a^2)^{\frac{2}{3}}}dx$$

$$=2m\rho aG\frac{x}{a^2\sqrt{x^2+a^2}}\Bigg|_0^{\frac{l}{2}}$$

$$=\frac{2m\rho Gl}{a\sqrt{4a^2+l^2}}.$$

定积分的应用非常多，没有统一的公式和模式．要求首先要熟悉和掌握微元法，这是定积分应用的根本方法，对于具体问题，没有现成的公式可以使用，无公式则分析微元，采用微元法，建立定积分表达式.

习题 5.4

1. 求曲线 $y=x^2$ 与 $y=0$，$x=1$ 所围成的图形的面积．

2. 求 $y=x^2$ 与直线 $y=2-x$ 所围成的图形的面积．

3. 求曲线 $xy=1$ 与直线 $y=x$，$y=3$ 所围成的图形的面积．

4. 求下列曲线所围成的图形的面积．

（1）$y=\frac{1}{x}$与直线 $y=x$ 及 $x=2$；（2）$y=e^x$ 与 $y=e^{-x}$ 及直线 $x=1$；（3）$y=\sqrt{x}$，$y=x$；（4）$y=\sin x+1$，$y=\cos x$，$0\leqslant x\leqslant\frac{3}{2}\pi$.

5. 求曲线 $x=\sqrt{2-y}$ 与直线 $y=x$，$y=0$ 围成的图形绕 x 轴旋转的体积．

6. 求曲线 $y=x^2$ 与直线 $y=0$，$x=1$ 所围成的图形绕 x 轴、y 轴旋转的体积．

7. 求曲线 $y=\sin x$（$0\leqslant x\leqslant\pi$）与 x 轴围成的图形绕 x 轴旋转的体积．

8. 求曲线 $y^2=4x$ 与直线 $x=2$ 围成的图形绕 x 轴旋转的体积．

9. 求曲线 $y=x^3$ 与直线 $x=2$，$y=0$ 围成的图形绕 y 轴旋转的体积．

10. 求 $y=\ln x$ 上相应于 $\sqrt{3}\leqslant x\leqslant\sqrt{8}$ 的一段弧的长度．

11. 由胡克定律可知，在弹性限度内，弹簧在拉伸过程中拉力 F 的大小与弹簧的伸长量 s 呈正比．已知由原长拉伸 1cm 需要的力是 3N，如果把弹簧由原长拉伸 5cm，计算需要做的功．

12. 一矩形水闸门与水面垂直置于水中，闸门宽 20m，高 16m，水面与闸门平齐，求闸门上所受的总压力．

13. 设有一长度为 l，质量为 M 的均匀细棒，另有一质量为 m 的质点和细棒在一条直线上，它到细棒的近端距离为 a，试计算细棒对质点的引力．

14. 一长为 3m，宽为 2m 的长方形薄板垂直放入水面下 2m 处，并使长边与水面平行，求薄板所受到的水压力．

15. 有一半圆弧细铁丝，弧半径为 r，质量为 M，均匀分布，在圆心处有一质量为 m 的质点，求该铁丝与质点之间的引力．

16. 直径为 20cm，高为 80cm 的圆柱体内充满压强为 $10\mathrm{N/cm^2}$ 的蒸汽，设温度保持不变，要使蒸汽体积缩小一半需要做多少功？

17. 设某产品的边际成本是产量 Q 的函数 $C'(Q)=2e^{0.2Q}$，该产品的固定成本 $C_0=80$，求总成本函数．

18. 已知生产某产品的边际收益为 $R'(Q)=100-2Q$. 求：

(1) 生产 40 个单位时的总收益；

(2) 生产 40～50 个单位时的总收益．

19. 若某产品的边际成本 $C'(Q)=2$（元/件），固定成本为零，边际收入为 $R'(Q)=20-0.02Q$. 问：

(1) 产量为多少时利润最大？

(2) 在取得最大利润后，若在生产 40 件产品，利润会发生什么变化？

20. 某生产车间每天生产化肥 x(kg) 时的总费用为 $C(x)$（百元），其边际费用为

$$C'(x)=100+6x-0.6x^2.$$

试求：产量从 2kg 增加到 4kg 时的总费用及平均费用．

第 5 章单元测试

1. 填空题．

(1) $\lim\limits_{x\to 0}\dfrac{\int_0^x \ln(1+t)\mathrm{d}t}{x^2}=$________．

(2) 若 $f(x)$ 在区间 $[a,b]$ 上连续，且 $\int_a^b f(x)\mathrm{d}x=0$，则 $\int_a^b [f(x)+1]\mathrm{d}x=$________．

(3) 函数 $f(x)=\int_0^x t(t-4)\mathrm{d}t$ 在 $x=$________处取得最大值，在 $x=$________处取得最小值．

(4) 若 $f(x)$ 在区间 $[a,b]$ 上连续，且 $\int_a^b f(x)\mathrm{d}x$ ________ $\int_b^a f(x)\mathrm{d}x$.

(5) $\int_{-1}^1 \dfrac{\sin x}{1+x^2}\mathrm{d}x=$________．

(6) 设 $f''(x)$ 在区间 $[a,b]$ 上连续，则 $\int_a^b xf''(x)\mathrm{d}x=$________．

(7) $\int_0^{\frac{\pi}{2}} e^{-\sin x}\cos x\,dx=$ ________.

(8) $\int_{-2}^{1} x^4\sin x^3\,dx=$ ________.

2. 选择题.

(1) $\int_0^1 x^2\,dx-\int_0^1 x^3\,dx$ 与0比较（ ）.

A. <0　　B. >0　　C. 不确定　　D. $=0$

(2) 定积分的值与（ ）无关.

A. 积分区间　　B. 被积函数

C. 积分变量　　D. 以上均不正确

(3) 设 $f(x)$ 在区间 $(-\infty,+\infty)$ 上连续，且 $a<b$，则下列定积分的值不为零的是（ ）.

A. $\int_a^b 0\,dx$　　B. $\int_a^b f(x)\,dx$

C. $\int_a^b dx$　　D. $\int_a^b f(x)\,dx+\int_b^a f(x)\,dx$

(4) 若 $f(x)$ 在区间 $[a,b]$ 上连续，则由 $y=f(x)$ 与直线 $x=a$，$x=b$，$y=0$ 所围成的平面为图形的面积（ ）.

A. $\int_a^b f(x)\,dx$　　B. $\left|\int_a^b f(x)\,dx\right|$

C. $\int_a^b |f(x)|\,dx$　　D. $f(\xi)(b-a)$，$a<\xi<b$

(5) $\int_{-1}^{2}\frac{1}{x^2}\,dx=$（ ）.

A. 2　　B. -2　　C. $\frac{3}{4}$　　D. 不存在

(6) 若 $f(x)=\int_0^x (t-1)(t+2)\,dt$，则 $f'(-1)=$（ ）.

A. 2　　B. 1　　C. -1　　D. -2

(7) 若 $\int_0^1 e^x f(e^x)\,dx=\int_a^b f(u)\,du$，则（ ）.

A. $a=1$，$b=10$　　B. $a=1$，$b=e$

C. $a=0$，$b=1$　　D. $a=0$，$b=e$

3. 计算下列定积分.

(1) $\int_{-2}^{-1}\frac{dx}{(11+5x)^3}$；　(2) $\int_0^1\left(e^x+\frac{1}{e^x}\right)^2 dx$；　(3) $\int_1^{e^3}\frac{dx}{x\sqrt{1+\ln x}}$；

(4) $\int_0^{\frac{3}{4}}\frac{x+1}{\sqrt{x^2+1}}\,dx$；　(5) $\int_{-1}^{1}(2x^4+x)\arcsin x\,dx$；　(6) $\int_1^{+\infty}\frac{\ln x}{x}\,dx$.

4. 求由曲线 $y=x^2$，$y=\frac{1}{2}x^2$ 和直线 $y=2x$ 所围成的平面图形的面积.

5. 设平面图形 D 由抛物线 $y=1-x^2$ 和 x 轴围成，试求：

(1) D 的面积；

(2) D 绕 x 轴旋转而形成的旋转体的体积；

(3) D 绕 y 轴旋转而形成的旋转体的体积.

数学名人故事

莱布尼茨与微分学

戈特弗里德·威廉·莱布尼茨（Gottfried Wilhelm Leibniz，1646 年 7 月 1 日～1716 年 11 月 14 日），德意志哲学家、数学家，历史上少见的通才，被誉为“17 世纪的亚里士多德”. 在数学上，他和牛顿先后独立发明了微积分. 有人认为，莱布尼茨最大的贡献不是发明微积分，而是发明了微积分中使用的数学符号，因为牛顿使用的符号被普遍认为比莱布尼茨的差.

莱布尼茨到 1676 年已经得出了牛顿在几年之前所得出的同样的结论，即他掌握了一种方法，这种方法由于其通用性而显得十分重要. 不管一个函数是有理函数还是无理函数，是代数函数还是超越（莱布尼茨创造出来的一个词）函数，他的求和与差的运算始终适用. 因此，为这一新学科发展出一套恰当的语言和符号表示法，就是他义不容辞的责任. 莱布尼茨对于良好的符号表示法作为对思想的一种帮助的重要性，始终有着清晰的认识，就微积分的情况而言，他的选择尤其满意. 在经过一些试错之后，他打定主意，用 $\mathrm{d}x$ 和 $\mathrm{d}y$ 表示 x 和 y 的可能最小差（微分），尽管他最初使用 x/d 和 y/d，以显示次数的降低. 期初，他简单地写下 omn. y（或“一切 y 的”），代表曲线之下的纵距之和，但后来，他使用了符号 $\int y$，再后来是 $\int y\mathrm{d}x$，这个积分符号是一个放大的字母 s，代表“和”（sum）. 求切线需要“差的计算”（calculus differentialis），求面积需要“和的计算”（calculus summatorius）或“求整计算”（calculus integralis），从这些术语产生了我们的“微分”（differential calculus）和“积分”（integral calculus）.

对微分学的最早介绍，是莱布尼茨在 1684 年发表的，作品的标题很长，但很有意义——《一种求极大值、极小值和切线的新方法，不受分数量及无理量妨碍的奇特算法》（*Nova methodus pro maximis et minimis, itemque tangentibus, qua nec irrationales quantitates moratur*）. 莱布尼茨在这部作品中给出了求积、商和幂（或根）的公式：$\mathrm{d}xy=x\mathrm{d}y+y\mathrm{d}x$，$\mathrm{d}(x/y)=(y\mathrm{d}x-x\mathrm{d}y)/y^2$ 和 $\mathrm{d}x^n=nx^{n-1}\mathrm{d}x$，连同它们的几何应用. 这些公式是通过略去高阶无穷小量而得到的.

两年后，莱布尼茨再一次在《教师学报》上发表了一篇对积分的解释，其中求积分被证明是反向切线法的特例. 莱布尼茨强调了微积分基本理论中求微分和求积分的反向关系；他指出，在常见函数的求积分中，“包括了所有超越几何的最大的部分”.

第6章　常微分方程

微分方程指描述未知函数的导数与自变量之间的关系的方程．它的应用十分广泛，可以解决许多与导数有关的问题．本章主要介绍微分方程的基本概念和几种常用的微分方程的积分及应用．

6.1　微分方程的基本概念

定义 6-1　含有未知函数的导数（或微分）的方程叫微分方程．未知函数是一元函数的微分方程，称为常微分方程．未知函数是多元函数的微分方程，称为偏微分方程．微分方程中未知函数导数或微分的最高阶数，称为该微分方程的阶．

例如，$\frac{dy}{dx}=f(x)$是一阶微分方程，$y''-3y'+y=3x+1$是二阶微分方程．

又如，$y^{(4)}+x^3y'''-x^2y''+xy'-y=\cos x$是四阶微分方程．

一般地说，n阶微分方程可表示为$F(x,y,y',\cdots,y^{(n)})=0$的形式，其中$x$为自变量，$y$是$x$的函数，$y',y''\cdots,y^{(n)}$分别表示未知函数的一阶、二阶、…、$n$阶导数．

定义 6-2　未知函数及其各阶导数都以一次形式出现的微分方程称为线性微分方程，否则，称为非线性微分方程．在一阶线性微分方程$y'+p(x)y=q(x)$中的$q(x)$称为方程自由项，自由项为0的线性微分方程称为线性齐次微分方程；反之，称为线性非齐次微分方程．在线性微分方程中，未知函数及其各阶导数的系数全是常数的线性微分方程称为常系数线性微分方程．

【例 6-1】　指出下列微分方程的类型．

① $xy'+y=\cos x$；　　② $y''+xy'+x^2y=0$；

③ $y''-y=xe^x$；　　④ $y'''+(y'')^2+(y')^5+y^6=x^7$；

⑤ $y'''+2y''-2y=0$.

解　① 一阶线性非齐次微分方程；

② 二阶线性齐次微分方程；

③ 二阶常系数线性非齐次微分方程；

④ 三阶微分方程；

⑤ 三阶常系数线性齐次微分方程．

注 在微分方程中，自变量和未知函数可以不出现，但未知函数的导数或微分必须出现．

定义 6-3 如果一个函数代入微分方程能使方程成为自变量的恒等式，则称这个函数为微分方程的解．由不定积分的定义，可以直接求得形如 $y'=f(x)$ 的简单微分方程的解．

例如，方程 $y'=xe^x+\cos x$ 的解为

$$y=\int(xe^x+\cos x)\mathrm{d}x=xe^x-e^x+\sin x+C.$$

求形如 $y''=f(x)$ 的二阶微分方程的解，只要方程两边连续进行两次积分即得．

定义 6-4 如果微分方程的解中含有相互独立的任意常数，且个数与方程的阶数相同，则称为微分方程的通解．用于确定方程中任意常数的条件，称为初始条件．在微分方程的通解中，由初始条件确定任意常数而得到的解称为微分方程的特解．求微分方程满足初始条件的特解的问题，称为初值问题．

例如 $y=x^2+C$ 是微分方程 $y'=2x$ 的通解．$y=x^2+1$ 是微分方程 $y'=2x$ 满足初始条件 $y(1)=2$ 的特解．

定义 6-5 设函数 $y_1(x),y_2(x)$ 是定义在区间 (a,b) 内的函数，如果存在两个不全为零的数 k_1,k_2 使得 $\forall x\in(a,b)$ 恒有 $k_1y_1+k_2y_2=0$ 成立，则称 y_1,y_2 在区间 (a,b) 内线性相关，否则称为线性无关．

由此可见，y_1,y_2 在区间 (a,b) 内线性相关的充分必要条件是 $\frac{y_1}{y_2}$ 在区间 (a,b) 内恒为常数．否则 y_1,y_2 线性无关．

例如 e^x 与 e^{2x} 线性无关，e^x 与 $3e^x$ 线性相关．

当 y_1，y_2 线性无关时，函数 $y=C_1y_1+C_2y_2$ 中含有两个独立的任意常数 C_1 和 C_2．

【例 6-2】 验证函数 $y=C_1e^{2x}+C_2e^{-2x}$（C_1,C_2 为任意常数）是方程 $y''-4y=0$ 的通解，并求满足初始条件 $y|_{x=0}=0$，$y'|_{x=0}=1$ 的特解．

解 $y'=2C_1e^{2x}-2C_2e^{-2x}$，$y''=4C_1e^{2x}+4C_2e^{-2x}$，

将 y，y'' 代入微分方程，得

$$y''-4y=4(C_1e^{2x}+C_2e^{-2x})-4(C_1e^{2x}+C_2e^{-2x})\equiv 0.$$

所以函数 $y=C_1e^{2x}+C_2e^{-2x}$ 是所给微分方程的解．又因为 $\frac{e^{2x}}{e^{-2x}}=e^{4x}$，所以解中含有两个独立的任意常数 C_1 和 C_2，而微分方程是二阶的，即任意常数的个数与方程的阶数相同，所以它是该方程的通解．

将初始条件 $y|_{x=0}=0$，$y'|_{x=0}=1$ 分别代入 y 及 y' 中，得

$$\begin{cases} C_1+C_2=0, \\ 2C_1-2C_2=1. \end{cases}$$

解得
$$C_1=\frac{1}{4},\ C_2=-\frac{1}{4}.$$

于是所求特解为
$$y=\frac{1}{4}(e^{2x}-e^{-2x}).$$

习题 6.1

1. 判断下列方程是否为微分方程，若是，说明它的阶数.

(1) $s''+3s'-2t=0$； (2) $y^2-2y=x$；

(3) $y''+8y'=4x^2+1$； (4) $x\mathrm{d}y-y^2\mathrm{d}x=0$；

(5) $xy''-5y'+3xy=\cos x$； (6) $\frac{\mathrm{d}^3y}{\mathrm{d}x^3}-2x\left[\frac{\mathrm{d}^2y}{\mathrm{d}x^2}\right]^3+x^2=0$.

2. 指出下列微分方程的类型.

(1) $xy'+y=\cos x$； (2) $y''+xy'+xy=0$；

(3) $y''-y=xe^x$； (4) $y'''+(y'')^2+(y')^5+y^6=x^7$；

(5) $y'''+2y''-2y=0$.

3. 指出下列各题中的函数是否是所给微分方程的解. 若是，是通解还是特解（其中 C_1，C_2，C 为任意常数）.

(1) $xy'=2y$，$y=Cx^2$； (2) $y''=-y$，$y=\sin x$；

(3) $y''-4y=0$，$y=C_1\sin(2x+C_2)$； (4) $x\frac{\mathrm{d}y}{\mathrm{d}x}+3y=0$，$y=Cx^{-3}$.

4. 求满足下列方程初始条件的特解.

(1) $y'=\cos x+e^x$，$y|_{x=0}=0$； (2) $y'=2x+1$，$y|_{x=0}=0$.

6.2 一阶微分方程

6.2.1 可分离变量的微分方程

定义 6-6 形如$\frac{\mathrm{d}y}{\mathrm{d}x}=f(x)g(y)$ 的微分方程，称为可分离变量的微分方程.

若 $g(y)\neq0$，其求解步骤为：

① 分离变量$\frac{\mathrm{d}y}{g(y)}=f(x)\,\mathrm{d}x$；

② 两边积分$\int\frac{\mathrm{d}y}{g(y)}=\int f(x)\mathrm{d}x$；

③ 积分后得通解 $G(y)=F(x)+C$.

其中 $G(y)$，$F(x)$ 分别是 $\frac{1}{g(y)}$，$f(x)$ 的一个原函数．

这种求解过程，我们称为分离变量法．

【例 6-3】 求微分方程 $\frac{\mathrm{d}y}{\mathrm{d}x}=2xy$ 的通解．

解　这是一个可分离变量的方程，分离变量得

$$\frac{\mathrm{d}y}{y}=2x\,\mathrm{d}x,$$

两边积分，得

$$\int\frac{\mathrm{d}y}{y}=\int 2x\,\mathrm{d}x,$$

即

$$\ln|y|=x^2+C_1,$$

从而有

$$y=\pm\mathrm{e}^{x^2+C_1}=\pm\mathrm{e}^{C_1}\cdot\mathrm{e}^{x^2}.$$

因为 C_1 为任意常数，所以 $\pm\mathrm{e}^{C_1}$ 也是任意常数，把它记作 C，代入后得方程的通解

$$y=C\mathrm{e}^{x^2}.$$

【例 6-4】 求微分方程 $\frac{\mathrm{d}y}{\mathrm{d}x}=1+y^2+x+xy^2$ 的通解．

解

$$\frac{\mathrm{d}y}{\mathrm{d}x}=(1+y^2)(1+x),$$

分离变量

$$\frac{\mathrm{d}y}{1+y^2}=(1+x)\mathrm{d}x,$$

两边积分

$$\int\frac{\mathrm{d}y}{1+y^2}=\int(1+x)\mathrm{d}x,$$

解得

$$\arctan y=x+\frac{1}{2}x^2+C.$$

所以原方程的通解为

$$y=\tan\left(x+\frac{1}{2}x^2+C\right).$$

可分离变量的微分方程也为 $f_1(x)g_1(y)\mathrm{d}x+f_2(x)g_2(y)\mathrm{d}y=0$ 的形式．

【例 6-5】 求微分方程 $y(1+x^2)\mathrm{d}y+x(1+y^2)\mathrm{d}x=0$ 满足条件 $y|_{x=1}=1$ 的特解．

解　这是一个可分离变量的方程，分离变量得

$$\frac{y\,\mathrm{d}y}{1+y^2}=-\frac{x\,\mathrm{d}x}{1+x^2},$$

两边积分，得

$$\int\frac{y\,\mathrm{d}y}{1+y^2}=-\int\frac{x\,\mathrm{d}x}{1+x^2},$$

即

$$\frac{1}{2}\ln(1+y^2)=-\frac{1}{2}\ln(1+x^2)+\frac{1}{2}\ln C.$$

故方程的通解为

$$(1+x^2)(1+y^2)=C.$$

将$y|_{x=1}=1$代入通解表达式，得

$$C=4.$$

因此，所求方程的特解为 $(1+x^2)(1+y^2)=4.$

6.2.2 一阶线性微分方程

定义 6-7 形如

$$\frac{dy}{dx}+P(x)y=Q(x)$$

的方程称为一阶线性微分方程，其中 $P(x)$,$Q(x)$ 为已知连续函数.

当 $Q(x)=0$ 时，$\frac{dy}{dx}+P(x)y=0$ 称为一阶齐次线性微分方程；当 $Q(x)\neq 0$ 时，则称为一阶线性非齐次微分方程.

(1) 一阶线性齐次微分方程

显然一阶线性齐次微分方程$\frac{dy}{dx}+P(x)y=0$ 是可分离变量的微分方程. 分离变量后，得

$$\frac{dy}{y}=-P(x)dx,$$

两边积分得 $$\ln|y|=-\int P(x)dx+\ln C_1,$$

即 $$y=Ce^{-\int P(x)dx}\quad (C=\pm C_1).$$

由此可知 $y=Ce^{-\int P(x)dx}$ 就是一阶线性齐次微分方程$\frac{dy}{dx}+P(x)y=0$ 的通解.

【例 6-6】 求 $y'+xy=0$ 的通解.

解 方程变形为

$$\frac{dy}{y}=-x\,dx\quad (y\neq 0),$$

两边积分，得 $$\int\frac{dy}{y}=-\int x\,dx,$$

即 $$\ln|y|=-\frac{1}{2}x^2+\ln C_1,$$

从而有 $$|y|=e^{-\frac{1}{2}x^2+\ln C_1}=C_1e^{-\frac{1}{2}x^2},$$

即 $$y=\pm C_1e^{-\frac{1}{2}x^2}=Ce^{-\frac{1}{2}x^2}\quad (C=\pm C_1).$$

所以原方程的通解为

$$y=Ce^{-\frac{1}{2}x^2}\quad (C\text{ 为任意常数}).$$

对于一阶线性齐次方程$\frac{dy}{dx}+P(x)y=0$，人们在研究方程的解法过程中发现等式两边同乘 $e^{\int P(x)dx}$ 得

$$e^{\int P(x)dx}y' + e^{\int P(x)dx}P(x)y = 0,$$

等式左边正好是 $e^{\int P(x)dx}y$ 的导数，即微分方程可化为$(e^{\int P(x)dx}y)'=0$，所以，$e^{\int P(x)dx}y=C$. 解得 $y=Ce^{-\int P(x)dx}$.

我们把函数 $e^{\int P(x)dx}$ 称为方程$\frac{dy}{dx}+P(x)y=0$ 的积分因子.

【例 6-7】 求微分方程 $y'+\frac{2x}{1+x^2}y=0$ 的通解.

解 $P(x)=\frac{2x}{1+x^2}$，积分因子为

$$e^{\int P(x)dx}=e^{\int \frac{2x}{1+x^2}dx}=e^{\ln(1+x^2)}=1+x^2,$$

所以

$$((1+x^2)y)'=0,$$

则

$$(1+x^2)y=C,$$

故方程的通解为

$$y=\frac{C}{1+x^2}.$$

【例 6-8】 在禁止向湖泊中排放污水的同时，注入清洁水、排出污水以稀释污水是治理湖泊污染的一种办法，假设每天排污速度是以当天污染量 Q 的固定速率 k 递减（$k<0$），则污染量是时间 t（天）的函数 $Q(t)$（$Q(0)=Q_0$ 为治理前的污染量），由此可得关系式为$\frac{dQ}{dt}=kQ$（$k<0$）. 若 $k=-0.002$，问要使湖泊的污染量下降 95%以上，至少需要多少天？如果要求两年内达标，则 k 应为多少？

解 由$\frac{dQ}{dt}=kQ$ 得

$$\frac{dQ}{dt}-kQ=0, P(x)=-k, e^{\int P(x)dx}=e^{-\int k dt}=e^{-kt},$$

则

$$(e^{-kt}Q)'=0,$$

故

$$e^{-kt}Q=C,$$

解得方程的通解为

$$Q=Ce^{kt}.$$

由 $Q(0)=Q_0$ 得

$$C=Q_0.$$

当 $k=-0.002$ 时，要使污染量下降 95%，即 t 天后污染量是当初 Q_0 的 5%.

由 $5\%Q_0=Q_0e^{-0.002t}$ 解得

$$t=1498(\text{天})\approx 4.1(\text{年}).$$

所以，要两年内达标至少 $|k|\geqslant 0.004$（$k<0$）.

（2）一阶线性非齐次微分方程

与一阶线性齐次方程类似，对于一阶线性非齐次方程$\frac{dy}{dx}+P(x)y=Q(x)$，可

以用积分因子求解．可以得出方程的通解为

$$y=\mathrm{e}^{-\int P(x)\mathrm{d}x}\left(\int \mathrm{e}^{\int P(x)\mathrm{d}x}Q(x)\mathrm{d}x+C\right).$$

求解一阶非齐次线性方程的通解方法的步骤如下：

① 先将非齐次线性方程化成 $y'+P(x)y=Q(x)$ 形式；

② 方程两边同乘积分因子 $\mathrm{e}^{\int P(x)\mathrm{d}x}$，可将方程化成 y 与积分因子 $\mathrm{e}^{\int P(x)\mathrm{d}x}$ 乘积的导数；

③ 方程两边同时积分，可得 $\mathrm{e}^{\int P(x)\mathrm{d}x}y=\int \mathrm{e}^{\int P(x)\mathrm{d}x}Q(x)\mathrm{d}x+C$；

④ 两边同除积分因子即得方程的通解 $y=\mathrm{e}^{-\int P(x)\mathrm{d}x}\left(\int \mathrm{e}^{\int P(x)\mathrm{d}x}Q(x)\mathrm{d}x+C\right)$．

【例 6-9】 解方程 $y'+2xy=x$.

解 $P(x)=2x$，$\mathrm{e}^{\int 2x\mathrm{d}x}=\mathrm{e}^{x^2}$ 则 $(\mathrm{e}^{x^2}y)'=x\mathrm{e}^{x^2}$，

$$\mathrm{e}^{x^2}y=\int x\mathrm{e}^{x^2}\mathrm{d}x=\frac{1}{2}\mathrm{e}^{x^2}+C,$$

$$y=\mathrm{e}^{-x^2}\left(\frac{1}{2}\mathrm{e}^{x^2}+C\right)=\frac{1}{2}+C\mathrm{e}^{x^2}.$$

【例 6-10】 求方程 $y'=\dfrac{y+x\ln x}{x}$ 的通解．

解 原方程可化为 $y'-\dfrac{1}{x}y=\ln x$.

因为 $P(x)=-\dfrac{1}{x}$，所以积分因子为 $\mathrm{e}^{-\int\frac{1}{x}\mathrm{d}x}=\mathrm{e}^{-\ln x}=\dfrac{1}{x}$．则

$$\left(\frac{1}{x}y\right)'=\frac{1}{x}\ln x,$$

$$\frac{1}{x}y=\int\frac{1}{x}\ln x\mathrm{d}x=\int\ln x\mathrm{d}(\ln x)=\frac{1}{2}(\ln x)^2+C.$$

$$y=\frac{x}{2}(\ln x)^2+Cx.$$

【例 6-11】 在串联电路（图 6-1）中，设有电阻 R，电感 L 和交流电动势 $E=E_0\sin\omega t$，在时刻 $t=0$ 时接通电路，求电流 i 与时间 t 的关系（E_0，ω 为常数）．

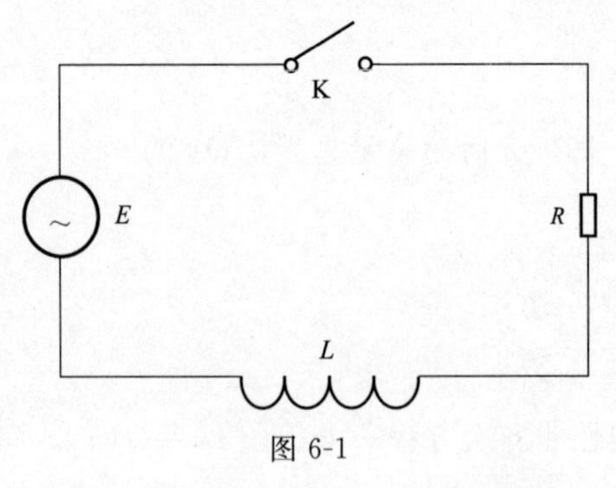

图 6-1

解 由题意知 $U_R=Ri$，$U_L=L\dfrac{\mathrm{d}i}{\mathrm{d}t}$，$U_R+U_L=E$，则

$$Ri+L\frac{\mathrm{d}i}{\mathrm{d}t}=E_0\sin\omega t,$$

$$\frac{\mathrm{d}i}{\mathrm{d}t}+\frac{R}{L}i=\frac{E_0}{L}\sin\omega t,$$

此时 $P(t)=\dfrac{R}{L}$，$Q(t)=\dfrac{E_0}{L}\sin\omega t$，所以积分因子为 $e^{\int\frac{R}{L}dr}=e^{\frac{R}{L}t}$.

$$\left(i(t)e^{\frac{R}{L}t}\right)'=e^{\frac{R}{L}t}\frac{E_0}{L}\sin\omega t,$$

$$i(t)e^{\frac{R}{L}t}=\int\frac{E_0}{L}e^{\frac{R}{L}t}\sin\omega t\,dt+C,$$

$$i(t)=e^{-\frac{R}{L}t}\left(\int\frac{E_0}{L}e^{\frac{R}{L}t}\sin\omega t\,dt+C\right)=Ce^{-\frac{R}{L}t}+\frac{E_0}{R^2+\omega^2L^2}(R\sin\omega t-\omega L\cos\omega t).$$

由初始条件 $i|_{t=0}=0$ 得

$$C=\frac{\omega LE_0}{R^2+\omega^2L^2}.$$

于是
$$i(t)=\frac{E_0}{R^2+\omega^2L^2}(\omega Le^{-\frac{R}{L}t}+R\sin\omega t-\omega L\cos\omega t).$$

即为所求电流 i 与时间 t 的关系.

【例 6-12】 设汽车质量为 m，当行驶速度为 v_0 时打开离合器自由滑行. 地面摩擦阻力为 G，空气阻力与速度呈正比. 试求：①在汽车滑行过程中，速度和时间的函数关系；②汽车能滑行多长时间.

解　① 根据牛顿第二定律 $F=ma$，$a=\dfrac{dv}{dt}$，汽车滑行中受摩擦阻力 G 和空气阻力 kv(k 为比例系数) 的作用，方向与速度的方向相反，得 $v(t)$ 满足的方程为

$$m\frac{dv}{dt}=-G-kv,$$

按题意有初始条件 $v|_{t=0}=v_0$.

方程为一阶线性非齐次方程，将其改写为

$$\frac{dv}{dt}+\frac{k}{m}v=-\frac{G}{m},$$

求出通解为

$$v(t)=e^{-\frac{k}{m}t}\left(\int-\frac{G}{m}e^{\frac{k}{m}t}dt+C\right)=e^{-\frac{k}{m}t}\left(-\frac{G}{k}e^{\frac{k}{m}t}+C\right)=Ce^{-\frac{k}{m}t}-\frac{G}{k}.$$

把初始条件 $v|_{t=0}=v_0$ 代入通解中，得

$$C=v_0+\frac{G}{k},$$

因此，所求速度与时间的关系为

$$v(t)=\left(v_0+\frac{G}{k}\right)e^{-\frac{k}{m}t}-\frac{G}{k}.$$

② 已知当 $v=0$ 时，汽车滑行停止，得

$$e^{\frac{k}{m}t}=\frac{G+kv_0}{G},$$

由此得到
$$t=\frac{m}{k}\ln\frac{G+kv_0}{G}.$$

因此汽车的滑行时间为

$$t=\frac{m}{k}\ln\frac{G+kv_0}{G}.$$

习题 6.2

1. 用分离变量法求下列微分方程的通解.

(1) $\frac{dy}{dx}=\frac{y}{x}$；　(2) $\frac{dy}{dx}+y^2\sin x=0$；

(3) $xy'-y\ln y=0$；　(4) $y'-xy^2=x$；

(5) $y'=e^{x-y}$；　(6) $y'=\frac{3+y}{3-x}$；

(7) $xy\,dx+(x^2+1)\,dy=0$；　(8) $(1+y^2)\,dx-(1+x^2)\,dy=0$.

(9) $\frac{dy}{dx}=\frac{y}{\sqrt{1-x^2}}$；　(10) $\frac{dy}{dx}=10^{x+y}$.

2. 求下列微分方程的通解.

(1) $y'+2y=1$；　(2) $y'+y=xe^x$；

(3) $y'-3xy=2x$；　(4) $y'+\frac{y}{x}-\sin x=0$；

(5) $y'-\frac{2}{x-1}y=(x+1)^2$；　(6) $(1+x^2)y'+2xy-4x=0$.

(7) $y'+y\cos x=xe^{-\sin x}$；　(8) $(x+1)y'-y=x(x+1)^2$.

3. 求下列微分方程的通解.

(1) $y''=x^2$；　(2) $y''=e^{2x}$；

(3) $y''+y'=x$；　(4) $xy''+y'=0$；

(5) $y''-y'=e^x$；　(6) $y''-\frac{1}{x}y'-x=0$；

(7) $yy''+(y')^2=y'$；　(8) $y''+\sqrt{1-(y')^2}=0$.

4. 求下列微分方程满足所给初始条件的特解.

(1) $x\,dy+2y\,dx=0$，$y|_{x=1}=1$；　(2) $y'+y\tan x=\sec x$，$y|_{x=0}=0$.

6.3 二阶常系数线性微分方程

6.3.1 二阶常系数齐次线性微分方程

① 当 $\lambda_1\neq\lambda_2$ 时，方程有两个线性无关的解 $y=e^{\lambda_1 x}$，$y=e^{\lambda_2 x}$. 此时方程有通解

$$y=C_1e^{\lambda_1 x}+C_2e^{\lambda_2 x}.$$

② 当 $\lambda_1=\lambda_2=\lambda$ 时，方程有一个解 $y_1=e^{\lambda x}$，这时直接验证可知 $y_2=xe^{\lambda x}$ 是方程的另一个解，且 y_1 与 y_2 线性无关，此时方程的通解为

$$y=C_1e^{\lambda x}+C_2xe^{\lambda x}=(C_1+C_2x)e^{\lambda x}.$$

③ 当特征方程有一对共轭复根 $\lambda=\alpha\pm i\beta$（其中 α,β 均为实常数且 $\beta\neq 0$）时，方程有两个线性无关的解 $e^{(\alpha+i\beta)x}$，$e^{(\alpha-i\beta)x}$. 由前面所述及欧拉公式 $e^{i\theta}=\cos\theta+i\sin\theta$ 可知

$$y_1=\frac{1}{2}\left[e^{(\alpha+i\beta)x}+e^{(\alpha-i\beta)x}\right]=e^{\alpha x}\cos\beta x,$$

$$y_2=\frac{1}{2i}\left[e^{(\alpha+i\beta)x}-e^{(\alpha-i\beta)x}\right]=e^{\alpha x}\sin\beta x.$$

因此方程的实数形式的通解为 $y=C_1y_1+C_2y_2=e^{\alpha x}(C_1\cos\beta x+C_2\sin\beta x)$.

求二阶常系数齐次线性微分方程的通解的步骤如下：

第一步，写出特征方程 $\lambda^2+p\lambda+q=0$；

第二步，求出特征根；

第三步，根据特征根的情况按下表写出对应微分方程的通解.

特征方程的根	通解形式
$\lambda_1\neq\lambda_2$	$y=C_1e^{\lambda_1x}+C_2e^{\lambda_2x}$
$\lambda_1=\lambda_2=\lambda$	$y=(C_1+C_2x)e^{\lambda x}$
$\lambda=\alpha\pm i\beta$	$y=e^{\alpha x}(C_1\cos\beta x+C_2\sin\beta x)$

【例 6-13】 求方程 $y''-5y'-6y=0$ 的通解.

解 方程 $y''-5y'-6y=0$ 的特征方程为

$$\lambda^2-5\lambda-6=0,$$

其特征根为 $\lambda_1=6$，$\lambda_2=-1$，且互异，所以方程的通解为

$$y=C_1e^{6x}+C_2e^{-x}.$$

【例 6-14】 求方程 $y''+2y'+y=0$ 的通解.

解 方程 $y''+2y'+y=0$ 的特征方程为

$$\lambda^2+2\lambda+1=0,$$

其特征根为 $\lambda_1=\lambda_2=-1$，二重特征根，所以方程的通解为

$$y=(C_1+C_2x)e^{-x}.$$

【例 6-15】 求方程 $y''+4y'+13y=0$ 的通解.

解 方程 $y''+4y'+13y=0$ 的特征方程为

$$\lambda^2+4\lambda+13=0,$$

其特征根为 $\lambda=-2\pm 3i$，共轭复根，所以方程的通解为

$$y=e^{-2x}(C_1\cos 3x+C_2\sin 3x).$$

6.3.2 二阶常系数非齐次线性微分方程

定理 设 $y^*(x)$ 是二阶非齐次线性方程的一个特解，$Y(x)$ 是该方程所对应的齐次线性方程的通解，则 $y=Y(x)+y^*(x)$ 是该二阶非齐次线性方程的一个

通解．

同样，定理对二阶常系数非齐次线性微分方程 $y''+py'+qy=f(x)$ 亦成立．

（1）$f(x)=e^{\mu x}P_n(x)$ 的情形

二阶常系数非齐次线性方程

$$y''+py'+qy=e^{\mu x}P_n(x)$$

具有形如 $y^*=x^kQ_n(x)e^{\mu x}$ 的特解，其中 $Q_n(x)$ 与 $P_n(x)$ 都是 n 次多项式，k 的取值为

$$k=\begin{cases}0, & \mu \text{ 不是特征根}, \\ 1, & \mu \text{ 是特征单根}, \\ 2, & \mu \text{ 是特征重根}.\end{cases}$$

【例 6-16】 求方程 $9y''+6y'+y=7e^{2x}$ 的一个特解．

解 原方程对应的齐次方程为

$$9y''+6y'+y=0,$$

它的特征方程为 $$9\lambda^2+6\lambda+1=0,$$

其特征根为 $$\lambda_1=\lambda_2=-\frac{1}{3},$$

因为 $\mu=2$ 不是特征根，故设特解为

$$y^*=Ae^{2x},$$

将 $y^*, y^{*\prime}, y^{*\prime\prime}$ 代入原方程，得

$$49A=7, A=\frac{1}{7}.$$

故原方程的一个特解为

$$y^*=\frac{1}{7}e^{2x}.$$

【例 6-17】 求方程 $y''-2y'=3x+1$ 的通解．

解 原方程对应的齐次方程为

$$y''-2y'=0,$$

其特征方程为 $$\lambda^2-2\lambda=0,$$

其特征根为

$$\lambda_1=0, \lambda_2=2$$

原方程的通解为 $$Y=C_1+C_2e^{2x}.$$

因为 $\mu=0$ 是特征单根，设特解为

$$y^*=x(Ax+B),$$

$$y^{*\prime}=2Ax+B,$$

$$y^{*\prime\prime}=2A.$$

将 $y^*, y^{*\prime}, y^{*\prime\prime}$ 代入原方程，得

$$-4Ax+(2A-2B)=3x+1,$$

$$\begin{cases}-4A=3,\\2A-2B=1.\end{cases}$$

解得

$$A=-\frac{3}{4},\ B=-\frac{5}{4},$$

故原方程的特解为

$$y^*=-\frac{3}{4}x^2-\frac{5}{4}x,$$

因此原方程的通解为

$$y=Y+y^*=Y=C_1+C_2e^{2x}-\frac{3}{4}x^2-\frac{5}{4}x.$$

(2) $f(x)=e^{\alpha x}(P_m(x)\cos\beta x+Q_n(x)\sin\beta x)$的情形

在此情形中，$P_m(x)$，$Q_n(x)$ 分别是 x 的 m 次、n 次多项式，α,β 为常数．这时，非齐次方程为 $y''+py'+qy=e^{\alpha x}(P_m(x)\cos\beta x+Q_n(x)\sin\beta x)$，则其有形如

$$y^*=x^k e^{\alpha x}(P_l(x)\cos\beta x+Q_l(x)\sin\beta x)$$

的特解，其中 $P_l(x),Q_l(x)$ 是 l 次多项式，$l=\max\{n,m\}$，而

$$k=\begin{cases}0,\ \alpha\pm i\beta\ \text{不是特征根},\\1,\ \alpha\pm i\beta\ \text{是特征单根}.\end{cases}$$

【例 6-18】 设置下列方程的特解形式．

①$y''+y=x\cos2x$；　　②$y''-2y'+5y=e^x\sin2x$；

③$y''-6y'+9y=(x+1)e^{3x}\sin x$.

解 ① 因为特征方程为

$$\lambda^2+1=0,$$

特征根为

$$\lambda_{1,2}=\pm i,$$

而 $\alpha\pm i\beta=2i$ 不是特征根，所以取 $k=0$，而 $l=\max\{1,0\}=1$，故应设特解为

$$y^*=(a_0x+a_1)\cos2x+(b_0x+b_1)\sin2x.$$

② 特征方程为

$$\lambda^2-2\lambda+5=0,$$

特征根为

$$\lambda_{1,2}=1\pm2i,$$

而 $\alpha\pm i\beta=1\pm2i$ 是特征单根，所以取 $k=1$，而 $l=\max\{0,0\}=0$，故应设特解为

$$y^*=xe^x(a\cos2x+b\sin2x).$$

③ 特征方程为

$$\lambda^2-6\lambda+9=0,$$

特征根为

$$\lambda_{1,2}=3,$$

而 $\alpha\pm i\beta=3\pm i$ 不是特征根，所以取 $k=0$，而 $l=\max\{1,0\}=1$，故应设特解为

$$y^*=e^{3x}[(a_0x+a_1)\cos x+(b_0x+b_1)\sin x].$$

习题 6.3

1. 求下列二阶常系数齐次线性方程的通解．

(1) $y''+y'-2y=0$；　(2) $y''-4y=0$；

(3) $y''-2y'+y=0$；　(4) $y''+y=0$；

(5) $4y''-4y'+y=0$；　(6) $y''-4y'+5y=0$；

(7) $y''-6y'+25y=0$；　(8) $y''-7y'+12y=0$.

2. 求下列二阶常系数非齐次线性方程的通解．

(1) $y''+y'-2y=3x\mathrm{e}^{x}$；　(2) $y''+y=4x\mathrm{e}^{x}$；

(3) $y''-2y'-3y=\mathrm{e}^{4x}$；　(4) $y''-3y'+2y=\mathrm{e}^{2x}\sin x$；

(5) $y''+y=4\sin x$；　(6) $y''-4y'+8y=x^{2}\mathrm{e}^{x}$.

3. 求下列微分方程满足所给初始条件的特解．

(1) $y''-3y'-4y=0$，$y|_{x=0}=0$，$y'|_{x=0}=-5$；

(2) $y''+y'-2y=2x$，$y|_{x=0}=0$，$y'|_{x=0}=1$.

6.4 微分方程模型的建立

微分方程在几何、物理等领域中具有广泛的应用，本节我们介绍微分方程在实际应用中的几个例子．

【例 6-19】 由于放射性的原因，铀的含量是随时间的进行而不断减少的，这种现象称为衰变．由原子物理学知道，铀的衰变速度与当时未衰变的原子的含量呈正比．已知 $t=0$ 时，铀的含量为 M_0，求在衰变过程中铀含量随时间变化的规律．

解 设时刻 t 铀的含量为 $M=M(t)$，因为铀的衰变速度 $\frac{\mathrm{d}M}{\mathrm{d}t}$（$\frac{\mathrm{d}M}{\mathrm{d}t}<0$）与当时未衰变的原子的含量 M 呈正比，设比例系数为 k（k 为大于零的常数），则有

$$\frac{\mathrm{d}M}{\mathrm{d}t}=-kM,$$

这就是 $M(t)$ 满足的微分方程，初始条件为

$$M|_{t=0}=M_0.$$

分离变量，得

$$\frac{\mathrm{d}M}{M}=-k\,\mathrm{d}t,$$

两边积分，得

$$\ln M=-kt+\ln C,$$

$$M=C\mathrm{e}^{-kt},$$

将初始条件 $M|_{t=0}=M_0$ 代入通解，得

$$C=M_0.$$

所以，铀的含量随时间变化的规律是 $M=M_0\mathrm{e}^{-kt}$．这说明，铀的含量随时间

的增加而呈指数规律衰减．

【例 6-20】 设跳伞员的质量为 m，离开跳伞塔时的速度为零，下落过程中所受空气阻力与速度呈正比．求跳伞员下落速度与时间的函数关系．

解 设跳伞员下落速度为 $v=v(t)$，则所受外力为

$$F=mg-kv \quad (k \text{ 为大于零的常数}),$$

根据牛顿第二运动定律 $F=ma$，得

$$m\frac{\mathrm{d}v}{\mathrm{d}t}=mg-kv,$$

这就是 $v(t)$ 满足的微分方程，初始条件为

$$v\big|_{t=0}=0.$$

分离变量，得

$$\frac{\mathrm{d}v}{mg-kv}=\frac{\mathrm{d}t}{m},$$

两边积分，得

$$\int\frac{\mathrm{d}v}{mg-kv}=\int\frac{\mathrm{d}t}{m},$$

$$-\frac{1}{k}\ln(mg-kv)=\frac{t}{m}+C_1 \quad (mg-kv>0),$$

整理，得

$$v=\frac{mg}{k}+C\mathrm{e}^{-\frac{k}{m}t} \quad \left(C=-\frac{\mathrm{e}^{-kC_1}}{k}\right).$$

将初始条件 $v\big|_{t=0}=0$ 代入通解，得

$$C=-\frac{mg}{k}.$$

所以，跳伞员下落速度与时间的函数关系为 $v=\frac{mg}{k}(1-\mathrm{e}^{-\frac{k}{m}t})$．从中可以看出，随着时间 t 的增大，速度 v 逐渐接近于常数 $\frac{mg}{k}$，且不会超过 $\frac{mg}{k}$，也就是说，跳伞后开始阶段是加速运动，但以后逐渐接近于等速运动．

【例 6-21】 有一个电路如图 6-2 所示，其中电源电动势为 $E=E_m\sin\omega t$（E_m，ω 都是常数），电阻 R 和电感 L 都是常量，求电流 $i(t)$．

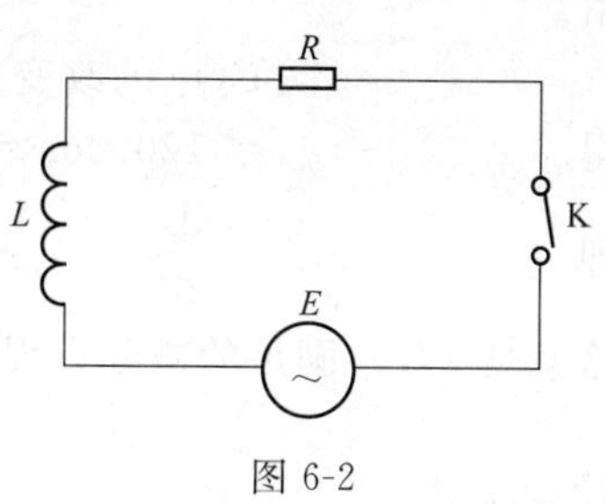

图 6-2

解 由电学知道，当电流变化时，L 上有感应电动势 $-L\frac{\mathrm{d}i}{\mathrm{d}t}$，由回路电压定律，得

$$E-L\frac{\mathrm{d}i}{\mathrm{d}t}-iR=0,$$

即

$$\frac{\mathrm{d}i}{\mathrm{d}t}+\frac{R}{L}i=\frac{E}{L}.$$

把 $E=E_m\sin\omega t$ 代入上式，得

$$\frac{\mathrm{d}i}{\mathrm{d}t}+\frac{R}{L}i=\frac{E_m}{L}\sin\omega t.$$

这就是 $i(t)$ 满足的微分方程，初始条件为 $i\big|_{t=0}=0$.

方程$\frac{\mathrm{d}i}{\mathrm{d}t}+\frac{R}{L}i=\frac{E_m}{L}\sin\omega t$为一阶非齐次线性微分方程，其中

$$P(t)=\frac{R}{L},\quad Q(t)=\frac{E_m}{L}\sin\omega t.$$

由通解公式,得

$$i(t)=\mathrm{e}^{-\int P(t)\mathrm{d}t}\left[\int Q(t)\mathrm{e}^{\int P(t)\mathrm{d}t}\mathrm{d}t+C\right]=\mathrm{e}^{-\int\frac{R}{L}\mathrm{d}t}\left(\int\frac{E_m}{L}\sin\omega t\,\mathrm{e}^{\int\frac{R}{L}\mathrm{d}t}\mathrm{d}t+C\right)$$

$$=\frac{E_m}{L}\mathrm{e}^{-\frac{R}{L}t}\left(\int\sin\omega t\,\mathrm{e}^{\frac{R}{L}t}\mathrm{d}t+C\right)=\frac{E_m}{R^2+\omega^2L^2}(R\sin\omega t-\omega L\cos\omega t)+C\mathrm{e}^{-\frac{R}{L}t}$$

其中，C为任意常数．

将初始条件$i|_{t=0}=0$代入通解,得

$$C=\frac{\omega LE_m}{R^2+\omega^2L^2},$$

因此，所求电流$i(t)$为

$$i(t)=\frac{\omega LE_m}{R^2+\omega^2L^2}\mathrm{e}^{-\frac{R}{L}t}+\frac{E_m}{R^2+\omega^2L^2}(R\sin\omega t-\omega L\cos\omega t).$$

由上式可知，当t增大时，上式右端第一项逐渐衰减而趋于零；可以证明，第二项是周期与电动势相同、但相角落后的正弦型函数．

【例 6-22】 某车间体积为12000m^3，开始时空气中含有0.1%的CO_2，为了降低车间内CO_2的含量，用一台风量为每分钟2000m^{3}的鼓风机通入含0.03%的CO_2的新鲜空气，同时以同样的风量将混合均匀的空气排出．问：鼓风机开动6min后，车间内CO_2的百分比降低到CO_2多少？

解 设鼓风机开动t分钟后，车间内CO_2的含量为$x\%=x(t)\%$.

在$[t,t+\mathrm{d}t]$内，

$$CO_2\text{ 的通入量}=2000\times\mathrm{d}t\times0.03,$$

$$CO_2\text{ 的排出量}=2000\times\mathrm{d}t\times x,$$

由

$$CO_2\text{ 的改变量}=CO_2\text{ 的通入量}-CO_2\text{ 的排出量},$$

得

$$12000\mathrm{d}x=2000\times\mathrm{d}t\times0.03-2000\times\mathrm{d}t\times x.$$

即

$$\frac{\mathrm{d}x}{\mathrm{d}t}=-\frac{1}{6}(x-0.03),$$

这就是$x(t)$满足的微分方程，初始条件为

$$x|_{t=0}=0.1.$$

其通解为

$$x=0.03+C\mathrm{e}^{-\frac{1}{6}t},$$

将初始条件$x|_{t=0}=0.1$代入通解，得

$$C=0.07,$$

从而

$$x=0.03+0.07\mathrm{e}^{-\frac{1}{6}t}.$$

可以看出，当t增大时，车间内CO_2的含量逐渐趋近于0.03%.

当 $t=6$ 时，$x=0.03+0.07\mathrm{e}^{-1}\approx 0.056$. 所以，6min 后，车间内$CO_2$ 的百分比降低到 0.056%.

通过上面例子，我们可以看到，利用微分方程解决实际问题的一般方法如下.

① 分析题意，了解问题的所属领域，弄清已知条件和所要求的未知函数，找出与未知函数的导数或微分有关的量，在实际问题中，“变化率”、“斜率”、“速度”、“电流强度”、“增长率”等都是与导数有关的量.

② 根据问题满足的规律或定律建立微分方程，并写出初始条件.

③ 解微分方程.

④ 回答问题.

习题 6.4

1.（冷却时间）一块温度为 100℃的物体放在温室为 20℃的房中，10min 后温度降到 60℃，假设物体的温度满足牛顿冷却定律，如果需要温度降到 25℃，问需要多长时间？

2. 某林区现有木材 $10^6\,\mathrm{m}^3$，如果在每一瞬时木材的变化率与当时木材数呈正比，假设 10 年内这林区有木材 $2\times 10^6\,\mathrm{m}^3$，试确定木材数 p 与时间 t 的关系.

3. 加热后的物体在空气中冷却的速度与每一瞬时物体温度与空气温度之差呈正比. 试确定物体温度 T 与时间 t 的关系.

4.（气压问题）已知气压相对于高度的变化率与气压呈正比，如果 $h=0$ 时，气压 $p=100\mathrm{kPa}$，$h=2000\mathrm{m}$ 时，$p=80\mathrm{kPa}$，试建立气压与高度的关系式.

5. 在某池塘内养鱼，该池塘最多能养鱼 1000 尾. 在时刻 t，鱼数 y 是时间 t 的函数 $y=y(t)$，其变化率与鱼数 y 及 $1000-y$ 呈正比. 已知在鱼塘内放养 100 尾，3 个月后池塘内有鱼 250 尾，求放养 t 月后池塘内鱼数 $y(t)$ 的公式.

第 6 章单元测试

1. 填空题.

(1) 微分方程 $y'''+5y'=\mathrm{e}^x$ 的阶数为________.

(2) 方程 $y'''+\mathrm{e}^x y'+\mathrm{e}^{2x}=1$ 的通解中应包含互相独立的任意常数的个数是________.

(3) 微分方程 $y''-3y'+2y=0$ 的特征根是________.

(4) 微分方程 $x\mathrm{d}x+y\mathrm{d}y=0$ 的通解是________.

(5) 微分方程 $y''-3y'+2y=x\mathrm{e}^x$ 的特解应设为 $y^*=$________.

2. 选择题.

(1) 方程 $x^3(y'')^4-yy'=0$ 的阶数是（　　）.

A. 1　　B. 2　　C. 3　　D. 4

(2) 微分方程$(x^2+y^2)\mathrm{d}x+(x^2-y^2)\mathrm{d}y=0$ 是（　　）微分方程.

A. 非线性　　　　B. 二阶　　　　C. 可分离变量　　　　D. 齐次

(3) 已知函数 $y=5x^2$ 是 $xy'=2y$ 的解，则方程的通解是（　　）.

A. $y=5x^2$　　　　B. $y=5Cx^2$

C. $y=5x^2+C$　　　　D. $y=x^2(5+C)$

(4) 下列选项中，函数是线性相关的是（　　）.

A. e^{2x}，e^{-2x}　　B. e^{2+x}，e^{x-2}　　C. e^{x^2}，e^{-x^2}　　D. $e^{\sqrt{x}}$，$e^{-\sqrt{x}}$

(5) 函数 $y=\cos x$ 是方程（　　）的解.

A. $y''+y=0$　　B. $y'+2y=0$　　C. $y'+y=0$　　D. $y''+y=\cos x$

3. 解下列微分方程.

(1) $y\mathrm{d}x-(1+x^2)\mathrm{d}y=0$；　　(2) $\dfrac{\mathrm{d}y}{\mathrm{d}x}+2xy=2x\mathrm{e}^{-x^2}$；

(3) $y''+4y'-5y=0$；　　(4) $y''-4y'+4y=\mathrm{e}^{2x}$.

数学名人故事

马尔萨斯与人口预测

托马斯·罗伯特·马尔萨斯牧师（Thomas Robert Malthus，1766 年 2 月 13 日～1834 年 12 月 23 日），英国人口学家和政治经济学家．他的学术思想悲观但影响深远．马尔萨斯在 1798 年发表的《人口学原理》中，提出一个著名的预言：人口增殖力比土地生产人类生活资料力更为巨大，人口以几何级数增加，生活资料以算术级数增加，因而造成人口过剩，不可避免地出现饥饿、贫困和失业等现象．

马尔萨斯是通过数学方法进行人口预测的．首先他假设：

① 设 $x(t)$ 表示 t 时刻的人口数，且 $x(t)$ 连续可微．

② 人口的增长率 r 是常数（增长率＝出生率－死亡率）．

③ 人口数量的变化是封闭的，即人口数量的增加与减少只取决于人口中个体的生育和死亡，且每一个体都具有同样的生育能力和死亡率．

然后他建立了如下微分方程模型．

由假设，t 时刻到 $t+\Delta t$ 时刻人口的增量为

$$x(t+\Delta t)-x(t)=r\cdot x(t)\cdot\Delta t,$$

于是得

$$\begin{cases}\dfrac{\mathrm{d}x}{\mathrm{d}t}=rx,\\ x(0)=x_0.\end{cases}$$

上式是一个很简单的微分方程，其解为

$$x(t)=x_0\mathrm{e}^{rt}.$$

即人口数量是按照指数规律增长的．这就是马尔萨斯预测人口爆炸的理论依据．

第7章 无穷级数

无穷级数是由实际计算的需要而产生的，是高等数学的一个组成部分．无穷级数作为函数的一种表示形式，是近似计算的有利工具．本章主要介绍了常数项级数、幂级数的基本概念和敛散性，以及函数展开成幂级数的方法．

7.1 常数项级数及其敛散性

7.1.1 常数项级数的概念和性质

（1）常数项级数的基本概念

定义 7-1 设数列$\{u_n\}$，称表达式$u_1+u_2+u_3+\cdots+u_n+\cdots$为常数项无穷级数，简称数项级数或级数．记为$\sum\limits_{n=1}^{\infty}u_n=u_1+u_2+u_3+\cdots+u_n+\cdots$，其中$u_n$称为级数的一般项或通项．

定义 7-2 设有级数$\sum\limits_{n=1}^{\infty}u_n$，称前$n$项的和$s_n=u_1+u_2+u_3+\cdots+u_n$为级数$\sum\limits_{n=1}^{\infty}u_n$的部分和．并称数列$\{s_n\}$为级数$\sum\limits_{n=1}^{\infty}u_n$的部分和数列．

定义 7-3 若$n\to\infty$时，级数$\sum\limits_{n=1}^{\infty}u_n$的部分和数列$\{s_n\}$有极限$s$，即$\lim\limits_{n\to\infty}s_n=s$，则称级数$\sum\limits_{n=1}^{\infty}u_n$是收敛的(或称收敛级数)，其中极限$s$称为级数$\sum\limits_{n=1}^{\infty}u_n$的和，即$\sum\limits_{n=1}^{\infty}u_n=s$； 否则若$n\to\infty$时，数列$\{s_n\}$的极限不存在，则称级数$\sum\limits_{n=1}^{\infty}u_n$是发散的(或称发散级数).

【例 7-1】 讨论等比级数$a+aq+aq^2+aq^3+\cdots+aq^{n-1}+\cdots$的敛散性（其中$a\neq0$，$q$为常数）．

解 当 $q\neq 1$ 时，级数的部分和 $s_n=a+aq+aq^2+aq^3+\cdots+aq^{n-1}=\dfrac{a(1-q^n)}{1-q}$.

当 $|q|<1$ 时，$\lim\limits_{n\to\infty}q^n=0$，故有 $\lim\limits_{n\to\infty}s_n=\dfrac{a}{1-q}$，此时级数收敛，其和为 $\sum\limits_{n=0}^{\infty}aq^n=\dfrac{a}{1-q}$；

当 $|q|>1$ 时，因 $\lim\limits_{n\to\infty}q^n=\infty$，故 $\lim\limits_{n\to\infty}s_n=\infty$，此时级数发散；

当 $|q|=1$ 时，$q=1$，$\lim\limits_{n\to\infty}s_n=\lim\limits_{n\to\infty}an=\infty$，级数发散；$q=-1$，因 $\lim\limits_{n\to\infty}s_n=\begin{cases}a, & n\text{ 为奇数},\\ 0, & n\text{ 为偶数},\end{cases}$ 所以 $\lim\limits_{n\to\infty}s_n$ 不存在，故级数发散.

由上讨论得，当 $|q|<1$ 时，等比级数收敛，当 $|q|\geqslant 1$ 时，等比级数发散.

【例 7-2】 求级数 $\sum\limits_{n=1}^{\infty}\dfrac{1}{n(n+1)}$ 的和.

解 因为
$$s_n=\frac{1}{1\times 2}+\frac{1}{2\times 3}+\frac{1}{3\times 4}+\cdots+\frac{1}{n\times(n+1)}$$
$$=(1-\frac{1}{2})+(\frac{1}{2}-\frac{1}{3})+(\frac{1}{3}-\frac{1}{4})+\cdots+(\frac{1}{n}-\frac{1}{n+1})=1-\frac{1}{n+1},$$
所以
$$\lim_{n\to\infty}s_n=\lim_{n\to\infty}(1-\frac{1}{n+1})=1,$$
所以级数 $\sum\limits_{n=1}^{\infty}\dfrac{1}{n(n+1)}$ 收敛，且和为 $\sum\limits_{n=1}^{\infty}\dfrac{1}{n(n+1)}=1$.

【例 7-3】 判别调和级数 $\sum\limits_{n=1}^{\infty}\dfrac{1}{n}=1+\dfrac{1}{2}+\dfrac{1}{3}+\cdots+\dfrac{1}{n}+\cdots$ 的敛散性.

解 考察曲线 $f(x)=\dfrac{1}{x}$（图 7-1），在 x 轴上取 $x=1$，$x=2$，$x=3$，…，在区间 $n\leqslant x\leqslant n+1(n>1)$ 上作宽为 1（区间长度为宽），高为 $\dfrac{1}{n}$（取小区间的左端点所对应的函数值为矩形的高）的矩形，将 n 个小矩形的面积之和 s_n 与曲线 $y=\dfrac{1}{x}$、直线 $x=1$，$x=n+1$ 及 x 轴所围成的图形的面积比较，有如下关系
$$s_n=1+\frac{1}{2}+\frac{1}{3}+\cdots+\frac{1}{n}>\int_1^{n+1}\frac{1}{x}\mathrm{d}x=\ln(n+1).$$

当 $n\to\infty$ 时，$\ln(n+1)\to\infty$，所以 $s_n\to\infty$，即 $\lim\limits_{n\to\infty}s_n$ 不存在，故调和级数 $\sum\limits_{n=1}^{\infty}\dfrac{1}{n}$ 是发散的.

（2）级数的性质

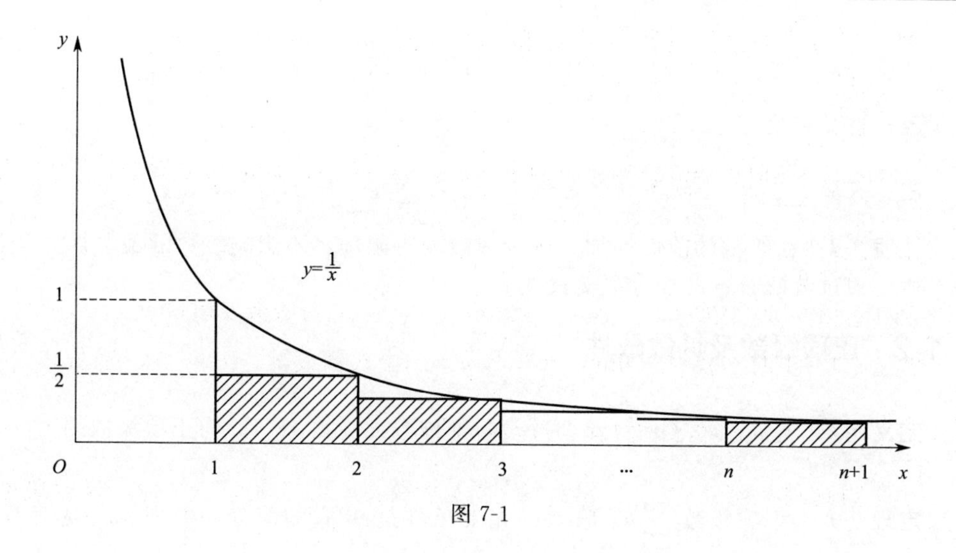

图 7-1

性质 7-1（必要条件）　若级数 $\sum_{n=1}^{\infty} u_n$ 收敛，则它的一般项的极限为零，即

$$\lim_{n\to\infty} u_n = 0.$$

证　已知级数 $\sum_{n=1}^{\infty} u_n$ 收敛，则有

$$\lim_{n\to\infty} s_n = s,$$

所以

$$\lim_{n\to\infty} u_n = \lim_{n\to\infty}(s_n - s_{n-1}) = s - s = 0.$$

推论 7-1　若级数 $\sum_{n=1}^{\infty} u_n$ 的一般项极限不为零，即 $\lim_{n\to\infty} u_n \neq 0$，则该级数一定发散 .

例如，级数 $\sum_{n=1}^{\infty} \frac{n+1}{n} = 2 + \frac{3}{2} + \frac{4}{3} + \cdots$，因为 $\lim_{n\to\infty} u_n = \lim_{n\to\infty} \frac{n+1}{n} = 1 \neq 0$，所以该级数发散 .

性质 7-2　若级数 $\sum_{n=1}^{\infty} u_n$ 收敛，其和为 s，则 $\sum_{n=1}^{\infty} k \cdot u_n$ 仍收敛，且其和为 ks.

证　设级数 $\sum_{n=1}^{\infty} u_n$ 与 $\sum_{n=1}^{\infty} k \cdot u_n$ 的部分和分别为 s_n 与 σ_n，则有

$$s_n = \sum_{i=1}^{n} u_i, \sigma_i = \sum_{i=1}^{n} k \cdot u_i,$$

因为

$$\lim_{n\to\infty} \sigma_n = \lim_{n\to\infty} k s_n = ks,$$

故性质 7-2 成立 .

推论 7-2　级数的每一项同乘一个不为零的常数，其敛散性不变 .

性质 7-3 设 $\sum_{n=1}^{\infty} u_n$ 与 $\sum_{n=1}^{\infty} v_n$ 均收敛，其和分别为 s 与 σ，则级数 $\sum_{n=1}^{\infty}(u_n \pm v_n)$ 仍收敛，且其和为 $s \pm \sigma$.

注 级数 $\sum_{n=1}^{\infty}(u_n \pm v_n)$ 收敛，但 $\sum_{n=1}^{\infty} u_n$ 与 $\sum_{n=1}^{\infty} v_n$ 不一定收敛.

性质 7-4 在级数的前面增加、减少或改变有限项，不影响级数的敛散性.

注 但级数收敛时其和可能要改变.

7.1.2 正项级数及其敛散性

定义 7-4 若 $u_n \geqslant 0$ $(n=1,2,3,\cdots)$，则称数项级数 $\sum_{n=1}^{\infty} u_n$ 为正项级数.

定理 7-1 正项级数 $\sum_{n=1}^{\infty} u_n$ 收敛的充要条件是：它的部分和数列 $\{s_n\}$ 为有界数列.

定理 7-2（比较判别法） 设 $\sum_{n=1}^{\infty} u_n$ 与 $\sum_{n=1}^{\infty} v_n$ 均为正项级数，且 $u_n \leqslant v_n (n=1, 2,\cdots)$，则

① 若 $\sum_{n=1}^{\infty} v_n$ 收敛，则 $\sum_{n=1}^{\infty} u_n$ 也收敛；

② 若 $\sum_{n=1}^{\infty} u_n$ 发散，则 $\sum_{n=1}^{\infty} v_n$ 也发散.

证 设 $s_n = u_1 + u_2 + \cdots + u_n$，$\sigma_n = v_1 + v_2 + \cdots + v_n$，则有 $s_n \leqslant \sigma_n$.

① 若 $\sum_{n=1}^{\infty} v_n$ 收敛，则 σ_n 有界，所以 s_n 也有界，故 $\sum_{n=1}^{\infty} u_n$ 收敛.

② 若 $\sum_{n=1}^{\infty} u_n$ 发散，则 s_n 无界，因而 σ_n 也无界，所以 $\sum_{n=1}^{\infty} v_n$ 也发散.

【例 7-4】 证明级数 $\sum_{n=1}^{\infty} \frac{1}{\sqrt{n(n+1)}}$ 是发散级数.

证 因为

$$0 < n(n+1) < (n+1)^2,$$

所以

$$\frac{1}{\sqrt{n(n+1)}} > \frac{1}{n+1} > 0.$$

而级数 $\sum_{n=1}^{\infty} \frac{1}{n+1}$ 是发散的，根据比较判别法可知级数 $\sum_{n=1}^{\infty} \frac{1}{\sqrt{n(n+1)}}$ 发散.

【例 7-5】 讨论 p-级数 $1+\frac{1}{2^p}+\frac{1}{3^p}+\frac{1}{4^p}+\cdots+\frac{1}{n^p}+\cdots$ 的敛散性，其中常数 $p>0$.

解 设 $p \leqslant 1$，则级数的各项不小于调和级数的各对应项，即

$$\frac{1}{n^p} \geqslant \frac{1}{n},$$

而调和级数发散，由比较判别法可知，当 $p \leqslant 1$ 时 p-级数发散.

设 $p>1$，当 $k-1 \leqslant x \leqslant k$ 时，有

$$\frac{1}{k^p} \leqslant \frac{1}{x^p},$$

所以有

$$\frac{1}{k^p} = \int_{k-1}^{k} \frac{1}{k^p}\mathrm{d}x \leqslant \int_{k-1}^{k} \frac{1}{x^p}\mathrm{d}x \quad (k=2,3,\cdots).$$

因而级数的部分和

$$\begin{aligned} s_n &= 1 + \sum_{k=2}^{n} \frac{1}{k^p} \leqslant 1 + \sum_{k=2}^{n} \int_{k-1}^{k} \frac{1}{x^p}\mathrm{d}x = 1 + \int_{1}^{n} \frac{1}{x^p}\mathrm{d}x \\ &= 1 + \frac{1}{p-1}\left(1 - \frac{1}{n^{p-1}}\right) < 1 + \frac{1}{p-1} \quad (n=2,3,\cdots) \end{aligned}$$

这说明级数的部分和数列 $\{s_n\}$ 是有界数列，因此级数收敛.

由上述讨论可知，当 $p>1$ 时，p-级数收敛；当 $p \leqslant 1$ 时，p-级数发散.

【例 7-6】 证明级数 $\sum_{n=1}^{\infty} \frac{1}{n\sqrt{n}}$ 是收敛的.

解 因

$$\sum_{n=1}^{\infty} \frac{1}{n\sqrt{n}} = \sum_{n=1}^{\infty} \frac{1}{n^{\frac{3}{2}}}$$

是 p- 级数，且 $p=\frac{3}{2}>1$，所以级数 $\sum_{n=1}^{\infty} \frac{1}{n\sqrt{n}}$ 是收敛的.

定理 7-3（比较判别法的极限形式） 设 $\sum_{n=1}^{\infty} u_n$ 和 $\sum_{n=1}^{\infty} v_n$ 都是正项级数，

① 若 $\lim\limits_{n\to\infty} \frac{u_n}{v_n} = l \ (0<l<+\infty)$，则级数 $\sum_{n=1}^{\infty} v_n$ 与 $\sum_{n=1}^{\infty} u_n$ 具有相同的敛散性；

② 若 $\lim\limits_{n\to\infty} \frac{u_n}{v_n} = 0$，且级数 $\sum_{n=1}^{\infty} v_n$ 收敛，则级数 $\sum_{n=1}^{\infty} u_n$ 收敛；

③ 若 $\lim\limits_{n\to\infty} \frac{u_n}{v_n} = \infty$，且级数 $\sum_{n=1}^{\infty} v_n$ 发散，则级数 $\sum_{n=1}^{\infty} u_n$ 发散.

【例 7-7】 判断下列级数的敛散性.

① $\sum_{n=1}^{\infty} \sin\frac{1}{n}$；　　② $\sum_{n=1}^{\infty} \frac{n}{4n^3-2}$.

解 ① 因为 $\lim\limits_{n\to\infty} \frac{\sin\frac{1}{n}}{\frac{1}{n}} = 1$，而调和级数 $\sum_{n=1}^{\infty} \frac{1}{n}$ 是发散的，所以级数 $\sum_{n=1}^{\infty} \sin\frac{1}{n}$ 是发散的.

② 因为 $\lim\limits_{n\to\infty}\dfrac{\dfrac{n}{4n^3-2}}{\dfrac{1}{n^2}}=\dfrac{1}{4}$，而级数 $\sum\limits_{n=1}^{\infty}\dfrac{1}{n^2}$ 是收敛的，所以级数 $\sum\limits_{n=1}^{\infty}\dfrac{n}{4n^3-2}$ 是收敛的．

定理 7-4 （比较判别法） 设 $\sum\limits_{n=1}^{\infty}u_n$ 为正项级数，且 $\lim\limits_{n\to\infty}\dfrac{u_{n+1}}{u_n}=\rho$，则

① 当 $\rho<1$ 时，级数 $\sum\limits_{n=1}^{\infty}u_n$ 收敛；

② 当 $\rho>1$ 时，级数 $\sum\limits_{n=1}^{\infty}u_n$ 发散；

③ 当 $\rho=1$ 时，级数 $\sum\limits_{n=1}^{\infty}u_n$ 可能收敛，也可能发散．

【例 7-8】 判断下列级数的敛散性．

① $\sum\limits_{n=1}^{\infty}\dfrac{n^4}{n!}$； ② $\sum\limits_{n=1}^{\infty}\dfrac{2^n}{n^2}$； ③ $\sum\limits_{n=1}^{\infty}\dfrac{1}{2n(2n-1)}$．

解 ① 因为

$$\rho=\lim_{n\to\infty}\frac{u_{n+1}}{u_n}=\lim_{n\to\infty}\frac{(n+1)^4}{(n+1)!}\frac{n!}{n^4}=\lim_{n\to\infty}\frac{1}{n+1}\left(1+\frac{1}{n}\right)^4=0<1,$$

所以根据比值判别法可知级数 $\sum\limits_{n=1}^{\infty}\dfrac{n^4}{n!}$ 收敛．

② 因为

$$\rho=\lim_{n\to\infty}\frac{u_{n+1}}{u_n}=\lim_{n\to\infty}\frac{2^{n+1}}{(n+1)^2}\frac{n^2}{2^n}=\lim_{n\to\infty}2\times\left(\frac{n}{n+1}\right)^2=2>1,$$

根据比值判别法可知级数 $\sum\limits_{n=1}^{\infty}\dfrac{2^n}{n^2}$ 发散．

③ 因为

$$\rho=\lim_{n\to\infty}\frac{u_{n+1}}{u_n}=\lim_{n\to\infty}\frac{1}{2(n+1)(2n+1)}\times 2n(2n-1)=1.$$

所以本级数用比值判别法失效．可用比较判别法判断：

因为 $n<2n-1<2n$，所以

$$\frac{1}{2n(2n-1)}<\frac{1}{n^2},$$

而级数 $\sum\limits_{n=1}^{\infty}\dfrac{1}{n^2}$ 收敛，故级数 $\sum\limits_{n=1}^{\infty}\dfrac{1}{2n(2n-1)}$ 收敛．

7.1.3 交错级数及其敛散性

定义 7-5 设 $u_n>0$，则级数 $\sum\limits_{n=1}^{\infty}(-1)^n u_n$ 或 $\sum\limits_{n=1}^{\infty}(-1)^{n-1}u_n$ 称为交错级数．

对于交错级数 $\sum_{n=1}^{\infty}(-1)^{n-1}u_n$，有下列判别法．

定理 7-5　（莱布尼茨判别法）　设交错级数 $\sum_{n=1}^{\infty}(-1)^{n-1}u_n$ 满足

① $u_n \geqslant u_{n+1}\quad(n=1,2,3,\cdots)$；

② $\lim\limits_{n\to\infty}u_n=0$.

则交错级数 $\sum_{n=1}^{\infty}(-1)^{n-1}u_n$ 收敛．

【例 7-9】　判断级数 $\sum_{n=1}^{\infty}(-1)^{n-1}\frac{1}{n}$ 的敛散性．

解　所给级数是交错级数，且 $u_n=\frac{1}{n}$，因为

$$\frac{1}{n}>\frac{1}{n+1},$$

即

$$u_n \geqslant u_{n+1},$$

且

$$\lim_{n\to\infty}u_n=\lim_{n\to\infty}\frac{1}{n}=0.$$

所以该级数收敛．

7.1.4　绝对收敛和条件收敛

定义 7-6　若任意项级数 $\sum_{n=1}^{\infty}u_n$ 对应的正项级数 $\sum_{n=1}^{\infty}|u_n|$ 收敛，则称级数 $\sum_{n=1}^{\infty}u_n$ 绝对收敛．

若级数 $\sum_{n=1}^{\infty}u_n$ 收敛，而级数 $\sum_{n=1}^{\infty}|u_n|$ 发散，则称级数 $\sum_{n=1}^{\infty}u_n$ 条件收敛．

定理 7-6　若级数 $\sum_{n=1}^{\infty}|u_n|$ 收敛，则级数 $\sum_{n=1}^{\infty}u_n$ 一定收敛．

判断任意项级数 $\sum_{n=1}^{\infty}u_n$ 的收敛问题，考虑判断对应的正项级数 $\sum_{n=1}^{\infty}|u_n|$ 是否收敛．若级数 $\sum_{n=1}^{\infty}|u_n|$ 收敛，则级数 $\sum_{n=1}^{\infty}u_n$ 绝对收敛．若级数 $\sum_{n=1}^{\infty}|u_n|$ 发散，则级数 $\sum_{n=1}^{\infty}u_n$ 可能收敛，也可能发散，需用其他方法判断 $\sum_{n=1}^{\infty}u_n$ 敛散性．

【例 7-10】　判断级数 $\sum_{n=1}^{\infty}\frac{\sin na}{2^n}$ 的敛散性．

解 因为

$$\left|\frac{\sin na}{2^n}\right| \leqslant \frac{1}{2^n},$$

而等比级数 $\sum_{n=1}^{\infty}\frac{1}{2^n}$ 是收敛级数，所以由比较判别法知级数 $\sum_{n=1}^{\infty}\left|\frac{\sin na}{2^n}\right|$ 是收敛的，故级数 $\sum_{n=1}^{\infty}\frac{\sin na}{2^n}$ 绝对收敛．

【例 7-11】 证明级数 $\sum_{n=1}^{\infty}(-1)^{n-1}\frac{2n-1}{n^2}$ 是条件收敛级数．

解 正项级数

$$\sum_{n=1}^{\infty}\left|(-1)^{n-1}\frac{2n-1}{n^2}\right| = \sum_{n=1}^{\infty}\frac{2n-1}{n^2},$$

因为

$$\frac{2n-1}{n^2} > \frac{n}{n^2} = \frac{1}{n},$$

而调和级数 $\sum_{n=1}^{\infty}\frac{1}{n}$ 是发散的，所以 $\sum_{n=1}^{\infty}\left|(-1)^{n-1}\frac{2n-1}{n^2}\right|$ 发散．

而级数 $\sum_{n=1}^{\infty}(-1)^{n-1}\frac{2n-1}{n^2}$ 是交错级数且收敛，因此交错级数 $\sum_{n=1}^{\infty}(-1)^{n-1}\frac{2n-1}{n^2}$ 收敛，且是条件收敛的．

习题 7.1

1. 写出下列级数的前 5 项．

(1) $\sum_{n=1}^{\infty}\frac{1+n}{1+n^2}$；　　(2) $\sum_{n=1}^{\infty}\frac{1}{(2n-1)\times 2^n}$；

(3) $\sum_{n=1}^{\infty}\frac{(-1)^n}{n}$；　　(4) $\sum_{n=1}^{\infty}n\mathrm{e}^n$．

2. 写出下列级数的一般项．

(1) $-\frac{1}{2}+0+\frac{1}{4}+\frac{2}{5}+\frac{3}{6}+\frac{4}{7}+\cdots$；　　(2) $\frac{2}{1}-\frac{3}{2}+\frac{4}{3}-\frac{5}{4}+\cdots$；

(3) $\frac{1}{2\ln 2}+\frac{1}{3\ln 3}+\frac{1}{4\ln 4}+\cdots$；　　(4) $\frac{a^2}{2}-\frac{a^3}{5}+\frac{a^4}{10}-\frac{a^5}{17}+\frac{a^6}{26}+\cdots$．

3. 填空题．

(1) $\sum_{n=1}^{\infty}\sqrt{\frac{2n+1}{n}}$ 是发散的，是因为________．

(2) 级数 $\sum_{n=1}^{\infty}\frac{1}{4^n}$ 与 $\sum_{n=1}^{\infty}\frac{1}{5^n}$ 收敛，$\sum_{n=1}^{\infty}\left(\frac{1}{4^n}-\frac{1}{5^n}\right)$ 是________．

(3) 级数 $\frac{1}{1\times3}+\frac{1}{3\times5}+\cdots+\frac{1}{(2n-1)\times(2n+1)}+\cdots$ 的和是________.

4. 选择题.

(1) 若级数 $\sum\limits_{n=1}^{\infty}u_n$ 收敛，则下列级数中(　　)一定收敛.

A. $\sum\limits_{n=1}^{\infty}(u_n+0.001)$　B. $\sum\limits_{n=1}^{\infty}u_{n+1000}$　C. $\sum\limits_{n=1}^{\infty}\sqrt{u_n}$　D. $\sum\limits_{n=1}^{\infty}\frac{1000}{u_n}$

(2) 下列级数收敛的是(　　).

A. $\sum\limits_{n=1}^{\infty}\left(\frac{5}{4}\right)^n$　B. $\sum\limits_{n=1}^{\infty}\frac{1}{2n}$　C. $\sum\limits_{n=1}^{\infty}(-1)^n$　D. $\sum\limits_{n=1}^{\infty}\left(\frac{4}{5}\right)^n$

5. 判别下列级数的敛散性，如果收敛，求其和.

(1) $\sum\limits_{n=1}^{\infty}(-3)$；　(2) $\sum\limits_{n=1}^{\infty}\left(1+\frac{1}{n}\right)^n$；　(3) $\sum\limits_{n=1}^{\infty}\left(\frac{2}{3}\right)^n$；

(4) $\sum\limits_{n=1}^{\infty}\frac{1}{(3n-1)(3n+2)}$；(5) $\sum\limits_{n=1}^{\infty}\left(-\frac{3}{4}n\right)$；　(6) $\sum\limits_{n=1}^{\infty}(-1)^{n+1}\frac{n+1}{n}$；

(7) $\sum\limits_{n=1}^{\infty}n\sin\frac{\pi}{n}$；　(8) $\sum\limits_{n=1}^{\infty}n\ln\left(1+\frac{1}{n}\right)$；

(9) $1-\sin1+\sin^2 1-\sin^3 1+\cdots$；

(10) $\left(\frac{1}{2}+\frac{2}{3}\right)+\left(\frac{1}{2^2}+\frac{2}{3^2}\right)+\left(\frac{1}{2^3}+\frac{2}{3^3}\right)+\cdots$.

6. 设 $\sum\limits_{n=1}^{\infty}u_n$ 与 $\sum\limits_{n=1}^{\infty}v_n$ 均为正项级数，且 $u_n\leqslant v_n(n=1,2,\cdots)$，则下列命题正确的是(　　).

A. 若 $\sum\limits_{n=1}^{\infty}v_n$ 收敛，则 $\sum\limits_{n=1}^{\infty}u_n$ 也收敛　B. 若 $\sum\limits_{n=1}^{\infty}v_n$ 发散，则 $\sum\limits_{n=1}^{\infty}u_n$ 收敛

C. 若 $\sum\limits_{n=1}^{\infty}u_n$ 收敛，则 $\sum\limits_{n=1}^{\infty}v_n$ 也收敛　D. 若 $\sum\limits_{n=1}^{\infty}u_n$ 发散，则 $\sum\limits_{n=1}^{\infty}v_n$ 收敛

7. 用比较判别法或比较判别法的极限形式判别下列正项级数的敛散性.

(1) $\sum\limits_{n=1}^{\infty}\frac{3}{2n-1}$；　(2) $\sum\limits_{n=1}^{\infty}\frac{1}{n^2+2}$；　(3) $\sum\limits_{n=1}^{\infty}\frac{1}{(1+n)\times5^n}$；

(4) $\sum\limits_{n=1}^{\infty}\frac{1}{\sqrt{(n+2)(n+3)}}$；　(5) $\sum\limits_{n=1}^{\infty}\frac{2}{\ln(n+3)}$；　(6) $\sum\limits_{n=1}^{\infty}\sin\frac{\pi}{3^n}$.

8. 用比值判别法判别下列正项级数的敛散性.

(1) $\sum\limits_{n=1}^{\infty}\frac{4^n}{n!}$；　(2) $\sum\limits_{n=1}^{\infty}\frac{n^n}{n!}$；　(3) $\sum\limits_{n=1}^{\infty}\frac{2^n}{n\times3^n}$；　(4) $\sum\limits_{n=1}^{\infty}\frac{3^n}{n^3}$.

9. 判别下列正项级数的敛散性.

(1) $\sum\limits_{n=1}^{\infty}\frac{n}{n^2+1}$；　(2) $\sum\limits_{n=1}^{\infty}\sqrt{\frac{n+1}{n}}$；　(3) $\sum\limits_{n=1}^{\infty}\frac{3^n n!}{n^n}$；

(4) $\sum_{n=1}^{\infty} \sin^2 \frac{1}{n}$；　(5) $\sum_{n=1}^{\infty} \frac{1}{\sqrt{n^3(n+1)}}$；　(6) $\sum_{n=1}^{\infty} \frac{a^n}{n}$ $(a>0)$.

10. 判断下列各题是交错级数还是任意项级数．再判断它是绝对收敛、条件收敛还是发散？

(1) $\sum_{n=1}^{\infty} (-1)^{n-1} \left(\frac{1}{2}\right)^n$；　(2) $\sum_{n=1}^{\infty} (-1)^n \frac{1}{n^2}$；　(3) $\sum_{n=1}^{\infty} \frac{(-1)^n}{\ln n}$；

(4) $\sum_{n=1}^{\infty} (-1)^n \frac{2n+1}{3n-1}$；　(5) $\sum_{n=1}^{\infty} (-1)^n \frac{n}{3^{n-1}}$；(6) $\sum_{n=1}^{\infty} (-1)^{n+1} \frac{1}{\sqrt[3]{n}}$；

(7) $\frac{1}{\pi}\sin\frac{\pi}{2} - \frac{1}{\pi^2}\sin\frac{\pi}{3} + \frac{1}{\pi^3}\sin\frac{\pi}{4} - \frac{1}{\pi^4}\sin\frac{\pi}{5} + \cdots$；

(8) $\frac{1}{2}\cos\alpha + \frac{1}{2^2}\cos 2\alpha + \frac{1}{2^3}\cos 3\alpha + \cdots$ $(\alpha \neq 0)$.

11. 试就 p 的值讨论级数 $\sum_{n=1}^{\infty} (-1)^{n-1} \frac{1}{n^p}$ 的敛散性．

7.2　幂级数

7.2.1　幂级数及其敛散性

(1) 函数项级数

定义 7-7　设 $u_n(x)$ $(n=1,2,3,\cdots)$ 是定义在区间 I 上的函数，则有

$$u_1(x)+u_2(x)+u_3(x)+\cdots+u_n(x)+\cdots=\sum_{n=1}^{\infty} u_n(x)$$

称为区间 I 上的函数项级数．

对于函数项级数 $\sum_{n=1}^{\infty} u_n(x)$，当 x 取定区间 I 上的某一个值 x_0 时，得到一个数项级数

$$\sum_{n=1}^{\infty} u_n(x_0)=u_1(x_0)+u_2(x_0)+u_3(x_0)+\cdots+u_n(x_0)+\cdots.$$

如果此数项级数收敛，则称点 x_0 为函数项级数的收敛点．所有收敛点的集合称为收敛域．

如果此数项级数发散，则称点 x_0 为函数项级数的发散点．所有发散点的集合称为发散域．

对于收敛域内的每一点 x，函数项级数都收敛于某个和，显然函数项级数的和是 x 的函数，称为函数项级数的和函数，记作 $s(x)=\sum_{n=1}^{\infty} u_n(x)$．

如果把函数项级数 $\sum_{n=1}^{\infty} u_n(x)$ 的前 n 项的和记作 $s_n(x)$，则在收敛域上有

$\lim\limits_{n \to \infty} s_n(x) = s(x)$．例如

$$\sum_{n=0}^{\infty} (-1)^n x^n = 1 - x + x^2 - x^3 + \cdots + (-1)^n x^n - \cdots,$$

这是公比为 $q = -x$ 的等比级数，当 $|q| = |-x| < 1$ 即 $|x| < 1$ 时级数收敛，于是得其收敛域 $-1 < x < 1$，这是一个以原点为对称中心的对称区间．同时，由收敛的等比级数的求和公式得级数 $\sum\limits_{n=0}^{\infty} (-1)^n x^n$ 在区间 $(-1,1)$ 内的和为 $\dfrac{1}{1+x}$，即

$$\sum_{n=0}^{\infty} (-1)^n x^n = \frac{1}{1+x},\quad x \in (-1,1),$$

并称 $s(x) = \dfrac{1}{1+x}$ 为 $\sum\limits_{n=0}^{\infty} (-1)^n x^n$ 的和函数．

（2）幂级数及其收敛半径

定义 7-8　每一项都是幂函数的级数称为幂级数．形如

$$\sum_{n=0}^{\infty} a_n x^n = a_0 + a_1 x + a_2 x^2 + a_3 x^3 + \cdots + a_n x^n + \cdots. \tag{7-1}$$

其中，常数 $a_0, a_1, a_2, \cdots, a_n, \cdots$ 称为幂级数的系数．

而对于更一般的形式为

$$a_0 + a_1(x - x_0) + a_2(x - x_0)^2 + a_3(x - x_0)^3 + \cdots + a_n(x - x_0)^n + \cdots \tag{7-2}$$

的函数项级数称为 $x - x_0$ 的幂级数．这类幂级数只要令 $t = x - x_0$，幂级数 $\sum\limits_{n=0}^{\infty} a_n (x - x_0)^n$ 即为幂级数 $\sum\limits_{n=0}^{\infty} a_n t^n$．所以只需讨论（7-1）式．

当 x 取某一确定的值时，幂级数为一个数项级数，可用比值判别法判断它对应的正项级数 $\sum\limits_{n=0}^{\infty} |a_n x^n|$ 敛散性．因为

$$\lim_{n \to \infty} \left| \frac{a_{n+1} x^{n+1}}{a_n x^n} \right| = \lim_{n \to \infty} \left| \frac{a_{n+1}}{a_n} \right| |x| = \rho |x|,$$

其中 $\rho = \lim\limits_{n \to \infty} \left| \dfrac{a_{n+1}}{a_n} \right|$．

根据比值判别法，

① 当 $\rho |x| < 1$ 时，即 $|x| < \dfrac{1}{\rho} = R$ 时，幂级数 $\sum\limits_{n=0}^{\infty} |a_n x^n|$ 收敛，因而幂级数 $\sum\limits_{n=0}^{\infty} a_n x^n$ 绝对收敛；

② 当 $\rho |x| > 1$ 时，即 $|x| > \dfrac{1}{\rho} = R$，$\sum\limits_{n=0}^{\infty} |a_n x^n|$ 发散，可证明 $\sum\limits_{n=0}^{\infty} a_n x^n$ 也发

散．
即当 $-R<x<R$ 时，幂级数是收敛的；当 $|x|>R$ 时，幂级数是发散的；当 $|x|=R$ 时，敛散性需单独判断．我们把 R 称为幂级数 $\sum_{n=0}^{\infty} a_n x^n$ 的收敛半径，$(-R,R)$为收敛区间．

定理 7-7 若幂级数 $\sum_{n=0}^{\infty} a_n x^n$ 的收敛半径 $R=\lim_{n\to\infty}\left|\frac{a_n}{a_{n+1}}\right|$，则

① 当 $R=+\infty$ 时，幂级数 $\sum_{n=0}^{\infty} a_n x^n$ 的收敛区间为$(-\infty,+\infty)$；

② 当 $R\neq 0$ 时，幂级数收敛区间为$(-R,R)$；

③ 当 $R=0$ 时，幂级数收敛区间为点 $x=0$，其和为 a_0.

且收敛域 D 是收敛区间与收敛端点集的并集．

【例 7-12】 求幂级数

$$\sum_{n=1}^{\infty}(-1)^n\frac{x^n}{n}=-x+\frac{x^2}{2}-\frac{x^3}{3}+\frac{x^4}{4}-\cdots+(-1)^n\frac{x^n}{n}+\cdots$$

的收敛半径和收敛域．

解 因为
$$R=\lim_{n\to\infty}\left|\frac{a_n}{a_{n+1}}\right|=\lim_{n\to\infty}\frac{\frac{1}{n}}{\frac{1}{n+1}}=1,$$

所以幂级数 $\sum_{n=1}^{\infty}(-1)^n\frac{x^n}{n}$ 的收敛半径为 1 且收敛区间为$(-1,1)$．

当 $x=1$ 时，$\sum_{n=1}^{\infty}(-1)^n\frac{x^n}{n}$ 为交错级数，由交错级数判别法可知级数收敛．

当 $x=-1$ 时，$\sum_{n=1}^{\infty}(-1)^n\frac{x^n}{n}=\sum_{n=1}^{\infty}\frac{1}{n}$ 是调和级数，它是发散的．

所以幂级数 $\sum_{n=1}^{\infty}(-1)^n\frac{x^n}{n}$ 的收敛域为$(-1,1]$．

【例 7-13】 求幂级数 $\sum_{n=1}^{\infty}\frac{2n+1}{2^{n+1}}x^{2n}$ 的收敛域．

解 级数没有奇数次幂项，不能应用上述定理，可用正项级数比值判别法求

$$\lim_{n\to\infty}\left|\frac{u_{n+1}}{u_n}\right|=\lim_{n\to\infty}\left|\frac{\frac{2n+3}{2^{n+2}}x^{2n+2}}{\frac{2n+1}{2^{n+1}}x^{2n}}\right|=\lim_{n\to\infty}\left|\frac{2n+3}{2(2n+1)}\right|\cdot|x^2|=\frac{x^2}{2}.$$

由比值判别法可知，当 $\frac{x^2}{2}<1$ 时，即 $|x|<\sqrt{2}$ 时，级数收敛．所以幂级数 $\sum_{n=1}^{\infty}\frac{2n+1}{2^{n+1}}x^{2n}$ 收敛区间为$(-\sqrt{2},\sqrt{2})$．

【例 7-14】 求幂级数 $\sum_{n=0}^{\infty}\frac{1}{2^n}\left(\frac{x-2}{3}\right)^n$ 的收敛区间．

解　令 $t=\frac{x-2}{3}$，级数 $\sum_{n=0}^{\infty}\frac{1}{2^n}\left(\frac{x-2}{3}\right)^n$ 变成 $\sum_{n=0}^{\infty}\frac{1}{2^n}t^n$，对于后者，因

$$R=\lim_{n\to\infty}\left|\frac{a_n}{a_{n+1}}\right|=\lim_{n\to\infty}\frac{\frac{1}{2^n}}{\frac{1}{2^{n+1}}}=2,$$

故级数 $\sum_{n=0}^{\infty}\frac{1}{2^n}t^n$ 的收敛区间是$(-2,2)$，由此可得原级数的收敛区间为$(-4,8)$.

7.2.2 幂级数的运算

设幂级数 $\sum_{n=0}^{\infty}a_nx^n$ 和 $\sum_{n=0}^{\infty}b_nx^n$ 的收敛半径分别为 R_1,R_2，其和函数分别为 $s_1(x)$，$s_2(x)$，又设 $R=\min(R_1,R_2)$，则幂级数具有如下运算性质．

性质 7-5　幂级数的加、减法

$$\sum_{n=0}^{\infty}a_nx^n\pm\sum_{n=0}^{\infty}b_nx^n=\sum_{n=0}^{\infty}(a_n\pm b_n)x^n=s_1(x)\pm s_2(x),$$

其收敛半径为 $R=\min(R_1,R_2)$.

性质 7-6　幂级数的乘法

$$\left(\sum_{n=0}^{\infty}a_nx^n\right)\left(\sum_{n=0}^{\infty}b_nx^n\right)=s_1(x)s_2(x),$$

其收敛半径为 $R=\min(R_1,R_2)$.

性质 7-7　幂级数的和函数在收敛区间内可导，并且有逐项求导公式

$$s'(x)=\left(\sum_{n=0}^{\infty}a_nx^n\right)'=\sum_{n=1}^{\infty}na_nx^{n-1}.$$

求导后得到的新的幂级数的收敛半径与原级数的收敛半径相同，端点的敛散性可能不同．

性质 7-8　幂级数的和函数在收敛区间内可积，并且有逐项积分公式

$$\int_0^x s(x)\,\mathrm{d}x=\int_0^x\left(\sum_{n=0}^{\infty}a_nx^n\right)\mathrm{d}x=\sum_{n=0}^{\infty}\int_0^x a_nx^n\,\mathrm{d}x=\sum_{n=0}^{\infty}\frac{a_n}{n+1}x^{n+1}.$$

积分后，新的幂级数收敛半径与原级数相同，但端点的敛散性可能不同．幂级数的和函数在收敛区间内是一个连续函数，利用幂级数在收敛区间内具有逐项求导和逐项积分的性质，可以求某些幂级数的和函数．

【例 7-15】 求幂级数 $\sum_{n=0}^{\infty}(n+1)x^n$ 在收敛区间内的和函数，并求 $\sum_{n=0}^{\infty}\frac{n+1}{2^n}$ 的和.

解　函数的收敛半径

$$R=\lim_{n\to\infty}\left|\frac{a_n}{a_{n+1}}\right|=\lim_{n\to\infty}\frac{n+1}{n+2}=1\,,$$

所以级数的收敛区间为$(-1,1)$. 设和函数为$s(x)$，则

$$s(x)=\sum_{n=0}^{\infty}(n+1)x^n\,,$$

在收敛区间内有

$$\int_0^x s(x)\,\mathrm{d}x=\sum_{n=0}^{\infty}\int_0^x(n+1)x^n\mathrm{d}x=\sum_{n=0}^{\infty}x^{n+1}=\frac{x}{1-x}\,,$$

所以 $$s(x)=\left[\int_0^x s(x)\,\mathrm{d}x\right]'=\left(\frac{x}{1-x}\right)'=\frac{1}{(1-x)^2}\,,-1<x<1.$$

用$x=\frac{1}{2}$代入幂级数$\sum_{n=0}^{\infty}(n+1)x^n$，即得$\sum_{n=0}^{\infty}\frac{n+1}{2^n}$，而$x=\frac{1}{2}$在收敛区间内，所以

$$\sum_{n=0}^{\infty}\frac{n+1}{2^n}=\left.\frac{1}{(1-x)^2}\right|_{x=\frac{1}{2}}=4\,,$$

即 $$\sum_{n=0}^{\infty}\frac{n+1}{2^n}=4.$$

【例 7-16】 求幂级数$\sum_{n=1}^{\infty}nx^n$在收敛区间内的和函数.

解 级数的收敛半径

$$R=\lim_{n\to\infty}\left|\frac{a_n}{a_{n+1}}\right|=\lim_{n\to\infty}\frac{n}{n+1}=1\,,$$

所以级数的收敛区间为$(-1,1)$. 设级数在收敛区间内的和函数为$s(x)$，即

$$s(x)=\sum_{n=1}^{\infty}nx^n=x\sum_{n=1}^{\infty}nx^{n-1}\,,$$

设 $$f(x)=\sum_{n=1}^{\infty}nx^{n-1}\,,$$

则有

$$\int_0^x f(x)\,\mathrm{d}x=\sum_{n=1}^{\infty}\int_0^x nx^{n-1}\mathrm{d}x=\sum_{n=1}^{\infty}x^n=\frac{x}{1-x}.$$

$$f(x)=\left(\int_0^x f(x)\,\mathrm{d}x\right)'=\left(\frac{x}{1-x}\right)'=\frac{1}{(1-x)^2}\,,$$

于是

$$s(x)=\frac{x}{(1-x)^2}\,,\quad x\in(-1,1).$$

7.2.3 函数的幂级数展开

(1) 泰勒级数

设 $f(x)$ 在点 x_0 的附近有直到 $n+1$ 阶导数，则当 x 在点 x_0 的邻域内时，把下列公式

$$f(x)=f(x_0)+f'(x_0)(x-x_0)+\frac{f''(x_0)}{2!}(x-x_0)^2+\cdots+\frac{f^{(n)}(x_0)}{n!}(x-x_0)^n+R_n(x)$$

称为泰勒公式，其中 $R_n(x)=\dfrac{f^{(n+1)}(\xi)}{(n+1)!}(x-x_0)^{n+1}$（$\xi$ 在 x 和 x_0 之间），称为拉格朗日余项．

如果当 $n\to\infty$ 时，$R_n(x)\to 0$，则函数 $f(x)$ 在点 x_0 邻域内能展开成泰勒级数

$$f(x)=f(x_0)+f'(x_0)(x-x_0)+\frac{f''(x_0)}{2!}(x-x_0)^2+\cdots+\frac{f^{(n)}(x_0)}{n!}(x-x_0)^n+\cdots.$$

在泰勒级数中，令 $x_0=0$，得到麦克劳林级数．

（2）麦克劳林级数

设 $f(x)$ 在 $(-R,\ R)$ 内有直到任意阶导数，则当 $x\in(-R,R)$ 时，把下列级数

$$f(x)=a_0+a_1x+a_2x^2+\cdots+a_nx^n+\cdots\quad(|x|<R)$$

称作区间 $(-R,\ R)$ 内的麦克劳林级数，其中

$$a_0=f(0),\ a_1=\frac{f'(0)}{1!},\ a_2=\frac{f''(0)}{2!},\ \cdots,\ a_n=\frac{f^{(n)}(0)}{n!},\ \cdots.$$

（3）函数展开成幂级数的方法

函数 $f(x)$ 能否展开成 $(x-x_0)$ 的幂级数，根据泰勒公式，取决于它在 $x=x_0$ 处的任意阶导数是否存在，以及当 $n\to\infty$ 时，它的余项是否趋于零．

① 直接展开法．利用泰勒公式把函数 $f(x)$ 展开成泰勒级数的步骤：

a. 求出函数 $f(x)$ 在 $x=x_0$ 处的各阶导数值；

b. 按照泰勒公式写出幂级数，求出收敛区间；

c. 求泰勒公式中余项 $R_n(x)$ 的极限．

【例 7-17】 求函数 $f(x)=e^x$ 的幂级数展开式．

解　由 $f^{(n)}(x)=e^x\ (n=1,2,\cdots)$，得

$$f(0)=1,f^{(n)}(0)=1\quad(n=1,2,\cdots).$$

于是有

$$a_0=1,\quad a_n=\frac{1}{n!}.$$

所以幂级数为

$$1+x+\frac{1}{2!}x^2+\cdots+\frac{1}{n!}x^n+\cdots.$$

$$e^x=1+x+\frac{1}{2!}x^2+\cdots+\frac{1}{n!}x^n+\cdots\quad(-\infty<x<+\infty).$$

用 $x=1$ 代入上式得

$$e=1+1+\frac{1}{2!}+\cdots+\frac{1}{n!}+\cdots=\sum_{n=0}^{\infty}\frac{1}{n!}.$$

【例 7-18】 把函数 $f(x)=\sin x$ 展开为 x 的幂级数．

解 因为 $\sin x$ 的各阶导数

$$f^{(n)}(x)=\sin\left(x+n\cdot\frac{\pi}{2}\right)\quad(n=1,2,\cdots),$$

所以 $f^{(n)}(0)$ 依次循环地取 $0,1,0,-1$ $(n=0,1,2,\cdots)$，于是得幂级数

$$x-\frac{x^3}{3!}+\frac{x^5}{5!}-\cdots+(-1)^n\frac{x^{2n+1}}{(2n+1)!}+\cdots.$$

因此，函数 $\sin x$ 的幂级数展开式为

$$\sin x=x-\frac{x^3}{3!}+\frac{x^5}{5!}-\cdots+(-1)^n\frac{x^{2n+1}}{(2n+1)!}+\cdots\quad(-\infty<x<+\infty).$$

② 间接展开法．间接展开法是利用已知函数的幂级数展开式，运用级数的运算性质，即级数的加减法或乘法运算、逐项求导或逐项积分、变量代换等方法，将函数展开成幂级数．

【例 7-19】 把函数 $f(x)=\cos x$ 展开成 x 的幂级数．

解 因为 $(\sin x)'=\cos x$，而由例 7-18 知

$$\sin x=x-\frac{x^3}{3!}+\frac{x^5}{5!}-\cdots+(-1)^n\frac{x^{2n+1}}{(2n+1)!}+\cdots\quad(-\infty<x<+\infty)$$

将上式两边求导，得

$$\cos x=1-\frac{x^2}{2!}+\frac{x^4}{4!}-\cdots+(-1)^n\frac{x^{2n}}{(2n)!}+\cdots\quad(-\infty<x<+\infty).$$

【例 7-20】 把函数 $f(x)=\dfrac{1}{1+x^2}$ 展开成 x 的幂级数．

解 因为

$$\frac{1}{1-x}=1+x+x^2+\cdots+x^n+\cdots\quad(-1<x<1).$$

把上式中的 x 换成 $-x^2$，得

$$\frac{1}{1+x^2}=1-x^2+x^4-\cdots+(-1)^nx^{2n}+\cdots\quad(-1<x<1).$$

【例 7-21】 将函数 $f(x)=\ln(1+x)$ 展开成 x 的幂级数．

解 因为 $f'(x)\dfrac{1}{1+x}$ 是收敛的等比级数 $\sum\limits_{n=0}^{\infty}(-1)^nx^n$ 的和函数，

$$\frac{1}{1+x}=1-x+x^2-x^3+\cdots+(-1)^nx^n+\cdots\quad(-1<x<1),$$

将上式两边由 0 到 x 积分，得

$$\ln(1+x)=x-\frac{x^2}{2}+\frac{x^3}{3}-\cdots+(-1)^n\frac{x^{n+1}}{n+1}+\cdots\quad(-1<x\leqslant 1).$$

上式右端幂级数 $x=1$ 时收敛，而 $\ln(1+x)$ 在 $x=1$ 处有定义且连续，所以 $\ln(1+x)$ 展开成幂级数的收敛域为 $(-1,1]$．

【例 7-22】 将函数 $f(x)=\arctan x$ 展开成 x 的幂级数．

解 $(\arctan x)'=\dfrac{1}{1+x^2}$ 是收敛的等比级数 $\sum\limits_{n=0}^{\infty}(-1)^nx^{2n}$ 的和函数．

$$\frac{1}{1+x^2}=1-x^2+x^4-\cdots+(-1)^n x^{2n}+\cdots \quad (-1<x<1).$$

将上式两边由 0 到 x 积分，得

$$\arctan x=x-\frac{x^3}{3}+\frac{x^5}{5}-\cdots+(-1)^n\frac{x^{2n+1}}{(2n+1)}+\cdots \quad (-1<x<1).$$

由于上式右端幂级数在 $x=\pm 1$ 时，均是收敛的交错级数，而函数 $\arctan x$ 在 $x=\pm 1$时有定义且连续，因此函数 $\arctan x$ 展开成幂级数为

$$\arctan x=x-\frac{x^3}{3}+\frac{x^5}{5}-\cdots+(-1)^n\frac{x^{2n+1}}{(2n+1)}+\cdots \quad (-1\leqslant x\leqslant 1).$$

【例 7-23】 将 $\frac{\mathrm{d}}{\mathrm{d}x}\left(\frac{\mathrm{e}^x-1}{x}\right)$ 展开成幂级数，并求 $\sum\limits_{n=1}^{\infty}\frac{n}{(n+1)!}$ 的和 .

解　因为　$\mathrm{e}^x=1+x+\frac{1}{2!}x^2+\cdots+\frac{1}{n!}x^n+\cdots \quad (-\infty<x<+\infty)$，

所以

$$\frac{\mathrm{e}^x-1}{x}=1+\frac{x}{2!}+\frac{x^2}{3!}+\cdots+\frac{x^{n-1}}{n!}+\cdots=\sum_{n=0}^{\infty}\frac{1}{(n+1)!}x^n.$$

$$\frac{\mathrm{d}}{\mathrm{d}x}\left(\frac{\mathrm{e}^x-1}{x}\right)=\frac{1}{2!}+\frac{2x}{3!}+\frac{3x^2}{4!}+\cdots+\frac{(n-1)x^{n-2}}{n!}+\frac{nx^{n-1}}{(n+1)!}+\cdots$$

$$=\sum_{n=1}^{\infty}\frac{n}{(n+1)!}x^{n-1} \quad (-\infty<x<+\infty).$$

因为

$$\frac{\mathrm{d}}{\mathrm{d}x}\left(\frac{\mathrm{e}^x-1}{x}\right)=\frac{(x-1)\mathrm{e}^x+1}{x^2},$$

而当 $x=1$ 时，

$$\sum_{n=1}^{\infty}\frac{n}{(n+1)!}x^{n-1}=\sum_{n=1}^{\infty}\frac{n}{(n+1)!},$$

$$\frac{(x-1)\mathrm{e}^x+1}{x^2}=1.$$

所以

$$\sum_{n=1}^{\infty}\frac{n}{(n+1)!}=1.$$

习题 7.2

1. 求下列幂级数的收敛区间与收敛域 .

(1) $\sum\limits_{n=1}^{\infty}(-1)^n\frac{x^n}{n^2}$；　(2) $\sum\limits_{n=1}^{\infty}\frac{2n-1}{2^n}x^{2n-2}$；　(3) $\sum\limits_{n=1}^{\infty}(-1)^n\frac{1}{2^n n!}x^n$；

(4) $\sum\limits_{n=1}^{\infty}\frac{(x-5)^n}{\sqrt{n}}$；　(5) $\sum\limits_{n=1}^{\infty}\frac{x^n}{(2n)!}$；　(6) $\sum\limits_{n=1}^{\infty}3^n(x-3)^n$；

(7) $\sum\limits_{n=1}^{\infty}\frac{x^{2n-1}}{3^n}$； (8) $\sum\limits_{n=1}^{\infty}\frac{2^n}{n^2+1}x^n$； (9) $\sum\limits_{n=1}^{\infty}n!\ x^n$.

2. 求下列幂级数在收敛区间内的和函数.

(1) $\sum\limits_{n=1}^{\infty}\frac{x^{4n+1}}{4n+1}$； (2) $\sum\limits_{n=1}^{\infty}\frac{x^{2n-1}}{2n-1}$.

(3) $\sum\limits_{n=1}^{\infty}\frac{2n-1}{2^n}x^{2n-2}$，并利用和函数求级数 $\sum\limits_{n=1}^{\infty}\frac{2n-1}{2^n}$；

(4) $\sum\limits_{n=1}^{\infty}nx^{n-1}$，并利用和函数求级数 $\sum\limits_{n=1}^{\infty}\frac{n}{3^{n-1}}$ 的和；

(5) $\sum\limits_{n=1}^{\infty}(-1)^n(2n+1)x^{2n}$，并利用和函数求级数 $\sum\limits_{n=1}^{\infty}\frac{(-1)^n(2n+1)}{4^n}$.

3. 用直接展开法将下列函数展开成幂级数.

(1) $f(x)=\sin 2x$； (2) $f(x)=a^x$；

(3) $f(x)=\frac{1}{1-x}$； (4) $f(x)=\cos 2x$.

4. 用间接展开法将下列函数展开成幂函数.

(1) $f(x)=\ln(a+x)(a>0)$；(2) $f(x)=\sin^2 x$；

(3) $f(x)=\mathrm{e}^{2x}$； (4) $f(x)=\ln\frac{1+x}{1-x}$；(5) $f(x)=\cos^2 x$.

5. 将函数 $f(x)=x\mathrm{e}^x$ 展开成幂级数，并求 $\sum\limits_{n=1}^{\infty}\frac{3^{n+1}}{n!}$ 的和.

6. 填空题.

(1) 若 $f(x)$ 在 $[-\pi,\pi]$ 上是以 2π 为周期的分段光滑函数，则

$$\frac{a_0}{2}+\sum_{n=1}^{\infty}(a_n\cos nx+b_n\sin nx)\text{ 收敛于}\begin{cases}\_\_\_\_\_\_\_\_, & x\text{ 为连续点；}\\ \_\_\_\_\_\_\_\_, & x\text{ 为 }f(x)\text{ 的间断点；}\\ \_\_\_\_\_\_\_\_, & x=\pm\pi.\end{cases}$$

(2) 将周期为 2π 的函数 $f(x)$展开成傅里叶级数中，当 $f(x)$为____ 函数时，系数 $a_n=0$；当 $f(x)$为____ 函数时，系数 $b_n=0$.

7. 将下列周期为 2π 的函数 $f(x)$展开成傅里叶级数.

(1) $f(x)=|x|,(-\pi,\pi)$； (2) $f(x)=|\sin x|,(-\pi,\pi)$；

(3) $f(x)=\begin{cases}0, & x\in[-\pi,0),\\ \mathrm{e}^x, & x\in[0,\pi);\end{cases}$ (4) $f(x)=3x^2+1,[-\pi,\pi)$；

(5) $f(x)=\begin{cases}\pi+x, & x\in[-\pi,0),\\ \pi-x, & x\in[0,\pi).\end{cases}$

8. 将下列函数分别展开为正弦函数和余弦函数.

(1) $f(x)=x+1,x\in(0,\pi)$； (2) $f(x)=2x^2,x\in(0,\pi)$.

9. 设 $f(x)$ 是周期为 2 的函数，将 $f(x)=\begin{cases}-1, & -1\leqslant x\leqslant 0,\\ 1, & 0<x<1\end{cases}$ 展开为傅里叶级数.

第 7 章单元测试

1. 填空题.

(1) 设级数 $\sum\limits_{n=1}^{\infty}u_n$ 收敛，且其和为 s，又 a 是不为零的常数，则级数 $\sum\limits_{n=1}^{\infty}au_n=$ ________.

(2) 已知级数 $\sum\limits_{n=1}^{\infty}(-1)^n\dfrac{1}{n^2}$ 是________收敛的，而级数 $\sum\limits_{n=1}^{\infty}(-1)^n\dfrac{1}{n}$ 是____收敛的.

(3) 若级数 $\sum\limits_{n=1}^{\infty}u_n$ 绝对收敛，则级数 $\sum\limits_{n=1}^{\infty}u_n$ 必定________；若级数 $\sum\limits_{n=1}^{\infty}u_n$ 条件收敛，则级数 $\sum\limits_{n=1}^{\infty}|u_n|$ 必定________.

(4) 已知级数 $\dfrac{2}{3}-\dfrac{4}{9}+\dfrac{8}{27}-\dfrac{16}{81}+\cdots$，则前 n 项和为 $s_n=$ ________，级数的和为 $s=$ ________.

(5) 是奇函数的周期函数的傅里叶级数只含______项，是偶函数的周期函数的傅里叶级数只含________项和________项.

(6) 函数 $f(x)$ 的傅里叶级数在 $f(x)$ 的连续点处收敛于______________，在 $f(x)$ 的间断点 $x=x_0$ 处收敛于______________________________.

(7) 已知幂级数为 $\sum\limits_{n=1}^{\infty}nx^n$，则收敛半径 R 为______，收敛区间为________.

(8) 若幂级数 $\sum\limits_{n=0}^{\infty}a_nx^n$ 的收敛半径 $R=0$，则幂级数只在__________收敛.

(9) 将周期为 2π 的函数 $f(x)$ 展开成傅里叶级数中，当 $f(x)$ 为奇函数时，系数__________$=0$；当 $f(x)$ 为偶函数时，系数__________$=0$.

2. 选择题.

(1) 若级数 $\sum\limits_{n=1}^{\infty}u_n(u_n\neq 0)$ 收敛，则下列结论成立的是（　　）.

A. $\sum\limits_{n=1}^{\infty}\dfrac{1}{u_n}$ 必发散　　B. $\sum\limits_{n=1}^{\infty}|u_n|$ 必收敛

C. $\sum\limits_{n=1}^{\infty}\left(u_n+\dfrac{1}{2}\right)$ 必收敛　　D. $\sum\limits_{n=1}^{\infty}(-1)^nu_n$ 必收敛

(2) 下列级数收敛的是( ).

A. $\sum_{n=1}^{\infty}\left(\frac{3}{2}\right)^n$ B. $\sum_{n=1}^{\infty}\frac{1}{n}$ C. $\sum_{n=1}^{\infty}(-1)^n$ D. $\sum_{n=1}^{\infty}\left(\frac{2}{3}\right)^n$

(3) 若级数 $\sum_{n=1}^{\infty}\frac{1}{n^{r+1}}$ 发散，则( ).

A. $r \leqslant 0$ B. $r > 0$ C. $r \leqslant 1$ D. $r < 1$

(4) 幂级数 $\sum_{n=1}^{\infty}\frac{2^n}{n+2}x^n$ 的收敛半径是( ).

A. 1 B. 2 C. $\frac{1}{2}$ D. $+\infty$

(5) 幂级数 $\sum_{n=1}^{\infty}\frac{x^n}{n!}$ 的和函数是( ).

A. e^x B. e^x-1 C. e^x+1 D. $\frac{1}{1-x}$

(6) 幂级数 $\sum_{n=1}^{\infty}(-1)^n\frac{x^n}{n}$ 的收敛域是( ).

A. $[-1, 1)$ B. $[-1, 1]$ C. $(-1, 1)$ D. $(-1, 1]$

(7) 已知级数 $\sum_{n=1}^{\infty}u_n$ 收敛，则它的和是( ).

A. $\lim_{n\to+\infty}s_n$ B. $\lim_{n\to+\infty}u_n$ C. $\sum_{n=1}^{\infty}s_n$ D. u_n

3. 判断下列级数的敛散性.

(1) $\sum_{n=1}^{\infty}\ln\left(1+\frac{1}{n}\right)$； (2) $\sum_{n=1}^{\infty}\frac{1}{(n+2)(n+4)}$； (3) $\sum_{n=1}^{\infty}\sin\frac{n\pi}{6}$；

(4) $\sum_{n=1}^{\infty}\frac{2n-1}{(\sqrt{2})^n}$； (5) $\sum_{n=1}^{\infty}\frac{\sqrt[3]{n}}{(n+1)\sqrt{n}}$； (6) $\sum_{n=1}^{\infty}\frac{1}{(2n+1)!}$.

4. 判断下列级数是绝对收敛、条件收敛还是发散？

(1) $\sum_{n=1}^{\infty}(-1)^n\frac{1}{2\times 3^n}$； (2) $\sum_{n=1}^{\infty}(-1)^n\frac{3}{\sqrt[3]{n}}$；

(3) $\sum_{n=1}^{\infty}(-1)^n\frac{n}{\ln(n+1)}$； (4) $\sum_{n=1}^{\infty}(-1)^{n-1}e^{-n}$.

5. 求下列级数的收敛区间和收敛域.

(1) $\sum_{n=1}^{\infty}(-1)^n\frac{(-1)^n x^n}{3^{n-1}\sqrt{n}}$； (2) $\sum_{n=1}^{\infty}\frac{n^2+1}{2^n n!}x^n$；

(3) $\sum_{n=1}^{\infty}\frac{(x-5)^n}{\ln(1+x)}$； (4) $\sum_{n=1}^{\infty}(-1)^n\frac{x^{2n}}{n4^n}$.

6. 将下列函数展开为 x 的幂级数.

(1) $f(x)=\mathrm{e}^{-x^2}$ ；　　　　　　　(2) $f(x)=\sin\dfrac{x}{2}$.

7. 求幂级数 $\sum\limits_{n=1}^{\infty} nx^{n+1}$ 的和函数及 $\sum\limits_{n=1}^{\infty}\dfrac{n}{5^n}$ 的和 .

8 . 设函数 $f(x)$ 是周期为 2π 的周期函数，它在$[-\pi,\pi)$上的表达式为

$$f(x)=\begin{cases}2-x, & -\pi\leqslant x<0,\\ 2+x, & 0\leqslant x<\pi.\end{cases}$$

将它展开成傅里叶级数 .

数学名人故事

芝诺与悖论

芝诺（埃利亚）(Zeno of Elea) 生于约公元前 490 年意大利半岛南部的埃利亚，死于约公元前 425 年. 他是古希腊数学、哲学家. 在公元前 5 世纪，芝诺发表了著名的阿基里斯和乌龟赛跑悖论 .

阿基里斯（Achilles）是希腊神话中善跑的英雄 . 芝诺讲：阿基里斯在赛跑中不可能追上起步稍微领先于他的乌龟，因为当他要到达乌龟出发的那一点，乌龟又向前爬动了 . 阿基里斯和乌龟的距离可以无限地缩小，但永远追不上乌龟 . 他提出让乌龟在阿基里斯前面 1000m 处开始，并且假定阿基里斯的速度是乌龟的 10 倍 . 当比赛开始后，若阿基里斯跑了 1000m 设所用的时间为 t ，此时乌龟便领先他 100m；当阿基里斯跑完下一个 100m 时，他所用的时间为 $t/10$，乌龟仍然前于他 10m. 当阿基里斯跑完下一个 10m 时，他所用的时间为 $t/100$，乌龟仍然前于他 1m……

芝诺解说，阿基里斯能够继续逼近乌龟，但绝不可能追上它 .

关于阿基里斯悖论的另一个解释是：阿基里斯的确永远也追不上乌龟 . 因为当阿基里斯遵循乌龟的轨迹的时候，会不由自主地慢下来，以跟随着乌龟的节奏前进 .

有人用物理语言描述这个问题说，在阿基里斯悖论中使用了两种不同的时间度量 . 一般度量方法是：假设阿基里斯与乌龟在开始时的距离为 S ，速度分别为 V_1 和 V_2. 当时间 $T=S/(V_1-V_2)$ 时，阿基里斯就赶上了乌龟 .

但是芝诺的测量方法不同：阿基里斯将逐次到达乌龟在前一次的出发点，这个时间称为 T' . 对于任何 T' ，可能无限缩短，但阿基里斯永远在乌龟的后面 . 关键是这个 T' 无法度量 $T=S/(V_1-V_2)$ 以后的时间 .

其实，我们根据中学所学过的无穷等比递缩数列求和的知识，只需列一个方程就可以轻而易举地推翻芝诺的悖论：

阿基里斯在跑了 $1000(1+0.1+0.01+\cdots)=1000(1+1/9)=10000/9$ 阿基里斯悖论米时边可赶上乌龟 .

人们认为数列 $1+0.1+0.01+\cdots$ 是永远也不能穷尽的 . 这只不过是一个错觉 .

我们不妨来计算一下阿基里斯能够追上乌龟的时间为

$$t(1+0.1+0.01+\cdots)=10t/9$$

芝诺所说的阿基里斯不可能追上乌龟，就隐藏着时间必须小于 $10t/9$ 这样一个条件.

由于阿基里斯和乌龟是在不断地运动的，对时间是没有限制的，时间很容易突破 $10t/9$ 这样一个条件. 一旦突破 $10t/9$ 这样一个条件，阿基里斯就追上了或超过了乌龟.

人们被距离数列 $1+0.1+0.01+\cdots$ 好像是永远也不能穷尽的假象迷惑了，没有考虑到时间数列 $1+0.1+0.01+\cdots$ 是很容易达到和超过的了.

但是不是所有的数列都能达到，所以，我们看问题不能太极端. 例如无论多少个点也不能组成直线，对于点的个数来说，我们就永远无法穷尽它.

高等数学中有很多计算需要技巧，有一定难度．例如积分，除了基本积分公式外还要针对不同问题采用换元积分法、分部积分法等方法．而且有一些积分需要综合使用多种方法才能解决．在解决实际问题时，一些积分问题往往并不能得到准确的结果，也不需要绝对准确的结果，只要满足精度要求即可．数学软件能够直接得到一些微积分问题的精确解，也能得到绝大部分微积分问题的近似解．而且数学软件通常可以画出函数图形，直观地表达一些微积分方面的概念、方法．因此在国内外，Maple 等数学软件被广泛用于高等数学教学中．本章通过四个实验简单介绍如何使用 Maple 软件解决高等数学中的微积分等问题．

8.1　实验一

8.1.1　实验题目

函数作图与极限计算

8.1.2　实验目的

通过计算机作图了解各种常用函数形态；掌握 Maple 软件定义函数、绘制函数图形的方法；学会用 Maple 计算函数极．

8.1.3　实验准备

（1）Maple 软件简介

Maple 是一个通用型的商用计算机代数系统．1988 年由加拿大枫软开发，2009 年枫软被日本软件商 Cybernet Systems 收购．Maple 是目前世界上最为通用的数学和工程计算软件之一，在数学和科学领域享有盛誉，有“数学家的软件”之称．最新版本为 Maple18.0，本书实验演示使用的是 Maple15.0.

Maple 的用户界面简单友好，用户能够直接使用传统数学符号进行输入

. Maple 可以进行任意精度的数值计算，同时也支持符号演算及可视化，内置超过5000个计算命令，数学和分析功能覆盖几乎所有的数学分支，如微积分、微分方程、特殊函数、线性代数、图像声音处理、统计、动力系统等 .

(2) 本次实验使用的 Maple 指令

①常用函数如下 .

三角函数：sin ()，cos ()，tan ()，cot () .

反三角函数：arcsin ()，arcos ()，arctan ()，arccot () .

指数函数：exp () .

以 b 为底的对数函数：log [b] () .

自然对数函数：ln () .

② 定义函数方法如下 .

定义函数输入格式为：函数名称：＝自变量－＞函数表达式 .

例如定义 $y=3x^2+e^x$，在 Maple 中应该输入如下语句：

y：＝x－＞3＊x^2＋exp (x) .

其中"－＞"是减号和大于号 .

③ 绘制函数图形的命令如下 .

绘制函数 $f(x)$ 在 $x\in[a, b]$ 的图形：plot (f (x)，x＝a..b) .

同时绘制多个函数图形：plot ([f1 (x)，f2 (x)，f3 (x)，…]，x＝a..b) .

④ 计算函数极限的命令如下 .

limit (f (x)，x＝x0，dir)；

其中 dir 是可选项，填 left 则求左极限，填 right 求右极限，不填则求双侧极限；

limit (f (x)，x＝x0，dir)；写出极限表达式，不进行计算 .

8.1.4 实验演示

【例 8-1】 定义函数 $y=3x^2+e^x$，求函数值 $y(1)$，画出函数图形 .

Maple 求解过程如下，这里"＞"表示输入，输入行的下一行是 Maple 给出的结果 .

＞ y：＝x－＞3＊x^2＋exp (x)；

$$x \to 3x^2+e^x$$

＞ y (1)；

$$3+e$$

＞ evalf (%)；

$$5.718281828$$

＞plot (y (x)，x＝－0.5..1，y＝0.9..5)；

函数图形如图 8-1 所示 .

这个例子展示了 Maple 定义函数，计算函数值，画函数图形这几个最基本的功能 . 注意输入函数表达式时，乘号不能省略，指数函数 exp(x)不能写成 e^x. 画

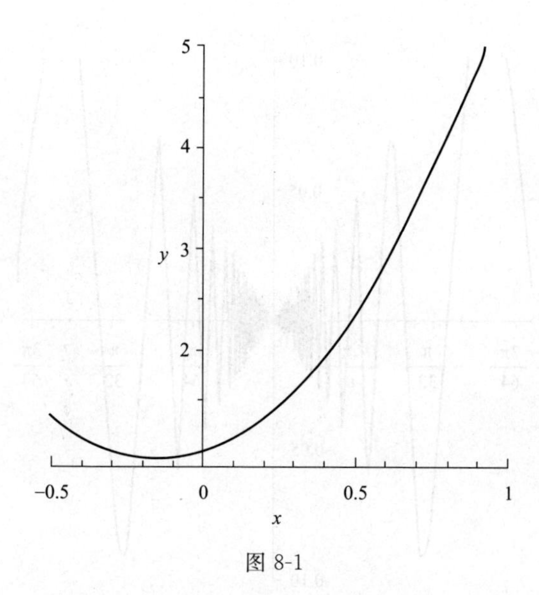

图 8-1

图命令里设定 x 范围的同时，也可以设定 y 的范围 .

【例 8-2】 定义函数 $g(x)=x\sin\left(\frac{1}{x}\right)$，计算 $g(\pi)$，求 $\lim\limits_{x\to 0}g(x)$，作函数图形进行观察 .

```
>g：=x－>x＊sin (1/x)；
```

$$x \to x\sin\left(\frac{1}{x}\right)$$

```
> g (Pi)；
```

$$\pi\sin\left(\frac{1}{\pi}\right)$$

```
> evalf (%)；
```

$$0.9831984796$$

```
> limit (g (x), x=0)；
```

$$0$$

```
> plot (g (x), x=－Pi/20..Pi/20, y=－0.1..0.1)；
```

函数图形如图 8-2 所示 .

本例中定义函数及画图都与上例类似，需要注意的是常数 π 在 Maple 中用 "Pi" 表示，注意区分字母大小写 . 另外请着重观察函数图形，了解这个有界函数与无穷小的乘积如何随着 x 趋近于零 .

【例 8-3】 定义函数 $y=e^{-\frac{1}{x}}$，判断此函数在 $x=0$ 处的连续性以及 $\lim\limits_{x\to\infty}e^{-\frac{1}{x}}$.

```
> y：=x－>exp (－1/x)；
```

$$x \to e^{-\frac{1}{x}}$$

```
> plot (y (x), x=0.1..1)；
```

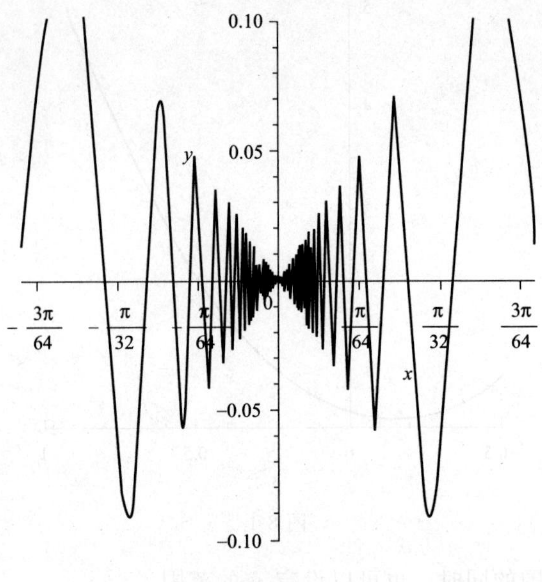

图 8-2

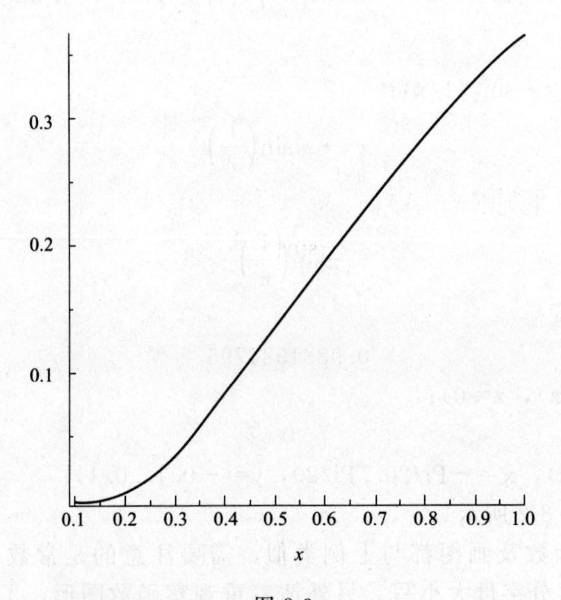

图 8-3

函数图形如图 8-3、图 8-4 所示 . > limit (y (x), x=0, right);

0

> limit (y (x), x=infinity);

1

> limit (y (x), x=−infinity);

$$1$$

```
> plot (y (x), x=-0.2..-0.1);
```

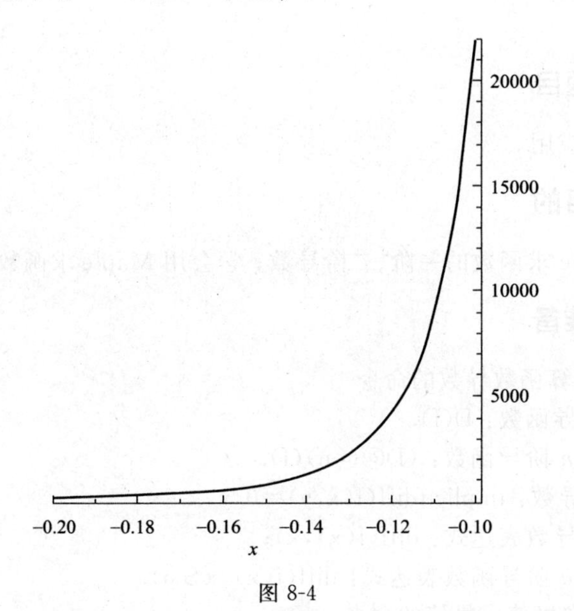

图 8-4

```
> limit (y (x), x=0, left);
```

$$\infty$$

```
> limit (y (x), x=0);
```

$$undefined$$

本例是函数极限中的一个难点．通过左右极限和函数图形进行分析，可以深入了解这个函数的变化特点．

实验内容

① 定义下列函数并画出函数图形．

$y=\sin x$，$y=\cos x$，$y=\tan x$，$y=\arcsin x$，$y=\arccos x$，$y=\arctan x$，$y=e^x$，$y=\ln x$，$y=\sqrt{\sin x}$

② 计算函数值．

$\sin(0)$，$\sin(\frac{\pi}{6})$，$\sin(\frac{\pi}{2})$，$\sin(\pi)$，$\cos\frac{\pi}{2}$，$\cos(0)$，$\tan(\frac{\pi}{3})$，$\arctan(\infty)$，$\arctan(-\infty)$，$\ln(1)$，$\ln(2)$，e^1，e^2

③ 求下列极限．

$\lim\limits_{x\to 0}\frac{\sin x+x}{2x}$；$\lim\limits_{x\to 0^+}(1-x)^{\frac{1}{x}}$；$\lim\limits_{x\to 0}\frac{\cos 2x-\cos 3x}{\sqrt{1+x^2}-1}$；$\lim\limits_{x\to +\infty}\frac{\ln(1+\frac{1}{x})}{\text{arccot}x}$；$\lim\limits_{x\to\infty}\frac{1}{x^2}\sin 3x$

8.2 实验二

8.2.1 实验题目

导数及导数应用.

8.2.2 实验目的

学会用 Maple 求函数的一阶、二阶导数；学会用 Maple 求函数极值、最值.

8.2.3 实验准备

(1)Maple 计算函数导数的命令

求函数 f 的导函数：D(f).

求函数 f 的 n 阶导函数：(D@@n)(f).

求隐函数的导数：implicitdiff(f(x,y)=0,y,x)；

求函数 f 的导数表达式：diff(f(x),x)；

求函数 f 的 n 阶导函数表达式：diff(f(x),x$n).

(2) Maple 求极值、最值的命令

求方程的根：solve(f(x)=0,x)；

求方程的浮点数根：fsolve(f(x)=0,x)；

求指定范围内的最大值：maximize(f(x),x=a..b)；

求指定范围内的最小值：minimize(f(x),x=a..b).

8.2.4 实验演示

【例 8-4】 求 $y=x^{\sin x}$ 的一阶、二阶导函数，及 $y'(2)$.

\> y：=x－>x^sin（x）；

$$x \to x^{\sin(x)}$$

\>D（y）；

$$x \to x^{\sin(x)}\left(\cos(x)\ln(x)+\frac{\sin(x)}{x}\right)$$

\> D（y）（2）；

$$2^{\sin(2)}\left(\cos(2)\ln(2)+\frac{1}{2}\sin(2)\right)$$

\> (D@@2)（y）；

$$x \to x^{\sin(x)}\left(\cos(x)\ln(x)+\frac{\sin(x)}{x}\right)^2+x^{\sin(x)}\left(-\sin(x)\ln(x)+\frac{2\cos(x)}{x}-\frac{\sin(x)}{x^2}\right)$$

\> diff（y（x），x）；

$$x^{\sin(x)}\left(\cos(x)\ln(x)+\frac{\sin(x)}{x}\right)$$

> diff (y (x), x) (2);

$$x(2)^{\sin(x)(2)}\left(\cos(x)(2)\ln(x)(2)+\frac{\sin(x)(2)}{x(2)}\right)$$

> diff (y (x), x $ 2);

$$x^{\sin(x)}\left(\cos(x)\ln(x)+\frac{\sin(x)}{x}\right)^2+x^{\sin(x)}\left(-\sin(x)\ln(x)+\frac{2\sin(x)}{x}-\frac{\sin(x)}{x^2}\right)$$

本例是幂指函数求导数，是导数运算中比较困难的一类问题．当然，用 Maple 求解很简单，只需要学会使用求导的指令．要注意两种求导指令的差别．

【例 8-5】 求由 $2^x+2y=2^{x+y}$ 确定的隐函数导数 $y'(x)$.

> implicitdiff (2^x+2 * y=2^ (x+y), y, x);

$$-\frac{\ln(2)(-2^x+2^{x+y})}{2^{x+y}\ln(2)-2}$$

这个例子要注意隐函数求导指令中，除了隐函数方程外还要依次给出函数名和自变量名．

【例 8-6】 求由 $\begin{cases}x=t\cos t,\\ y=t\sin t\end{cases}$ 确定的隐函数导数 $y'(x)$.

> x: =t->t * cos (t);

$$t\to t\cos(t)$$

> y: =t->t * sin (t);

$$t\to t\sin(t)$$

> D (x);

$$t\to\cos(t)-t\sin(t)$$

> D (y);

$$t\to\sin(t)+t\cos(t)$$

> D (y) /D (x);

$$\frac{t\to\sin(t)+t\cos(t)}{t\to\cos(t)-t\sin(t)}$$

参数方程确定的隐函数求导在 Maple 中没有直接的指令，需要使用参数方程确定的隐函数求导公式．

【例 8-7】 求 $y=\sin x+1$ 的一阶、二阶导数，在$[0,\pi]$范围内求使导数等于 0 的 x，及函数最大值、最小值，并作图检验．

> f: =x->sin (x) +1;

$$x\to\sin(x)+1$$

> g: =D (f);

$$\cos$$

> solve (g (x) =0);

$$\frac{1}{2}\pi$$

> maximize (f (x), x=0..Pi);

$$2$$

```
> minimize (f (x), x=0..Pi);
```

$$1$$

```
> plot ( [f (x), g (x) ], x=0..Pi);
```

函数图形如图 8-5 所示．

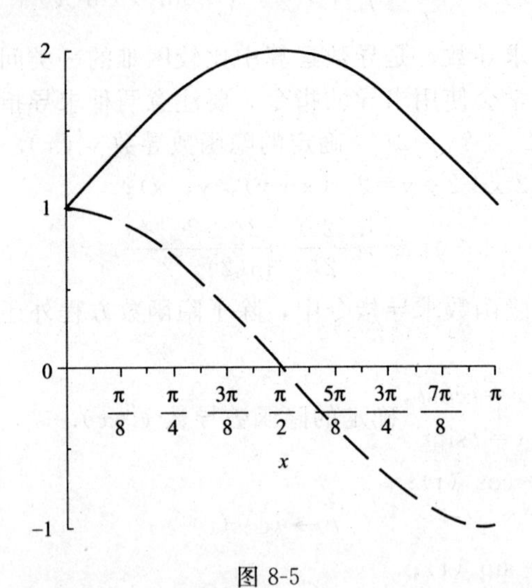

图 8-5

8.2.5 实验内容

① 求 $y=(1+3x^2)^3$ 的一阶、二阶导数．

② 求 $y=\sqrt{x\sqrt{x\sqrt{x}}}$ 的一阶、二阶导数．

③ 求 $y=\tan^2(1+2x^2)$的一阶、二阶导数．

④ 求 $y=\mathrm{e}^{\sin 3x}$ 的一阶、二阶导数．

⑤ 求由 $y=\mathrm{e}^{\sin 3x}$ 确定的隐函数导数 $y'(x)$．

⑥ 求由$\begin{cases}x=\sqrt{1+t}\\y=\sqrt{1-t}\end{cases}$确定的隐函数导数 $y'(x)$．

⑦ 求曲线 $y=\dfrac{x^2-3x+6}{x^2}$在点$\left(3,\dfrac{2}{3}\right)$处的切线方程和法线方程．

⑧ 画出函数 $y=\dfrac{1}{x^2-1}$的图像，求该函数的单调区间、极值、拐点．

8.3　实验三

8.3.1 实验题目

不定积分与定积分．

8.3.2 实验目的

学会用 Maple 求原函数及计算定积分；用 Maple 作图理解数值积分思想，掌握定积分数值解法．

8.3.3 实验准备

（1）Maple 的积分命令

求函数 f 的原函数：int（f（x），x）．

求函数 f 在区间 $[a,b]$ 的定积分：int（f（x），x=a..b）．

（2）Maple 数值积分命令

下面几个数值积分命令需要加载 Maple 工具包"student"．方法是：输入 with（student）．

用左矩形法画图，n 为分割份数：leftbox（f（x），x=a..b，n）．

用左矩形法近似计算定积分：leftsum（f（x），x=a..b，n）．

用右矩形法画图，n 为分割份数：rightbox（f（x），x=a..b，n）．

用右矩形法近似计算定积分：rightsum（f（x），x=a..b，n）．

用辛普森法近似计算定积分：simpson（f（x），x=a..b，n）．

8.3.4 实验演示

【例 8-8】 计算 $\int \sin x \mathrm{d}x$.

> int（sin（x），x）；

$$-\cos(x)$$

注　Maple 计算不定积分只给出一个原函数，与我们定义的不定积分相差一个任意常数．即，结果应为 $\int \sin x \mathrm{d}x = -\cos(x) + C$.

【例 8-9】 计算 $\int_0^{\pi} \sin x \mathrm{d}x$．

> int（sin（x），x=0..Pi）；

$$2$$

注　π 在 Maple 里用 Pi 表示，Pi 要注意区分字母的大小写．

【例 8-10】 用左矩形法画图分析定积分计算 $\int_0^{\pi} \sin x \mathrm{d}x$ 的思想方法，并用左矩形法求近似值．

> with（student）：leftbox（sin（x），x=0..Pi，6）；

函数图形如图 8-6 所示．

> leftsum（sin（x），x=0..Pi，6）；

$$\frac{1}{6}\pi\left(\sum_{i=0}^{5}\sin\left(\frac{1}{6}i\pi\right)\right)$$

> evalf（%）；

$$1.954097234$$

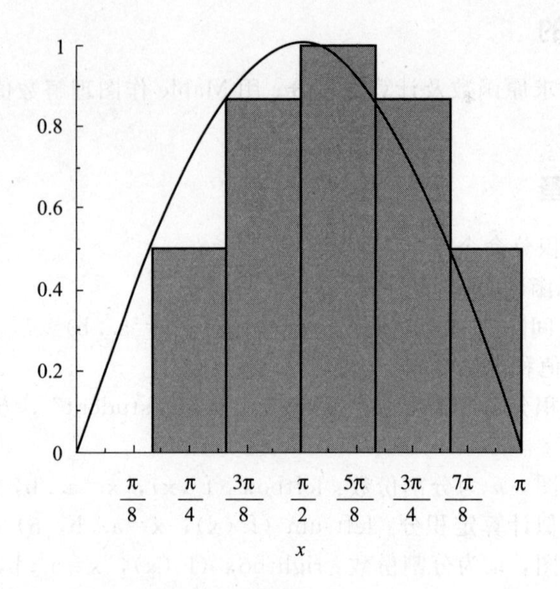

图 8-6

注 函数 evalf () 用于求浮点数值，%代表上一步结果.

【例 8-11】 用辛普森法计算 $\int_0^{\pi}\sin x\,\mathrm{d}x$ 的数值解.

```
> simpson (sin (x), x=0..Pi, 6);
```

$$\frac{1}{18}\pi\left(4\left(\sum_{i=1}^{3}\sin\left(\frac{1}{6}(2\,i-1)\pi\right)\right)+2\left(\sum_{i=1}^{2}\sin\left(\frac{1}{3}i\pi\right)\right)\right)$$

```
> evalf (%);
```

$$2.000863191$$

注 在分割份数相同的情况下，辛普森法要比矩形法结果更精确.

8.3.5 实验内容

① 计算 $\int\frac{1}{(2+3x)^2}\mathrm{d}x$，$\int\frac{x^4}{25+4x^2}\mathrm{d}x$，$\int\frac{\ln\ln x}{x}\mathrm{d}x$，$\int\frac{1+\cos x}{x+\sin x}\mathrm{d}x$，$\int\mathrm{e}^{\sqrt{3x+9}}\mathrm{d}x$.

② 计算 $\int_0^{\frac{\pi}{2}}\frac{x+\sin x}{1+\cos x}\,\mathrm{d}x$，$\int_0^{\frac{\pi}{2}}\frac{1}{1+\cos^2 x}\,\mathrm{d}x$，$\int_{-2}^{1}\frac{1}{(11+5x)^3}\,\mathrm{d}x$，$\int_{\frac{\sqrt{2}}{2}}^{1}\frac{\sqrt{1-x^2}}{x^2}\,\mathrm{d}x$.

③ 用左矩形法画图分析定积分计算 $\int_0^{2\pi}\sin(\cos(x))\mathrm{d}x$ 的思想方法，并用左矩形法求近似值.

④ 用右矩形法画图分析定积分计算 $\int_0^{1}\frac{1}{x+\mathrm{e}^x}\,\mathrm{d}x$ 的思想方法，并用右矩形法求近似值.

⑤ 用辛普森法求 $\int_1^{2}\frac{\sin x}{x}\,\mathrm{d}x$ 的近似值.

8.4　实验四

8.4.1　实验题目

无穷级数．

8.4.2　实验目的

学会用 Maple 求数列的前 n 项和；学会用 Maple 计算无穷级数的和．

8.4.3　实验准备

（1）Maple 列举数列 $\{x_n\}$ 中从 a 到 b 项的命令：

seq（x_n，n=a..b）．

（2）Maple 中数列或者无穷级数求和的命令：

sum（x_n，n=a..b）．

其中 b 取 infinity 时计算的是无穷级数的和．

（3）显示级数 $\sum_{n=1}^{\infty} x_n$ 表达式：

Sum（x_n，n=a..b）．

在 Maple 中很多命令首字母大写是显示表达式，例如积分命令 Int、求导数命令 Diff 等．

8.4.4　实验演示

【例 8-12】 列出级数 $\sum_{n=1}^{\infty} \frac{1+n}{1+n^2}$ 的前 10 项，画出前 10 项的图形，求级数的和；再画出级数部分和数列的前 10 项，分析级数发散的原因．

```
> seq（（1+n）/（1+n^2），n=1..10）；
```

$$1,\frac{3}{5},\frac{2}{5},\frac{5}{17},\frac{3}{13},\frac{7}{37},\frac{4}{25},\frac{9}{65},\frac{5}{41},\frac{11}{101}$$

```
> data：=seq（[n，（1+n）/（1+n^2）]，n=1..10）；
```

$$[1,1],\left[2,\frac{3}{5}\right],\left[3,\frac{2}{5}\right],\left[4,\frac{5}{17}\right],\left[5,\frac{3}{13}\right],\left[6,\frac{7}{37}\right],\left[7,\frac{4}{25}\right],\left[8,\frac{9}{65}\right],\left[9,\frac{5}{41}\right],\left[10,\frac{11}{101}\right]$$

```
> plot（[data]，style=point，symbol=circle）；
```

函数图形如图 8-7 所示．

```
> Sum（（1+n）/（1+n^2），n=1..infinity）=
sum（（1+n）/（1+n^2），n=1..infinity）；
```

$$\sum_{n=1}^{\infty} \frac{1+n}{1+n^2}=\infty$$

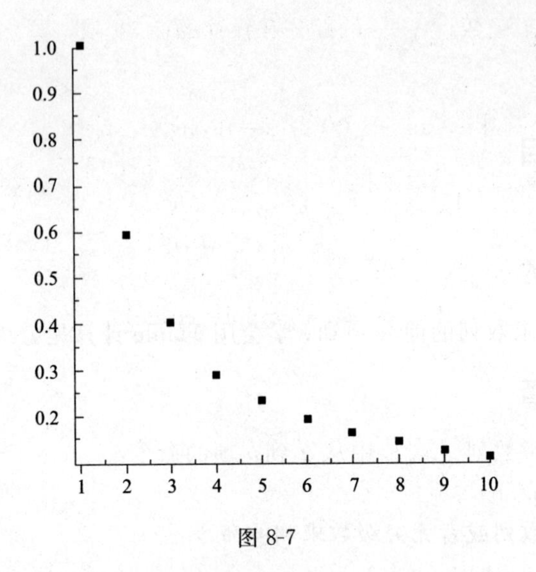

图 8-7

```
> data1: =seq ( [n, sum ( (1+i) / (1+i^2), i=1..n) ], n=1..10);
```

$$[1,1],\left[2,\frac{8}{5}\right],[3,2],\left[4,\frac{39}{17}\right],\left[5,\frac{558}{221}\right],\left[6,\frac{22193}{8177}\right],\left[7,\frac{587533}{204425}\right],$$

$$\left[8,\frac{615838}{204425}\right],\left[9,\frac{26271483}{8381425}\right],\left[10,\frac{2745615458}{846523925}\right]$$

```
> plot ( [data1], style=point, symbol=circle);
```

函数图形如图 8-8 所示 .

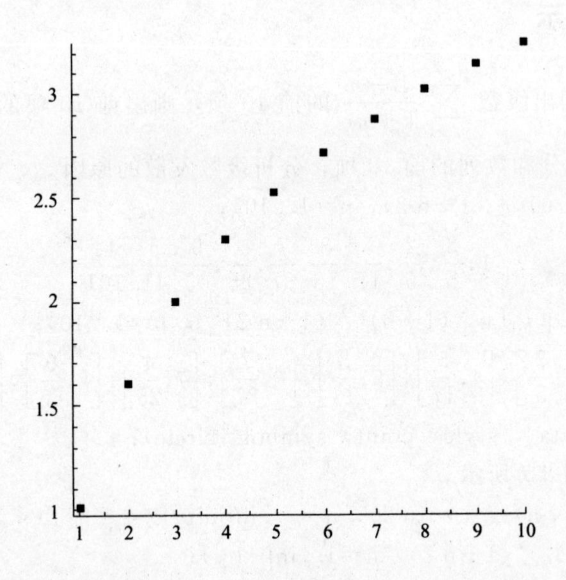

图 8-8

【例 8-13】 列出级数 $\sum_{n=1}^{\infty}\frac{1}{n^2}$ 的部分和数列的前 10 项，画出图形，并求级数的和.

```
> data: =seq ( [n, sum (1/i^2, i=1..n) ], n=1..10);
```

$$[1,1],\left[2,\frac{5}{4}\right],\left[3,\frac{49}{36}\right],\left[4,\frac{205}{144}\right],\left[5,\frac{5269}{3600}\right],\left[6,\frac{5369}{3600}\right],$$
$$\left[7,\frac{266681}{176400}\right],\left[8,\frac{1077749}{705600}\right],\left[9,\frac{9778141}{6350400}\right],\left[10,\frac{1968329}{1270080}\right],$$

```
> plot ( [data], style=point, symbol=circle);
```

函数图形如图 8-9 所示.

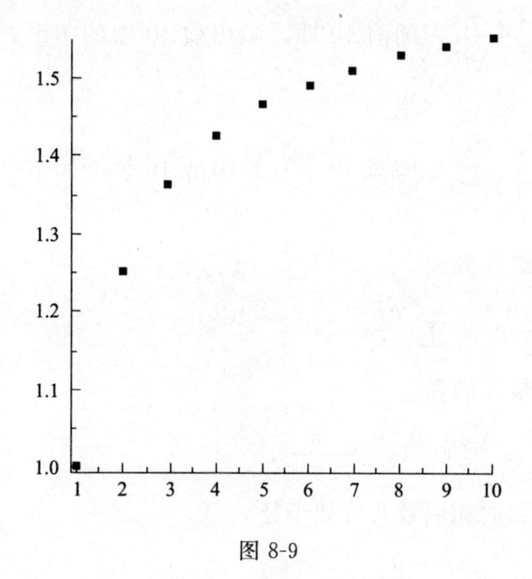

图 8-9

```
> Sum (1/n^2, n=1..infinity) = sum (1/n^2, n=1..infinity);
```

$$\sum_{n=1}^{\infty}\frac{1}{n^2}=\frac{1}{6}\pi^2$$

【例 8-14】 求交错级数 $\sum_{n=1}^{\infty}(-1)^{n-1}\frac{1}{n}$ 的和.

```
> Sum ( (-1) ^ (n-1) /n, n=1..infinity) =
sum ( (-1) ^ (n-1) /n, n=1..infinity);
```

$$\sum_{n=1}^{\infty}\frac{(-1)^{n-1}}{n}=\ln(2)$$

【例 8-15】 求幂级数 $\sum_{n=1}^{\infty}(-1)^{n-1}\frac{1}{n}x^n$ 的和函数，并求出收敛半径.

```
> Sum ( (-1) ^ (n-1) /n * x^n, n=1..infinity) =
sum ( (-1) ^ (n-1) /n * x^n, n=1..infinity);
```

$$\sum_{n=1}^{\infty} \frac{(-1)^{n-1} x^n}{n} = \ln(1+x)$$

> a：=n−>1/n；

$$n \to \frac{1}{n}$$

> limit（a（n+1）/a（n），n=infinity）；

$$1$$

所以收敛半径 $R=1$.

8.4.5 实验内容

① 列出级数 $\sum_{n=1}^{\infty} \frac{1+n^2}{2n}$ 的前 10 项，画出前 10 项的图形，求级数的和，分析级数发散的原因.

② 列出级数 $\sum_{n=1}^{\infty} \frac{3n^2}{1+n^2}$ 的前 10 项，画出前 10 项的图形，求级数的和，分析级数发散的原因.

③ 求下列正项级数的和.

$\sum_{n=1}^{\infty} n^{-4}$；$\sum_{n=1}^{\infty} \left(\frac{1}{3}\right)^n$；$\sum_{n=1}^{\infty} \frac{n^3}{3^n}$；

④ 求下列交错级数的和.

$\sum_{n=1}^{\infty} (-1)^{n-1} \frac{1}{2^n}$；$\sum_{n=1}^{\infty} (-1)^{n-1} \frac{n}{3^{n-1}}$；

⑤ 求下列幂级数的和函数及收敛半径.

$\sum_{n=1}^{\infty} nx^n$；$\sum_{n=1}^{\infty} \frac{x^n}{n3^n}$；$\sum_{n=1}^{\infty} \frac{x^n}{2^n n!}$.

数学名人故事

冯·诺依曼与苍蝇飞行问题

冯·诺依曼（John Von Neumann，1903～1957 年），20 世纪最重要的数学家之一，在现代计算机、博弈论和核武器等诸多领域内有杰出建树的最伟大的科学全才之一，被称为“计算机之父”和“博弈论之父”.

苍蝇飞行距离是一道常见的数学趣题，它是这样的：两个男孩各骑一辆自行车以 10mile❶ 的时速，从相距 20mile 的两个地方沿直线相向骑行. 在他们起步的那一瞬间，一辆自行车车把上的一只苍蝇，开始向另一辆自行车径直飞去. 它一到达另一辆自行车的车把，就立即转向往回飞行. 这只苍蝇如此往返于两辆自行车的车把之间，直到

❶ 1mile（英里）=1609.344m.

两辆自行车相遇为止．苍蝇的飞行速度是每小时 15mile. 问题是，苍蝇总共飞行了多少英里?

其实，这个问题并不难解．最简单的求解方法是：因为每辆自行车运动的速度是每小时 10mile，所以，1h 后两辆车相遇于 20mile 距离的中点．苍蝇飞行的速度是每小时 15mile，因此在 1h 中总共飞了 15mile. 事情就这么简单！

这样简单的问题之所以被提出来作为趣题，是因为它很容易使人陷入思维陷阱——许多人试图计算苍蝇在两辆自行车车把之间的第一次路程，然后是返回的路程，并依次类推，算出那些越来越短的路程，然后是返回的路程，并依次类推，算出那些越来越短的路程．但这将涉及所谓的无穷级数求和，因而非常复杂．而且，一般来说，反倒是那些文化水平较高的人更容易中招．

在一次鸡尾酒会上，有人向大名鼎鼎的数学家冯·诺伊曼提出这个问题．他略加思索便给出了正确答案．提问者沮丧地解释道，绝大多数数学家总是忽略能解决这个问题的简单办法，而去采用无穷级数求和的复杂方法．

不料，冯·诺伊曼却脸露惊慌地说道："我用的正是无穷级数求和的方法．"

附录 1　常用初等数学公式

一、代数部分

1. 绝对值与不等式

$$\text{绝对值的定义：}|a|=\begin{cases}a, & a\geqslant 0\\ -a, & a<0\end{cases}$$

(1) $\sqrt{a^2}=|a|, |-a|=|a|$

(2) $|-a|\leqslant a\leqslant |a|$

(3) 若 $|a|\leqslant b(b>0)$，则 $-b\leqslant a\leqslant b$

(4) 若 $|a|\geqslant b(b>0)$，则 $a\geqslant b$ 或 $a\leqslant -b$

(5) $|a+b|\leqslant |a|+|b|$

(6) $|a-b|\geqslant |a|-|b|$

(7) $|a\cdot b|=|a|\cdot|b|$

(8) $\left|\frac{a}{b}\right|=\frac{|a|}{|b|}(b\neq 0)$

2. 指数运算

(1) $a^m\cdot a^n=a^{m+n}$

(2) $\frac{a^m}{a^n}=a^{m-n}$

(3) $(a^m)^n=a^{m\cdot n}$

(4) $(a\cdot b)^m=a^m\cdot b^m$

(5) $\left(\frac{b}{a}\right)^m=\frac{b^m}{a^m}$

(6) $a^{\frac{m}{n}}=\sqrt[n]{a^m}$

(7) $a^{-m}=\frac{1}{a^m}$

(8) $a^0=1$

3. 对数运算

(1) 当 $a\leqslant 0$ 时，a 的对数无意义

(2) $\log_a a=1$

(3) $\log_a 1=0$

(4) $\log_a(m\cdot n)=\log_a m+\log_a n$

(5) $\log_a \frac{m}{n}=\log_a m-\log_a n$

(6) $\log_{a^m} b^n=\frac{n}{m}\log_a b$

(7) $\log_a b=\frac{\log_c b}{\log_c a}$（换底公式）

4. 乘法与因式分解公式

(1) $(x\pm y)^2=x^2\pm 2xy+y^2$

(2) $(x\pm y)^3=x^3\pm 3x^2y+3xy^2\pm y^3$

(3) $x^2-y^2=(x+y)(x-y)$

(4) $x^3\pm y^3=(x\pm y)(x^2\mp xy+y^2)$

(5) $x^n-y^n=(x-y)(x^{n-1}+x^{n-2}y+x^{n-3}y^2+\cdots+xy^{n-2}+y^{n-1})$

5. 数列公式

(1) 等差数列

通项公式 $a_n=a_1+(n-1)d$

变形公式 $a_n=a_m+(n-m)d$

前 n 项和 $S_n=\sum_{i=1}^{n}a_i=a_1+(a_1+d)+(a_1+2d)+\cdots+[a_1+(n-1)d]$

$$=\frac{(a_1+a_n)n}{2}=na_1+\frac{n(n-1)}{2}d$$

特例：$1+2+3+\cdots+n=\frac{n(n+1)}{2}$

$1+3+5+\cdots+(2n-3)+(2n-1)=n^2$

(2) 等比数列（公比 $q\neq 1$）

通项公式 $a_n=a_1q^{n-1}$

变形公式 $a_n=a_mq^{n-m}$

前 n 项和 $S_n=a_1+a_1q+a_1q^2+\cdots+a_1q^{n-1}=a_1\frac{1-q^n}{1-q}=\frac{a_1-a_nq}{1-q}$

(3) $1^2+2^2+3^2+\cdots+n^2=\frac{1}{6}n(n+1)(2n+1)$

(4) $1^3+2^3+3^3+\cdots+n^3=\frac{1}{4}[n(n+1)]^2$

(5) $(a+b)^n=a^n+C_n^1a^{n-1}b+C_n^2a^{n-2}b^2+C_n^3a^{n-3}b^3+\cdots+C_n^{n-1}ab^{n-1}+b^n$

二、三角函数

1. 同角三角函数关系式

(1) $\sin^2\alpha+\cos^2\alpha=1$

(2) $\tan\alpha=\frac{\sin\alpha}{\cos\alpha}$

(3) $\cot\alpha=\frac{1}{\tan\alpha}=\frac{\cos\alpha}{\sin\alpha}$

(4) $\sec\alpha=\frac{1}{\cos\alpha}$

(5) $\csc\alpha=\frac{1}{\sin\alpha}$

(6) $\sec^2\alpha-1=\tan^2\alpha$

(7) $\csc^2\alpha-1=\cot^2\alpha$

2. 诱导公式（“奇变偶不变，符号看象限”）

函数 \ 角 A	$A=\frac{\pi}{2}$	$A=\pi\pm\alpha$	$A=\frac{3\pi}{2}\pm\alpha$	$A=2\pi-\alpha$
$\sin A$	$\cos\alpha$	$\mp\sin\alpha$	$-\cos\alpha$	$-\sin\alpha$
$\cos A$	$\mp\sin\alpha$	$-\cos\alpha$	$\pm\sin\alpha$	$\cos\alpha$
$\tan A$	$\mp\cot\alpha$	$\pm\tan\alpha$	$\mp\cot\alpha$	$-\tan\alpha$
$\cot A$	$\mp\tan\alpha$	$\pm\cot\alpha$	$\mp\tan\alpha$	$-\cot\alpha$

3. 和差公式

(1) $\sin(\alpha\pm\beta)=\sin\alpha\cos\beta\pm\cos\alpha\sin\beta$

(2) $\cos(\alpha\pm\beta)=\cos\alpha\cos\beta\mp\sin\alpha\sin\beta$

(3) $\tan(\alpha\pm\beta)=\dfrac{\tan\alpha\pm\tan\beta}{1\mp\tan\alpha\tan\beta}$

(4) $\cot(\alpha\pm\beta)=\dfrac{\cot\alpha\cot\beta\mp1}{\cot\alpha\pm\cot\beta}$

(5) $\sin\alpha+\sin\beta=2\sin\dfrac{\alpha+\beta}{2}\cos\dfrac{\alpha-\beta}{2}$

(6) $\sin\alpha-\sin\beta=2\cos\dfrac{\alpha+\beta}{2}\sin\dfrac{\alpha-\beta}{2}$

(7) $\cos\alpha+\cos\beta=2\cos\dfrac{\alpha+\beta}{2}\cos\dfrac{\alpha-\beta}{2}$

(8) $\cos\alpha-\cos\beta=-2\sin\dfrac{\alpha+\beta}{2}\sin\dfrac{\alpha-\beta}{2}$

(9) $\sin\alpha\cos\beta=\dfrac{1}{2}[\sin(\alpha+\beta)+\sin(\alpha-\beta)]$

(10) $\cos\alpha\cos\beta=\dfrac{1}{2}[\cos(\alpha+\beta)+\cos(\alpha-\beta)]$

(11) $\sin\alpha\sin\beta=-\dfrac{1}{2}[\cos(\alpha+\beta)-\cos(\alpha-\beta)]$

4. 半角和倍角公式

(1) $\sin2\alpha=2\sin\alpha\cos\alpha$

(2) $\cos2\alpha=\cos^2\alpha-\sin^2\alpha=2\cos^2\alpha-1=1-2\sin^2\alpha$

(3) $\tan2\alpha=\dfrac{2\tan\alpha}{1-\tan^2\alpha}$

(4) $\cot2\alpha=\dfrac{\cot^2\alpha-1}{2\cot\alpha}$

(5) $\sin\dfrac{\alpha}{2}=\sqrt{\dfrac{1-\cos\alpha}{2}}$

(6) $\cos\dfrac{\alpha}{2}=\sqrt{\dfrac{1+\cos\alpha}{2}}$

(7) $\tan\dfrac{\alpha}{2}=\sqrt{\dfrac{1-\cos\alpha}{1+\cos\alpha}}=\dfrac{\sin\alpha}{1+\cos\alpha}=\dfrac{1-\cos\alpha}{\sin\alpha}$

(8) $\cot\dfrac{\alpha}{2}=\sqrt{\dfrac{1+\cos\alpha}{1-\cos\alpha}}=\dfrac{\sin\alpha}{1-\cos\alpha}=\dfrac{1+\cos\alpha}{\sin\alpha}$

5. 万能公式

(1) $\sin\alpha=\dfrac{2\tan\dfrac{\alpha}{2}}{1+\tan^2\dfrac{\alpha}{2}}$ (2) $\cos\alpha=\dfrac{1-\tan^2\dfrac{\alpha}{2}}{1+\tan^2\dfrac{\alpha}{2}}$

6. 辅助角公式

(1) $a\sin x\pm b\cos x=\sqrt{a^2+b^2}\sin\left(x\pm\arctan\dfrac{b}{a}\right)$ $(a>0,b>0)$

(2) $a\cos x\pm b\sin x=\sqrt{a^2+b^2}\cos\left(x\mp\arctan\dfrac{b}{a}\right)$ $(a>0,b>0)$

7. 斜三角形的基本公式

(1) 正弦定理$\dfrac{a}{\sin A}=\dfrac{b}{\sin B}=\dfrac{c}{\sin C}=2R$（$R$ 为外接圆半径）

(2) $a^2=b^2+c^2-abc\cos A$

(3) 正切定理$\dfrac{a-b}{a+b}=\dfrac{\tan\dfrac{A-B}{2}}{\tan\dfrac{A+B}{2}}$

(4) 面积公式 $s=\dfrac{1}{2}ab\sin C=\sqrt{p(p-a)(p-b)(p-c)}$，其中 $p=\dfrac{1}{2}(a+b+c)$

三、初等几何

下列公式中，R，r 表示半径，h 表示高，l 表示斜高，s 表示弧长，S 表示面积（侧面积），V 表示体积．

1. 圆，圆扇形

圆周长$=2\pi\cdot r$；面积$=\pi\cdot r^2$．

圆扇形：圆弧长 $s=r\cdot\theta$（圆心角 θ 以弧度计）$=\dfrac{\pi\cdot r\theta}{180}$（$\theta$ 以度计）．

扇形的面积 $S=\dfrac{1}{2}r\cdot s=\dfrac{1}{2}r^2\theta$（圆心角 θ 以弧度计）．

2. 正圆锥、正棱锥

正圆锥：体积 $V=\dfrac{1}{3}\pi r^3$，侧面积 $S_{侧}=\pi rl$.

正棱锥：体积 $V=\dfrac{1}{3}\times$底面积$\times$高，侧面积 $S_{侧}=\dfrac{1}{2}\times$斜高$\times$底周长．

3. 圆台

体积 $V=\frac{\pi h}{3}(R^2+r^2+Rr)$，侧面积 $S_{侧}=\pi\cdot l(R+r)$．

4. 球体

体积 $V=\frac{4}{3}\pi\cdot r^3$，表面积 $S=4\pi\cdot r^2$.

附录2 常用积分公式

一、含有 $ax+b$ 的积分

1. $\int\frac{x}{ax+b}\mathrm{d}x=\frac{1}{a^2}(ax+b-b\ln|ax+b|)+C$

2. $\int\frac{\mathrm{d}x}{x(ax+b)}=-\frac{1}{b}\ln\left|\frac{ax+b}{x}\right|+C$

二、含有 $\sqrt{ax+b}$ 的积分

1. $\int x\sqrt{ax+b}\,\mathrm{d}x=\frac{2}{15a^2}(3ax-2b)\sqrt{(ax+b)^3}+C$

2. $\int\frac{x}{\sqrt{ax+b}}\mathrm{d}x=\frac{2}{3a^2}(ax-2b)\sqrt{ax+b}+C$

3. $\int\frac{\mathrm{d}x}{x\sqrt{ax+b}}=\begin{cases}\frac{1}{\sqrt{b}}\ln\left|\frac{\sqrt{ax+b}-\sqrt{b}}{\sqrt{ax+b}+\sqrt{b}}\right|+C & (b>0)\\ \frac{2}{\sqrt{-b}}\arctan\sqrt{\frac{ax+b}{-b}}+C & (b<0)\end{cases}$

4. $\int\frac{\sqrt{ax+b}}{x}\mathrm{d}x=2\sqrt{ax+b}+b\int\frac{\mathrm{d}x}{x\sqrt{ax+b}}$

三、含有 $x^2\pm a^2$ 的积分

1. $\int\frac{\mathrm{d}x}{x^2+a^2}=\frac{1}{a}\arctan\frac{x}{a}+C$

2. $\int\frac{\mathrm{d}x}{(x^2+a^2)^n}=\frac{x}{2(n-1)a^2(x^2+a^2)^{n-1}}+\frac{2n-3}{2(n-1)a^2}\int\frac{\mathrm{d}x}{(x^2+a^2)^{n-1}}$

3. $\int\frac{\mathrm{d}x}{x^2-a^2}=\frac{1}{2a}\ln\left|\frac{x-a}{x+a}\right|+C$

四、含有 ax^2+b $(a>0)$ 的积分

1. $\int\frac{\mathrm{d}x}{ax^2+b}=\begin{cases}\frac{1}{\sqrt{ab}}\arctan\sqrt{\frac{a}{b}}x+C & (b>0)\\ \frac{1}{2\sqrt{-ab}}\ln\left|\frac{\sqrt{a}x-\sqrt{-b}}{\sqrt{a}x+\sqrt{-b}}\right|+C & (b<0)\end{cases}$

2. $\int\frac{x}{ax^2+b}\mathrm{d}x=\frac{1}{2}\ln|ax^2+b|+C$

3. $\int \frac{dx}{x(ax^2+b)} = \frac{1}{2b}\ln \frac{x^2}{|ax^2+b|} + C$

五、含有 ax^2+bx+c（$a>0$）的积分

1. $\int \frac{dx}{ax^2+bx+c} = \begin{cases} \frac{2}{\sqrt{4ac-b^2}}\arctan \frac{2ax+b}{\sqrt{4ac-b^2}} + C & (b^2 < 4ac) \\ \frac{1}{\sqrt{b^2-4ac}}\ln\left|\frac{2ax+b-\sqrt{b^2-4ac}}{2ax+b+\sqrt{b^2-4ac}}\right| + C & (b^2 > 4ac) \end{cases}$

2. $\int \frac{x}{ax^2+bx+c}dx = \frac{1}{2a}\ln|ax^2+bx+c| - \frac{b}{2a}\int \frac{dx}{ax^2+bx+c}$

六、含有 $\sqrt{x^2+a^2}$（$a>0$）的积分

1. $\int \frac{dx}{\sqrt{x^2+a^2}} = \ln(x+\sqrt{x^2+a^2}) + C$

2. $\int \frac{dx}{x\sqrt{x^2+a^2}} = \frac{1}{a}\ln \frac{\sqrt{x^2+a^2}-a}{|a|} + C$

3. $\int \sqrt{x^2+a^2}\,dx = \frac{x}{2}\sqrt{x^2+a^2} + \frac{a^2}{2}\ln(x+\sqrt{x^2+a^2}) + C$

4. $\int \frac{\sqrt{x^2+a^2}}{x}dx = \sqrt{x^2+a^2} + a\ln \frac{\sqrt{x^2+a^2}-a}{|x|} + C$

七、含有 $\sqrt{x^2-a^2}$（$a>0$）的积分

1. $\int \frac{dx}{\sqrt{x^2-a^2}} = \ln|x+\sqrt{x^2-a^2}| + C$

2. $\int \frac{dx}{x\sqrt{x^2-a^2}} = \frac{1}{a}\arccos \frac{a}{|x|} + C$

3. $\int \sqrt{x^2-a^2}\,dx = \frac{x}{2}\sqrt{x^2-a^2} - \frac{a^2}{2}\ln|x+\sqrt{x^2-a^2}| + C$

4. $\int \frac{\sqrt{x^2-a^2}}{x}dx = \sqrt{x^2-a^2} - a\arccos \frac{a}{|x|} + C$

八、含有 $\sqrt{a^2-x^2}$（$a>0$）的积分

1. $\int \frac{dx}{\sqrt{a^2-x^2}} = \arcsin \frac{x}{a} + C$

2. $\int \frac{dx}{x\sqrt{a^2-x^2}} = \frac{1}{a}\ln \frac{a-\sqrt{a^2-x^2}}{|x|} + C$

3. $\int \sqrt{a^2-x^2}\,dx = \frac{x}{2}\sqrt{a^2-x^2} + \frac{a^2}{2}\arcsin \frac{x}{a} + C$

4. $\int \frac{\sqrt{a^2-x^2}}{x}dx = \sqrt{a^2-x^2} + a\ln \frac{a-\sqrt{a^2-x^2}}{|x|} + C$

九、含有$\sqrt{\pm ax^2+bx+c}$（$a>0$）的积分

1. $\int \frac{dx}{\sqrt{ax^2+bx+c}}=\frac{1}{\sqrt{a}}\ln\left|2ax+b+2\sqrt{a}\sqrt{ax^2+bx+c}\right|+C$

2. $\int \sqrt{ax^2+bx+c}\,dx=\frac{2ax+b}{4a}\sqrt{ax^2+bx+c}+\frac{4ac-b^2}{8\sqrt{a^3}}\ln|2ax+b+2\sqrt{a}\sqrt{ax^2+bx+c}|+C$

3. $\int \frac{x}{\sqrt{ax^2+bx+c}}dx=\frac{1}{\sqrt{a}}\sqrt{ax^2+bx+c}-\frac{b}{2\sqrt{a^3}}\ln|2ax+b+2\sqrt{a}\sqrt{ax^2+bx+c}|+C$

4. $\int \frac{dx}{\sqrt{c+bx-ax^2}}=-\frac{1}{\sqrt{a}}\arcsin\frac{2ax-b}{\sqrt{b^2+4ac}}+C$

5. $\int \sqrt{c+bx-ax^2}\,dx=\frac{2ax-b}{4a}\sqrt{c+bx-ax^2}+\frac{b^2+4ac}{8\sqrt{a^3}}\arcsin\frac{2ax-b}{\sqrt{b^2+4ac}}+C$

6. $\int \frac{x}{\sqrt{c+bx-ax^2}}\,dx=-\frac{1}{a}\sqrt{c+bx+ax^2}+\frac{b}{2\sqrt{a^3}}\arcsin\frac{2ax-b}{\sqrt{b^2+4ac}}+C$

十、含有$\sqrt{\pm\frac{x-a}{x-b}}$或$\sqrt{(x-a)(b-x)}$的积分

1. $\int \sqrt{\frac{x-a}{x-b}}\,dx=(x-b)\sqrt{\frac{x-a}{x-b}}+(b-a)\ln(\sqrt{|x-a|}+\sqrt{|x-b|})+C$

2. $\int \sqrt{\frac{x-a}{b-x}}\,dx=(x-b)\sqrt{\frac{x-a}{b-x}}+(b-a)\arcsin\sqrt{\frac{x-a}{b-a}}+C$

3. $\int \frac{dx}{\sqrt{(x-a)(b-x)}}=2\arcsin\sqrt{\frac{x-a}{b-a}}+C\ (a<b)$

4. $\int \sqrt{(x-a)(b-x)}\,dx=\frac{2x-a-b}{4}\sqrt{(x-a)(b-x)}+\frac{(b-a)^2}{4}\arcsin\sqrt{\frac{x-a}{b-a}}+C\ (a<b)$

十一、含有三角函数的积分

1. $\int \tan x\,dx=-\ln|\cos x|+C$

2. $\int \cot x\,dx=\ln|\sin x|+C$

3. $\int \sec x\,dx=\ln\left|\tan\left(\frac{\pi}{4}+\frac{x}{2}\right)\right|+C=\ln|\sec x+\tan x|+C$

4. $\int \csc x\,dx=\ln\left|\tan\frac{x}{2}\right|+C=\ln|\csc x-\cot x|+C$

5. $\int \sin^n x\,dx=-\frac{1}{n}\sin^{n-1}x\cos x+\frac{n-1}{n}\int \sin^{n-2}x\,dx$

6. $\int \cos^n x\,\mathrm{d}x = -\frac{1}{n}\cos^{n-1}x\sin x + \frac{n-1}{n}\int \cos^{n-2}x\,\mathrm{d}x$

7. $\int \frac{\mathrm{d}x}{\sin^n x} = -\frac{1}{n-1}\cdot\frac{\cos x}{\sin^{n-1}x} + \frac{n-2}{n-1}\int\frac{\mathrm{d}x}{\sin^{n-2}x}$

8. $\int \frac{\mathrm{d}x}{\cos^n x} = \frac{1}{n-1}\cdot\frac{\sin x}{\cos^{n-1}x} + \frac{n-2}{n-1}\int\frac{\mathrm{d}x}{\cos^{n-2}x}$

十二、含有反三角函数的积分（其中 $a>0$）

1. $\int \arcsin\frac{x}{a}\mathrm{d}x = x\arcsin\frac{x}{a} + \sqrt{a^2-x^2} + C$

2. $\int \arccos\frac{x}{a}\mathrm{d}x = x\arccos\frac{x}{a} - \sqrt{a^2-x^2} + C$

3. $\int \arctan\frac{x}{a}\mathrm{d}x = x\arcsin\frac{x}{a} - \frac{a}{2}\ln(a^2+x^2) + C$

十三、定积分

1. $\int_{-\pi}^{\pi}\cos nx\,\mathrm{d}x = \int_{-\pi}^{\pi}\sin nx\,\mathrm{d}x = 0$

2. $\int_{-\pi}^{\pi}\cos mx\sin nx\,\mathrm{d}x = 0$

3. $\int_{-\pi}^{\pi}\cos mx\cos nx\,\mathrm{d}x = \begin{cases}0, & m\neq n\\ \pi, & m=n\end{cases}$

4. $\int_{-\pi}^{\pi}\sin mx\sin nx\,\mathrm{d}x = \begin{cases}0, & m\neq n\\ \pi, & m=n\end{cases}$

5. $\int_{0}^{\pi}\sin mx\sin nx\,\mathrm{d}x = \int_{0}^{\pi}\cos mx\cos nx\,\mathrm{d}x = \begin{cases}0, & m\neq n\\ \pi/2, & m=n\end{cases}$

6. $I_n = \int_0^{\frac{\pi}{2}}\sin^n x\,\mathrm{d}x = \int_0^{\frac{\pi}{2}}\cos^n x\,\mathrm{d}x$

$$I_n = \frac{n-1}{n}I_{n-2} = \begin{cases}\frac{n-1}{n}\cdot\frac{n-3}{n-2}\cdot\cdots\cdot\frac{4}{5}\cdot\frac{2}{3}\ (n\text{ 为大于 1 的正奇数}),\ I_1=1\\ \frac{n-1}{n}\cdot\frac{n-3}{n-2}\cdot\cdots\cdot\frac{3}{4}\cdot\frac{1}{2}\cdot\frac{\pi}{2}\ (n\text{ 为正偶数}),\quad I_0=\frac{\pi}{2}\end{cases}$$

习题与单元测试部分参考答案

习题 1.1

1. (1)4；　(2)0；　(3)$\frac{1}{3}$；
   (4)1；　(5)不存在；　(6)不存在.
2. (1)2；　(2)2；　(3)0；　(4)0；　(5)0；
   (6)∞；　(7)0；　(8)0；　(9)1；　(10)不存在.
3. 不存在.
4. (1)2；　(2)3；　(3)不存在.
5. 不存在.
6. $f(0-0)=-1, f(0+0)=1, \lim\limits_{x\to 0} f(x)$不存在.
7. (1)无穷小；　(2)无穷大；　(3)无穷大；　(4)无穷小.
8. (1)无穷小；　(2)无穷小；　(3)无穷大；
   (4)无穷小；　(5)无穷小；　(6)无穷大.
9. (1)0；　(2)0；　(3)∞；
   (4)∞；　(5)0；　(6)0.

习题 1.2

1. (1)64；　2)$-\frac{4}{3}$；　(3)3；　(4)∞；　(5)$\frac{1}{3}$；
   (6)$3x^2$；　(7)$\frac{3}{4}$；　(8)6；　(9)∞；　(10)∞；
   (11)$\frac{1}{3}$；　(12)0；　(13)0；　(14)$\frac{2}{\pi}$；　(15)3.
2. (1)4；　(2)1；　(3)$\frac{4}{3}$；　(4)2；

(5)3；　(6)4；　(7)$\frac{1}{2h}$；　(8)−1.

3. (1)e^3；　(2)e；　(3)e^{-2}；　(4)e^{-4}；
   (5)e；　(6)e^{-6}；　(7)e；　(8)e^3；　(9)e.
4. 同阶等价.
5. 同阶不等价.
6. 提示：求$\lim\limits_{x\to 0}\frac{2x-x^2}{x^2-x^3}$.
7. $a=\frac{1}{2}$.

习题 1.3

1. $f(a)$.
2. 提示：证明$\lim\limits_{x\to 1}f(x)=f(1)$.
3. 不连续.
4. 不连续.
5. 连续区间 $(0,3]$，$\lim\limits_{x\to\frac{1}{2}}f(x)=0$；　$\lim\limits_{x\to 1}f(x)=1$；　$\lim\limits_{x\to 2}f(x)=0$.
6. (1) 无穷间断点；(2) 可去间断点；
   (3) 连续；　(4) 跳跃间断点.
7. (1) $x=2$，无穷间断点；　(2) $x=-3$，无穷间断点，$x=-2$，可去间断点；
   (3) $x=0$，振荡间断点；　(4) $x=1$，无穷间断点.
8. $a=4$，$b=-2$.

9 (1) 2；　(2) $\frac{1-e^{-2}}{2}$；　(3) $-\frac{\sqrt{2}}{2}$；　(4) 3；　(5) $\sqrt{2}$；
   (6) $\frac{1}{2\sqrt{x}}$；　(7) 4；　(8) 1；　(9) $\frac{1}{2}$；　(10) $-\frac{e^{-2}+1}{2}$；
   (11) 1；　(12) $-\ln 2$；　(13) 1；　(14) 1；　(15) 0.

第 1 章单元测试

1. (1) $\frac{3}{4}$；　(2) 2；　(3) 5；　(4) 4；　(5) $\frac{4}{9}$；
   (6) $x\to\pm 1$，$x\to\infty$；　(7) $a\in R$，$b=6$；　(8) 一，可去；
   (9) 0；　(10) 不存在，2.
2. (1) C；　(2) B；　(3) D；　(4) A；　(5) B.
3. (1) 2；　(2) $\frac{5}{3}$；　(3) e^{-6}；　(4) $\frac{3}{4}$；　(5) $\frac{2}{7}$；

(6) 4； (7) 1； (8) e^{-1}； (9) -1； (10) $\frac{1}{2}$；

(11) e^2； (12) -2； (13) $\frac{4}{3}$； (14) 0； (15) e；

(16) $e^{-\frac{1}{2}}$； (17) e^{-6}； (18) $\sin(\cos^2 1)$； (19) $\frac{1}{2}$；

(20) $\frac{4}{3}$.

4. $\lim\limits_{x \to 0} f(x)=1$.

5. $\lim\limits_{x \to 0} f(x)$不存在.

6. 不连续.

7. $f[g(x)]=(\lg x-1)^2$，$g[f(x)]=\lg(x-1)^2$.

8. $a=2$.

习题 2.1

1. (1) -2； (2) -4.

2. $f'(x)=2ax+b$，$f'(0)=b$，$f'(\frac{1}{2})=a+b$，$f'(-\frac{b}{a})=-b$.

3. (1) $3x^2$； (2) a； (3) $-\sin x$；

(4) $-4x$； (5) $-\frac{2}{x^3}$； (6) $\frac{2}{3\sqrt[3]{x}}$.

4. (1) $-\frac{1}{2x\sqrt{x}}$； (2) $5x^4$； (3) $\frac{5}{2}x\sqrt{x}$；

(4) $\frac{3}{7\sqrt[7]{x^4}}$； (5) $-\frac{3}{x^4}$； (6) $\frac{7}{3}x\sqrt[3]{x}$.

5. (1) 1.5； (2) 6.4，-3.4.

6. $-\frac{\sqrt{3}}{2}$，$-\frac{\sqrt{2}}{2}$

7. $12x-y-16=0$，$x+12y-98=0$

8. (1) 切线方程 $x-4y+4=0$，法线方程 $4x+y-18=0$；(2) $\left(\frac{1}{36}, \frac{13}{12}\right)$.

9. (1) 错； (2) 错； (3) 对； (4) 对； (5) 对； (6) 错.

10. $a=2$，$b=-1$.

习题 2.2

1. (1) $6x-1$； (2) $\frac{1}{\sqrt{x}}+\frac{1}{x^2}$； (3) $\frac{3}{x}+\frac{2}{x^2}$； (4) $\frac{2}{3\sqrt[3]{x}}$；

(5) $4x+\frac{5}{2}x^{\frac{3}{2}}$；(6) $6x^2-2x$； (7) $\ln x+1$； (8) $\frac{2x}{(1-x^2)^2}$；

(9) $-\frac{6x^2}{(x^3-1)^2}$; (10) $2x-\frac{5}{2}x^{-\frac{7}{2}}-3x^{-4}$;

(11) $-\frac{x+1}{2x\sqrt{x}}$; (12) $\frac{5}{2}x^{\frac{3}{2}}+\frac{9}{2}x^{\frac{1}{2}}-1+\frac{1}{2\sqrt{x}}$.

2. (1) $1-\frac{1}{3}\sec^2 x$; (2) $\cos x-\sin x$;

(3) $2\sqrt{2}x\sec x+\sqrt{2}x^2\sec x\tan x$; (4) $\tan x+x\sec^2 x+2\csc x\cot x$;

(5) $2x\sin x+x^2\cos x$; (6) $\cot x-x\csc^2 x$;

(7) $-\frac{x\sin x+2\cos x}{x^3}$; (8) $\tan^2 x+2\cos x+1$;

(9) $\frac{1}{1+\sin 2t}$; (10) $\frac{x\cos x-\sin x}{x^2}+\frac{\cos x+x\sin x}{\cos^2 x}$;

(11) $\sin x\ln x+x\cos x\ln x+\sin x$;

(12) $\frac{(\sin x+x\cos x)(1+\tan x)-x\sin x\sec^2 x}{(1+\tan x)^2}$.

3. (1) -2, π; (2) -1, $-\frac{1}{9}$; (3) 1, -3; (4) -1, -1.

4. (1) $3x^2\cos x^3$; (2) $\frac{3}{2\sqrt{3x+1}}$;

(3) $2\tan x\sec^2 x$; (4) $-\frac{12x}{(3x^2-2)^3}$;

(5) $2\cos 4x$; (6) $\frac{5}{3(1-5x)\sqrt[3]{1-5x}}$;

(7) $3\sin(4-3x)$; (8) $-6xe^{-3x^2}$;

(9) $\frac{2x}{1+x^2}$; (10) $-\frac{3x}{\sqrt{2-3x^2}}$; (11) $\frac{1}{x\ln x\ln\ln x}$; (12) $-\frac{\tan\sqrt{x}}{2\sqrt{x}}$.

5. (1) $\frac{2x^2+x-1}{\sqrt{x^2-1}}$; (2) $(3x+5)^2(5x+4)^4(120x+161)$;

(3) $-\frac{x}{\sqrt{x^2+1}}-1$; (4) $-3\csc^2 3t+2^t\ln 2\cos 2^t$;

(5) $-2\cos x-\frac{\cos x(1+\cos^2 x)}{\sin^2 x}$; (6) $-\sin x$;

(7) $\frac{1}{1+x}+\frac{2x}{1+x^2}$; (8) $\frac{1}{2x}\left(1+\frac{1}{\sqrt{\ln x}}\right)$.

6. (1) $\frac{1}{2\sqrt{x-x^2}}$; (2) $\frac{2\arcsin x}{\sqrt{1-x^2}}$;

(3) $\frac{2x}{\sqrt{2x^2-x^4}}$; (4) $\frac{3}{\sqrt{1-9x^2}}$;

(5) $-\dfrac{1}{1+x^2}$；　(6) $\dfrac{1}{2x\sqrt{6x-1}}$.

7. (1) $2^x\ln2+2x+e^x+ex^{e-1}$；　(2) $\dfrac{3}{x\ln2}$；　(3) $\ln x$；

(4) $e^x\left(\ln x+\dfrac{1}{x}\right)$；　(5) $a^x\ln a+e^x$；(6) $e^x(\sin x+\cos x)$；

(7) $\dfrac{e^x}{a^x}(1-\ln a)$.

8. (1) $\dfrac{e^{2x}-e^x}{1+e^{2x}}$；(2) $\dfrac{-1}{\sqrt{x-4x^2}}$；(3) $\dfrac{1-x}{\sqrt{1-x^2}}$；(4) $\dfrac{1}{2\sqrt{x^3-x^2}\arccos\dfrac{1}{\sqrt{x}}}$.

9. (1) $-\dfrac{y+4xy^2}{2x+6x^2y}$；　(2) $\dfrac{x}{y}$；　(3) $\dfrac{y}{y-1}$；　(4) $\dfrac{e^y}{1-xe^y}$；

(5) $2(\ln x+1)x^{2x}$；　(6) $\dfrac{\cos y-\cos(x+y)}{x\sin y+\cos(x+y)}$；

(7) $\dfrac{-2\sin2x-\dfrac{y}{x}-ye^{xy}}{\ln x+xe^{xy}}$；　(8) $\dfrac{e^{x+y}-y}{x-e^{x+y}}$.

10. (1) $x^{e^x}e^x\left(\ln x+\dfrac{1}{x}\right)$；　(2) $(1+x)^x\left[\ln(1+x)+\dfrac{x}{1+x}\right]$；

(3) $(\ln x)^{\cos x}\left(\dfrac{\cos x}{x}-\sin x\ln x\right)$；

(4) $\left(\dfrac{x}{1+x}\right)^x\left[1+\ln x-\ln(1+x)-\dfrac{x}{x+1}\right]$；

(5) $\left(\dfrac{1}{x}-\ln2x-1\right)(2x)^{1-x}$；　(6) $\dfrac{\ln y-\dfrac{y}{x}}{\ln x-\dfrac{x}{y}}$；

(7) $x(2\ln x+x)x^{x^2}$；

(8) $\dfrac{1}{2}\sqrt{\dfrac{(x+1)(x-2)}{(x-3)(4-3x)}}\left(\dfrac{1}{x+1}+\dfrac{1}{x-2}-\dfrac{1}{x-3}-\dfrac{1}{4-3x}\right)$；

(9) $(\tan x+x\sec^2x)(e^x)^{\tan x}$；

(10) $\left(\dfrac{\ln\sin x}{x}+\cot x\ln x\right)(\sin x)^{\ln x}$.

11. $\left(\cos x\ln x+\dfrac{\sin x}{x}\right)x^{\sin x}$.

12. (1) $\dfrac{3t^2-1}{2t}$；　(2) $\sec t$；　(3) $\dfrac{\sin t}{1-\cos t}$；　(4) $-\cot t$.

13. $\sqrt{3}-2$.

14. (1) $\dfrac{a^2}{(x^2-a^2)\sqrt{a^2-x^2}}$； (2) $2x(3+2x^2)e^{x^2}$；

(3) $-\csc^2 x$； (4) $9e^{3x+1}$；

(5) $-2\cos 2x\ln x-\dfrac{\sin 2x}{x}-\dfrac{x\sin 2x+\cos^2 x}{x^2}$；

(6) $4\ln^2 3\cdot 3^{2x}$； (7) $-\dfrac{1}{x^2}$；

(8) $e^{-2t}(3\sin t-4\cos t)$； (9) $4e^{2x}+2e(2e-1)x^{2e-2}$；

(10) $\dfrac{x^2-2x+2}{x^3}e^x$； (11) $-a^2\sin ax-b^2\cos bx$；

(12) $(x+1)(x+3)e^x$.

15. (1) $\dfrac{(-1)^{n-1}(n-1)!}{(1+x)^n}$； (2) $a^x(\ln a)^n$；

(3) $2^{n-1}\sin\left(2x+\dfrac{n-1}{2}\pi\right)$.

16. (1) 4； (2) 1； (3) -4π.

17. $v=9$，$a=12$.

习题 2.3

1. $\Delta y=20$，1.361，0.13； $dy=12$，1.2，0.013.

2. (1) $\left(\dfrac{\pi}{2}+1\right)dx$； (2) dx； (3) $\dfrac{3}{2}dx$.

3. (1) $2x+C$； (2) $\dfrac{1}{2}x^2+C$； (3) $\arctan x+C$；

(4) x^2+2x+C； (5) $\dfrac{1}{2}\sin 2x+C$； (6) $\dfrac{3}{2}e^{2x}+C$；

(7) $-\dfrac{1}{x}+C$； (8) $\dfrac{2^x}{\ln 2}+C$； (9) $2\sqrt{x}+C$；

(10) $e^{x^2}+C$； (11) $2\sin x+C$；

(12) $\dfrac{1}{2x+3}+C$；$\dfrac{2}{2x+3}+C$； (13) $\dfrac{x^3}{3}+C$；

(14) $-\dfrac{1}{\omega}\cos\omega x+C$； (15) $\ln(x-1)+C$； (16) $-\dfrac{1}{2}e^{-2x}+C$.

4. (1) $(\cos x-\sin x)dx$； (2) $(2x+x^2)e^x dx$；

(3) $\dfrac{(1-3\ln x)}{x^4}dx$； (4) $-3\cos(2-3x)dx$；

(5) $\dfrac{2x}{x^2-1}dx$； (6) $-(2\cos x+\sin x)e^{1-2x}dx$；

(7) $(\sin 2x+2x\cos 2x)dx$； (8) $2e^{\sin 2x}\cos 2x\,dx$；

(9) $\left(-\frac{1}{x^2}+\frac{1}{\sqrt{x}}\right)\mathrm{d}x$； (10) $\frac{1}{x\ln x}\mathrm{d}x$；

(11) $-4\tan(1-2x)\sec^2(1-2x)\mathrm{d}x$； (12) $\frac{-1}{2\sqrt{x-x^2}}\mathrm{d}x$；

(13) $\frac{2\ln(1-x)}{x-1}\mathrm{d}x$； (14) $-3\sin 3x\mathrm{d}x$；

(15) $-4\tan(1-2x)\sec^2(1-2x)\mathrm{d}x$；

(16) $2(\mathrm{e}^x+\mathrm{e}^{-x})(\mathrm{e}^x-\mathrm{e}^{-x})\mathrm{d}x$； (17) $-4\tan 2x\mathrm{d}x$；

(18) $-12x^2\sec^2(1-2x^3)\tan(1-2x^3)\mathrm{d}x$；

(19) $5^{\ln\tan x}\ln 5\cdot\cot x\cdot\sec^2 x\mathrm{d}x$；

(20) $-10x(a^2-x^2)^4\mathrm{d}x$.

5\. (1) 1.025； (2) 0.5076； (3) 0.02；

(4) 2.01； (5) 9.93； (6) 0.793.

6\. $\Delta A=\pi\ \mathrm{cm}^2$.

7\. $\mathrm{d}v=30\mathrm{m}^3$.

第2章单元测试

1\. (1) $y-y_0=f'(x_0)(x-x_0)$，$y-y_0=-\frac{1}{f'(x_0)}(x-x_0)$；

(2) $\mathrm{d}y$； (3) $-\sqrt{3}$； (4) 0；

(5) -1； (6) $y'=\frac{1}{6\sqrt[6]{x^5}}$；

(7) $\lim\limits_{\Delta x\to 0}\frac{f(x_0+\Delta x)-f(x_0)}{\Delta x}$，$f'(x_0)\mathrm{d}x$，高阶无穷小；

(8) $y-f(x_0)=-\frac{1}{f'(x_0)}(x-x_0)$；

(9) 绝对值，$\mathrm{d}y$； (10) 50m/s，5s.

2\. (1) A； (2) C； (3) B； (4) C； (5) D.

3\. (1) 对； (2) 对； (3) 错； (4) 错； (5) 对.

4\. (1) $\frac{\sin 2x\sin x^2-2x\cos x^2\sin^2 x}{(\sin x^2)^2}$； (2) $y=5\sin^4 x\cos 6x$；

(3) $\frac{\ln x}{x\sqrt{1+\ln^2 x}}$； (4) $\frac{x\cos\sqrt{1+x^2}}{\sqrt{1+x^2}}$；

(5) $y=\arctan\sqrt{x}+\frac{\sqrt{x}}{2(1+x)}$； (6) $\frac{6(\ln x^2)^2}{x}$；

(7) $\frac{\cos x}{2\sqrt{\sin x-\sin^2 x}}$； (8) $\frac{x(8+9\sqrt{x})}{4\sqrt{1+\sqrt{x}}}$.

5. (1) $-\dfrac{x^2+2y}{2x+5y^2}$; (2) $\dfrac{x+y}{x-y}$;

(3) $\dfrac{\cos y-\cos(x+y)}{x\sin y+\cos(x+y)}$; (4) $\dfrac{2x-x^2y^2-2y^3-x^2-2y}{2x^3y+4xy^2-2}$.

6. (1) $(a^3\sin 2ax-b^3\sin 2bx)\mathrm{d}x$; (2) $y=\dfrac{6x^2}{(x^3+1)^2}\mathrm{d}x$;

(3) $\dfrac{3^{\ln 2x}\ln 3}{x}\mathrm{d}x$; (4) $-\dfrac{4}{(1+2x)\ln^3(1+2x)}\mathrm{d}x$.

7. 切线方程：$y=-2x+1$. 法线方程：$y=\dfrac{1}{2}x+1$.

8. (5,39).

习题 3.1

1. $f(a)=f(b)$.
2. $f(a)=f(b)$.
3. (1) 满足 $\xi=\dfrac{\sqrt{3}}{3}$; (2) 不满足；(3) 不满足； (4) 不满足.
4. $\xi=\dfrac{\pi}{2}$.
6. 2 个实根，分别位于 (1,2) 和 (2,3) 开区间.
7. $\xi=1$.
9. $\xi=\dfrac{2}{\sqrt{3}}$
10. (1) 不满足； (2) 满足； (3) 不满足； (4) 不满足.
11. $\xi=1$.

习题 3.2

1. (1) 4; (2) $\dfrac{2}{3}$; (3) -1; (4) -1; (5) 5;

(6) $\dfrac{n}{m}a^{n-m}$; (7) 1; (8) -1; (9) 0; (10) $\dfrac{2}{3}$;

(11) $+\infty$; (12) 2; (13) $\dfrac{1}{2}$; (14) 1; (15) 1;

(16) 1; (17) 2; (18) $\ln\dfrac{a}{b}$; (19) 1; (20) $\cos a$;

(21) $-\dfrac{3}{5}$; (22) $-\dfrac{2}{3}$; (23) 1; (24) 0; (25) 1;

(26) $+\infty$.

2. $\lim\limits_{x\to\infty}\left(1+\dfrac{1}{x}\sin x\right)=1$. 3. $a=-1$, $b=1$.

习题 3.3

1. 递增的．

2. 小于零．

3. (1) 增区间为 $(-\infty,-1)$, $(3,+\infty)$；减区间为 $(-1,3)$； (2) 增区间为 $(-\infty,-1)$, $(5,+\infty)$；减区间为 $(-1,5)$； (3) 增区间为 $(0,+\infty)$；减区间为 $(-\infty,0)$；(4) 增区间为 $\left(\frac{1}{e},+\infty\right)$；减区间为 $\left(-\infty,\frac{1}{e}\right)$；(5) 增区间为 $(0,2)$；减区间为 $(-\infty,0)$, $(2,+\infty)$； (6) 增区间为 $(-\infty,-1)$, $(3,+\infty)$；减区间为 $(-1,3)$； (7) 增区间为 $\left(\frac{3}{2},+\infty\right)$；减区间为 $\left(-\infty,\frac{3}{2}\right)$； (8) 增区间为 $(-\infty,4)$；减区间为 $(4,6)$；(9) 增区间为 $(-1,0)$, $(1,+\infty)$；减区间为 $(-\infty,-1)$, $(0,1)$；(10) 增区间为 $(2,+\infty)$；减区间为 $(0,2)$；(11) 增区间为 $\left(\frac{1}{2},+\infty\right)$；减区间为 $\left(-\infty,\frac{1}{2}\right)$；(12) 增区间为 $(-\infty,+\infty)$；(13) 增区间为 $(0,+\infty)$；减区间为 $(-\infty,0)$；(14) 增区间为 $\left(\frac{\pi}{3},\frac{5\pi}{3}\right)$；减区间为 $(0,\frac{\pi}{3})$, $\left(\frac{5\pi}{3},2\pi\right)$.

4. $(-\infty,0)$．

5. $(-\infty,-1)$, $(1,+\infty)$．

6. (1) 当 $0\leqslant x\leqslant 2\pi$ 时，函数 $f(x)=x+\cos x$ 单调增加；

(2) 函数在 $(-\infty,+\infty)$ 内单调递减．

7. (1) 曲线在开区间 $(-\infty,+\infty)$ 内都是凹的，无拐点；(2) 曲线在闭区间 $[0,\pi]$ 内是凸的，在闭区间 $[\pi, 2\pi]$ 内是凹的，拐点为 $(\pi,0)$；(3) 曲线在开区间 $(0,+\infty)$ 内是凸的，在开区间 $(-\infty,0)$ 内是凹的，拐点为 $(0,0)$；(4) 曲线在开区间 $(0,+\infty)$ 内是凹的，在开区间 $(-\infty,0)$ 内是凸的，拐点为 $(0,1)$； (5) 曲线开在区间 $\left(\frac{5}{3},+\infty\right)$ 内是凹的，在开区间 $\left(-\infty,\frac{5}{3}\right)$ 内是凸的，拐点为 $\left(\frac{5}{3},-\frac{160}{9}\right)$；(6) 曲线在开区间 $(-\infty,+\infty)$ 内都是凸的，无拐点；(7) 曲线在开区间 $(-\infty,0)\cup\left(\frac{2}{3},+\infty\right)$ 内是凹的，在开区间 $\left(0,\frac{2}{3}\right)$ 内是凸的，拐点为 $(0,1)$, $\left(\frac{2}{3},\frac{11}{27}\right)$；(8) 曲线在开区间 $(-\infty,+\infty)$ 内都是凸的，无拐点；(9) 曲线在开区间 $(2,+\infty)$ 内是凸的，开区间 $(-\infty,2)$ 内是凹的，拐点为 $(2,1)$；(10) 曲线在开区间 $(-\infty,1)$ 内是凸的，在开区间 $(1,+\infty)$ 内是凹的，拐点为 $(1,-2)$；(11) 曲线在开区间 $(-\infty,+\infty)$ 内都是凹的，无拐点；(12) 曲线在开区间 $(-\infty,-1)\cup(1,+\infty)$ 内是凸的，在开区间 $(-1,1)$ 内是凹的，拐点为 $(-1,\ln 2)$, $(1,\ln 2)$；(13) 曲线在开区间 $(-\infty,1)\cup(0,+\infty)$ 内是凹的，在开区间 $(-1,0)$ 内是凸的，拐点为 $(-1,0)$；(14) 曲线在开区间 $(0,+\infty)$ 内是凹的，在开区间 $(-\infty,0)$ 内是凸的，拐点为 $(0,0)$.

8. $a=-1$，$b=3$.

习题 3.4

1. B.　　2. C.　　3. D.

4. (1) 极大值 $f(1)=f(-1)=1$,极小值 $f(0)=0$；(2) 极大值 $f\left(-\frac{1}{3}\right)=\frac{14}{27}$，极小值 $f(3)=-28$；(3) 极大值 $f(-1)=10$，极小值 $f(3)=-22$；(4) 极大值 $f(2)=4e^{-2}$，极小值 $f(0)=0$；(5) 极大值 $f(0)=-1$；(6) 极大值 $f(-1)=2$；(7) 极大值 $f(0)=7$，极小值 $f(2)=3$；(8) 极大值 $f\left(\frac{7}{3}\right)=\frac{4}{27}$，极小值 $f(3)=0$；(9) 极小值 $f(0)=0$；(10) 极小值 $f(0)=0$；(11) 无极值点，无极值；(12) 极大值 $f(1)=\frac{\pi}{4}-\frac{1}{2}\ln 2$；(13) 极大值$f\left(\frac{3}{4}\right)=\frac{5}{4}$；(14) 极小值 $f\left(-\frac{1}{2}\ln 2\right)=2\sqrt{2}$.

5. (1) 最大值 $f(2)=f(-2)=13$，最小值 $f(1)=f(-1)=4$；
   (2) 最大值 $f(-1)=13$，最小值 $f(1)=5$；
   (3) 最大值 $f(4)=80$，最小值 $f(-1)=-5$；
   (4) 最大值 $f(1)=\frac{1}{2}$，最小值 $f(0)=0$；
   (5) 最大值 $f\left(\frac{\pi}{4}\right)=\sqrt{2}$，最小值 $f\left(\frac{5\pi}{4}\right)=-\sqrt{2}$；
   (6) 最大值 $f(1)=\ln 5$，最小值 $f(0)=0$；
   (7) 最大值 $f\left(\frac{3}{4}\right)=\frac{5}{4}$，最小值 $f(-5)=-5+\sqrt{6}$；
   (8) 最大值 $f(4)=142$，最小值 $f(1)=7$；
   (9) 最大值 $f(4)=6$，最小值 $f(0)=0$；
   (10) 最大值 $f(-1)=3$，最小值 $f(1)=1$.

6. 函数在 $x=-3$ 取得最小值；最小值为 $f(-3)=27$.

7. 函数在 $x=1$ 取得最大值；最大值为 $f(1)=\frac{1}{2}$.

8. $a=-2$，$b=4$.

9. 350 元.

10. $r=\sqrt[3]{\frac{V}{4\pi}}$，$h=\frac{V}{\pi\left(\frac{V}{4\pi}\right)^{\frac{2}{3}}}$.

11. $r=\sqrt[3]{150}$，$h=\frac{300}{\pi(150)^{\frac{2}{3}}}$.

12. 宽度为$\sqrt{\frac{40}{4+\pi}}$时，截面的周长最小.

13. 容积最大为 $V\left(\frac{a}{6}\right)=\frac{2}{27}a^3$.

习题 3.5

1. (1) $y=0$; (2) $y=-2$; (3) $y=0$, $y=\pi$; (4) $y=0$.

2. (1) $x=0$; (2) $x=0$, $x=1$.

3. (1) 水平渐近线 $y=\frac{\pi}{2}$, $y=-\frac{\pi}{2}$; (2) 水平渐近线 $y=0$, 垂直渐近线 $x=1$, $x=-1$; (3) 水平渐近线 $y=-1$, 垂直渐近线 $x=2$; (4) 垂直渐近线 $x=0$; (5) 水平渐近线 $y=1$, 垂直渐近线 $x=2$, $x=-1$; (6) 水平渐近线 $y=c$, 垂直渐近线 $x=b$.

5. (1) $\frac{1}{2\sqrt{2}}$; (2) 2; (3) 1.

7. $a=1$, $b=-6$, $c=9$, $d=2$.

8. $\left(-\frac{1}{2}\ln 2,\frac{\sqrt{2}}{2}\right)$.

9. $(0,0)$.

第3章单元测试

1. (1) 驻点. (2) $<$, $>$. (3) $=$. (4) 拐点. (5) $>$, $<$. (6) $\xi=\frac{3}{4}$.

   (7) $(-2,+\infty)$, $(-\infty,-2)$. (8) 驻点, 不可导点. (9) $(0,-1)$.

   (10) $y=\frac{1}{2}$.

2. (1) D; (2) C; (3) D; (4) D; (5) B.

3. (1) 错; (2) 对; (3) 对; (4) 对; (5) 错.

4. (1) 2; (2) 0; (3) 1; (4) $\frac{1}{2}$; (5) $\frac{1}{2}$; (6) 1.

5. (1) 增区间为 $(-\infty,1)$; 减区间为 $(1,+\infty)$; (2) 增.

6. (1) $f(2)=1$ 极小值; (2) $f(-1)=-2$ 极小值.

7. $a=-2$, $b=6$.

8. 增区间为 $(-\infty,1)\cup(9,+\infty)$; 减区间为 $(1,9)$.

9. $a=-4$, $b=8$.

10. 当长为 32cm, 宽为 16cm 时, 用料最省.

11. 经过 5h 两船相距最近.

习题 4.1

1. (1) 否; (2) 是; (3) 是; (4) 否; (5) 否.

2. (1) $-\frac{1}{x}+C$；(2) $2\ln x+\frac{x^2}{4}+C$；(3) $\frac{2}{3}x^{\frac{3}{2}}-\sqrt{3}x+C$；(4) $\frac{x^3}{3}-x^2+3\ln x+C$；

(5) $\frac{x^3}{3}-\frac{3}{2}x^2+C$；(6) $x+\ln x+C$；(7) $x+4\ln x-\frac{4}{x}+C$；(8) $\frac{1}{2}(x+\sin x)+C$；

(9) $\frac{1}{2}(x-\sin x)+C$；(10) $-\cot t-t+C$；(11) $-\frac{1}{x}-\arctan x+C$；

(12) $\frac{2^x}{\ln 2}+C$.

3. $y=-\frac{1}{2}x^2+2x+3$.

4. $y=x^3+2$.

5. (1) 8m；(2) $\sqrt[3]{360}$ s≈7.11s.

习题 4.2

1. (1) $\frac{1}{12}$；(2) $-\frac{1}{2}$；(3) $\frac{1}{2}$；(4) $\frac{1}{3}$.

2. (1) $-\frac{1}{\sqrt{2x-1}}+C$；(2) $\frac{1}{2}\arctan x^2+C$；(3) $e^{e^x}+C$；(4) $-\frac{1}{2}\cos 2x+C$；

(5) $-e^{-\sin x}+C$；(6) $\frac{1}{2}x+\frac{1}{12}\sin 6x+C$；(7) $\ln|\tan x|+C$；

(8) $-\frac{1}{2}\cot(x^2+1)+C$.

3. (1) $\sqrt{2x}-\ln(1+\sqrt{2x})+C$；(2) $(x+1)-4\sqrt{x+1}+4\ln(\sqrt{x+1}+1)+C$；

(3) $\frac{3}{5}(1+\sqrt[3]{x^2})^{\frac{5}{2}}-2(1+\sqrt[3]{x^2})^{\frac{3}{2}}+3(1+\sqrt[3]{x^2})^{\frac{1}{2}}+C$；

(4) $-\frac{\sqrt{a^2-x^2}}{x}-\arcsin\frac{x}{a}+C$；

(5) $\ln\frac{\sqrt{1+e^x}-1}{\sqrt{1+e^x}+1}+C$；

(6) $\arcsin\frac{x+1}{2}-2\sqrt{3-2x-x^2}+C$；(7) $\frac{\sqrt{x^2-9}}{18x^2}+\frac{1}{54}\arccos\frac{3}{|x|}+C$；

(8) $\ln(x+2+\sqrt{x^2+4x+5})+C$；(9) $\arctan e^x+C$；

(10) $\frac{1}{2}(\arcsin x+\ln\left|x+\sqrt{1-x^2}\right|)+C$.

习题 4.3

1. (1) $-x\cos x+\sin x+C$；(2) $x(\ln x-1)+C$；(3) $x\arcsin x+\sqrt{1-x^2}+C$；

(4) $-e^{-x}(x+1)+C$；(5) $x\ln(x+\sqrt{x^2-1})-\sqrt{x^2-1}+C$；

(6) $-\frac{1}{x}\arctan x+\ln|x|-\frac{1}{2}\ln(1+x^2)+C$；(7) $\frac{1}{8}x^4\left(2\ln^2 x-\ln x+\frac{1}{4}\right)+C$；

(8) $\frac{1}{2}(\sec x\tan x+\ln|\sec x+\tan x|)+C$；(9) $(\ln\ln x-1)\ln x+C$；

(10) $\frac{x^{n+1}}{n+1}\left(\ln x-\frac{1}{n+1}\right)+C$.

2. (1) $x(\arcsin x)^2+2\sqrt{1-x^2}\arcsin x-2x+C$；(2) $\frac{e^{-x}}{2}(\sin x-\cos x)+C$；

(3) $x^2\sin x+2x\cos x-2\sin x+C$；(4) $2x\sin\frac{x}{2}+4\cos\frac{x}{2}+C$；

(5) $-\frac{1}{4}x\cos 2x+\frac{1}{8}\sin 2x+C$；(6) $-\frac{2}{17}e^{-2x}\left(\cos\frac{x}{2}+4\sin\frac{x}{2}\right)+C$.

第 4 章单元测试

1. (1) C；(2) $f(x)+C$；(3) $f(x)$；(4) $f(\tan x)+C$；(5) $-4\sin 2x$；(6) $y=\sin 2x+2$.

2. (1) B；(2) B；(3) D；(4) B；(5) D；(6) D.

3. (1) $\frac{3}{7}x^7+C$；(2) $\frac{2}{5}x^{\frac{5}{2}}+C$；(3) $\frac{5^t}{\ln 5}+C$；(4) $\frac{1}{3}x^3-2x^2+4x+C$；

(5) $\left(\frac{2}{5}\right)^x\frac{1}{\ln\frac{2}{5}}-\left(\frac{3}{5}\right)^x\frac{1}{\ln\frac{3}{5}}+C$；(6) $-2\cos x+C$；(7) $\frac{1}{4}x^4+\frac{1}{2}e^{x^2}+\frac{2^x}{\ln 2}+C$；

(8) $\frac{2}{3}x^{\frac{3}{2}}+3x+C$；(9) $\arctan x-\frac{1}{x}+C$；(10) $\frac{1}{2}x-\frac{1}{4}\sin 2x+C$；

(11) $\frac{1}{3}x^2\ln x-\frac{1}{9}x^3+C$；(12) $\frac{x}{2}(\cos\ln x+\sin\ln x)+C$.

4. $y=\ln|x|+1$.

习题 5.1

1. (1) 4；(2) 2π.

2. (1) $\int_{-2}^{2}f(x)\mathrm{d}x$；(2) $\int_{x}^{x+\Delta x}f(x)\mathrm{d}x$.

3. (1) 正；(2) 负；(3) 正；(4) 负.

4. (1) $\int_0^{\frac{\pi}{2}}x\mathrm{d}x>\int_0^{\frac{\pi}{2}}\sin x\mathrm{d}x$；(2) $\int_0^1 e^x\mathrm{d}x>\int_0^1(1+x)\mathrm{d}x$.

5. (1) $2\leqslant\int_1^2(x^2+1)\mathrm{d}x\leqslant 5$；(2) $\frac{3\pi}{2}\leqslant\int_0^{\frac{3\pi}{2}}(1+\cos^2 x)\mathrm{d}x\leqslant 3\pi$.

6. $\bar{v}=12\mathrm{m/s}$.

习题 5.2

1. (1) $\sin x^4$；(2) $-\sqrt{1+x^2}$；(3) $3x^2\ln x^6$；(4) $3x^2 e^{-x^3}-2xe^{-x^2}$.

2. (1) $\frac{7}{3}$；(2) $e-1$；(3) $\frac{31}{3}+\ln\frac{3}{2}$；(4) 1；(5) 4；(6) $\frac{271}{6}$；(7) $1+\frac{\pi}{4}$；

(8) $\frac{5}{2}$；(9) $\frac{\pi}{24}-\frac{1}{8}(2-\sqrt{3})$；(10) $\frac{3}{2}$.

3. $\frac{8}{3}$.

习题 5.3

(1) $\frac{1}{2}$； (2) $\frac{\pi}{8}$； (3) π； (4) $2\left(1-\frac{\pi}{4}\right)$； (5) $\frac{1}{9}(2e^3+1)$；

(6) 1； (7) $2(\sqrt{3}-1)$；(8) $\frac{1}{2}\left(1-\frac{1}{e}\right)$； (9) $\frac{1}{6}$； (10) $\ln\frac{9}{8}$；

(11) π； (12) $2\ln2-1$；(13) $\frac{4}{3}$； (14) $\frac{e}{2}(\sin1-\cos1)+\frac{1}{2}$；

(15) $\frac{1}{5}(e^{\pi}-2)$； (16) $\pi-\frac{4}{3}$；(17) $\frac{\pi}{3}$； (18) 4； (19) $2-\frac{3}{4\ln2}$；

(20) $\frac{2}{5}$.

习题 5.4

1. $\frac{1}{3}$. 2. $\frac{9}{2}$ 3. $4-\ln3$.

4. (1) $\frac{3}{2}-\ln2$；(2) $e+\frac{1}{e}-2$；(3) $\frac{1}{6}$；(4) $\frac{3\pi}{2}+2$.

5. $\frac{\pi}{15}(32\sqrt{2}-38)$. 6. $\frac{\pi}{5}$， $\frac{\pi}{2}$. 7. $\frac{\pi^2}{2}$. 8. 8π. 9. $\frac{64\pi}{5}$. 10. $1+\frac{1}{2}\ln\frac{3}{2}$.

11. 0.375J. 12. 2.56×10^7N. 13. $\frac{RmM}{a(l+a)}$. 14. 1.764×10^5N.

15. $2G\frac{mM}{\pi r^2}$. 16. $800\pi\ln2$J. 17. $10e^{0.2Q}+80$.

18. (1) 2400；(2) 100.

19. (1) 900；(2) -16.

20. 224.8；112.4.

第 5 章单元测试

1. (1) $\frac{1}{2}$； (2) $b-a$； (3) $x=0$，$x=4$； (5) 0；

(6) $bf'(b)-af'(a)-f(b)+f(a)$； (7) $\frac{1}{e}-1$； (8) 0.

2. (1) B；(2) C；(3) C；(4) C；(5) D；(6) D；(7) B.

3. (1) $\frac{7}{72}$；(2) $\frac{e^2-e^{-2}+4}{2}$；(3) $2(\sqrt{2}-1)$；(4) $\frac{1}{2}+\ln 2$；(5) $\frac{\pi}{4}$；

(6) 发散.

4. 4.

5. (1) $\frac{4}{3}$； (2) $\frac{16\pi}{15}$； (3) $\frac{\pi}{2}$.

习题 6.1

1. (1) 是，二阶；(2) 不是；(3) 是，三阶；(4) 是，一阶；(5) 是，二阶；(6) 是，三阶.

2. (1) 一阶线性微分方程；(2) 二阶线性齐次微分方程；
(3) 二阶常系数线性非齐次微分方程；(4) 三阶微分方程；
(5) 三阶常系数线性齐次微分方程.

3. (1) 是，通解；(2) 是，特解；(3) 不是；(4) 是，通解.

4. (1) $y=\sin x+e^x-1$；(2) $y=x^2+x$.

习题 6.2

1. (1) $y=Cx$；(2) $y=\frac{1}{C-\cos x}$；(3) $y=e^{cx}$；(4) $\arctan y=\frac{1}{2}x^2+C$；
(5) $e^y=e^x+C$；(6) $(3+y)(3-x)=C$；(7) $y=C\sqrt{1+x^2}$；
(8) $\arctan y=\arctan x+C$；(9) $y=Ce^{\arcsin x}$；(10) $10^x+10^{-y}=C$.

2. (1) $y=Ce^{-2x}+\frac{1}{2}$； (2) $y=\frac{1}{2}xe^x-\frac{1}{4}e^x+Ce^{-x}$；
(3) $y=Ce^{\frac{3}{2}x}-\frac{2}{3}$； (4) $y=\frac{1}{x}(C+\sin x)-\cos x$；
(5) $y=(x+C)(1+x)^2$； (6) $y=\frac{2x^2+C}{1+x^2}$；
(7) $y=\left(\frac{1}{2}x^2+C\right)e^{-\sin x}$； (8) $y=\left(\frac{1}{2}x^2+C\right)(x+1)$.

3. (1) $y=\frac{1}{12}x^4+C_1x+C_2$； (2) $y=\frac{1}{4}e^{2x}+C_1x+C_2$；
(3) $y=\frac{1}{2}x^2-x+C_1e^{-x}+C_2$； (4) $y=C_1\ln x+C_2$；
(5) $y=xe^x-e^x+C_1x+C_2$； (6) $y=\frac{1}{3}x^3+C_1x^2+C_2$；
(7) $y=\frac{1}{C_1}(1-C_2e^{-\frac{x}{C_1}})$； (8) $x=\pm\arcsin(y+C_1)+C_2$.

4. （1） $y=\frac{1}{x^2}$ （2） $y=\sin x$

习题 6.3

1. （1） $y=C_1e^x+C_2e^{-2x}$； （2） $y=C_1+C_2e^{4x}$；
（3） $y=(C_1+C_2x)e^x$； （4） $y=C_1\cos x+C_2\sin x$；
（5） $y=(C_1+C_2x)e^{\frac{x}{2}}$； （6） $y=e^{2x}(C_1\cos x+C_2\sin x)$；
（7） $y=e^{3x}(a\cos 4x+b\sin 4x)$； （8） $y=C_1e^{3x}+C_2e^{4x}$.

2. （1）； $y=C_1e^x+C_2e^{-2x}+\left(\frac{1}{2}x^2-\frac{1}{3}x\right)e^x$；
（2） $y=C_1\cos x+C_2\sin x+2(x-1)e^x$；
（3） $y=C_1e^{-x}+C_2e^{3x}+\frac{1}{5}e^{4x}$；
（4） $y=C_1e^x+C_2e^{2x}-\frac{1}{2}(\cos x+\sin x)e^{2x}$；
（5） $y=C_1\cos x+C_2\sin x-2x\cos x$；
（6） $y=e^{2x}(C_1\cos 2x+C_2\sin 2x)+\frac{1}{125}(25x^2+20x-2)e^x$.

3. (1) $y=-e^{4x}+e^{-x}$；(2) $y=e^x-\frac{1}{2}e^{-2x}-x-\frac{1}{2}$.

习题 6.4

1. 40min. 2. $P=10\times 2^{\frac{t}{10}}(\times 10^4\text{m})$.
3. $T=Ce^{-kt}+T_0$（其中 T_0 为空气温度）.
4. $P=100e^{-0.0001157h}$. 5. $y(t)=\frac{1000\times 3^{\frac{t}{3}}}{9+3^{\frac{t}{3}}}$.

第 6 章单元测试

1. （1） 3；（2） 3；（3） $\lambda_1=1$，$\lambda_2=2$；（4） $x^2+y^2=C$；（5） $x(ax+b)e^x$.
2. （1） B；（2） A；（3） C；（4） B；（5） A.
3. （1） $y=Ce^{\arctan x}$；（2） $y=e^{-x^2}(x^2+C)$；（3） $y=C_1e^{-5x}+C_2e^x$；
（4） $y=(C_1+C_2x)e^{2x}+\frac{1}{2}x^2e^{2x}$.

习题 7.1

1. （1） 1，$\frac{3}{5}$，$\frac{4}{10}$，$\frac{5}{17}$，$\frac{6}{26}$. （2） $\frac{1}{2}$，$\frac{1}{12}$，$\frac{1}{40}$，$\frac{1}{112}$，$\frac{1}{288}$.
（3） -1，$\frac{1}{2}$，$-\frac{1}{3}$，$\frac{1}{4}$，$-\frac{1}{5}$. （4） e，$2e^2$，$3e^3$，$4e^4$，$5e^5$.

2. (1) $u_n=\dfrac{n-2}{n+1}$. (2) $u_n=(-1)^{n+1}\dfrac{n+1}{n}$.

(3) $u_n=\dfrac{1}{(n+1)\ln(n+1)}$. (4) $u_n=\dfrac{(-1)^{n-1}a^{n+1}}{n^2+1}$

3. (1) $\lim\limits_{n\to\infty}\sqrt{\dfrac{2n+1}{n}}=\sqrt{2}\neq 0$. (2) 收敛. (3) $\dfrac{1}{2}$.

4. (1) B. (2) D.

5. (1) 发散. (2) 发散. (3) 收敛，$s=2$. (4) 收敛，$s=\dfrac{1}{6}$. (5) 发散.

(6) 发散. (7) 发散. (8) 发散. (9) 收敛，$s=\dfrac{1}{1+\sin 1}$. (10) 收敛，$s=2$.

6. A.

7. (1) 发散. (2) 收敛. (3) 收敛. (4) 发散. (5) 发散. (6) 收敛.

8. (1) 收敛. (2) 发散. (3) 收敛. (4) 发散.

9. (1) 发散. (2) 发散. (3) 发散. (4) 收敛. (5) 收敛.

(6) $0<a<1$，收敛；$a=1$，发散；$a>1$，发散.

10. (1) 绝对收敛. (2) 绝对收敛. (3) 条件收敛. (4) 发散. (5) 绝对收敛.

(6) 条件收敛. (7) 绝对收敛. (8) 绝对收敛.

11. 当 $p>1$ 时，绝对收敛；当 $0<p\leqslant 1$ 时，条件收敛；当 $p\leqslant 0$ 时，发散.

习题 7.2

1. (1) 收敛区间 $(-1,1)$. 收敛域 $[-1,1]$.

(2) 收敛区间和收敛域都是 $(-\sqrt{2},\sqrt{2})$.

(3) 收敛区间和收敛域为 $(-\infty,+\infty)$.

(4) 收敛区间 $(4,6)$，收敛域 $[4,6)$.

(5) 收敛区间和收敛域为 $(-\infty,+\infty)$.

(6) 收敛区间和收敛域为 $\left(\dfrac{8}{3},\dfrac{10}{3}\right)$.

(7) 收敛区间和收敛域为 $(-\sqrt{3},\sqrt{3})$.

(8) 收敛区间为 $\left(-\dfrac{1}{2},\dfrac{1}{2}\right)$，收敛域为 $\left[-\dfrac{1}{2},\dfrac{1}{2}\right]$.

(9) 该幂级数仅在 $x=0$ 处收敛.

2. (1) $s(x)=\dfrac{1}{4}\ln\dfrac{1+x}{1-x}+\arctan x-x,(-1,1)$.

(2) $s(x)=\dfrac{1}{2}\ln\dfrac{1+x}{1-x},(-1,1)$.

(3) $s(x)=\dfrac{2+x^2}{(2-x^2)^2},(-1,1)$；$s(1)=3$.

(4) $s(x)=\frac{1}{(1-x)^2}$, $(-1,1)$; $s\left(\frac{1}{3}\right)=\frac{9}{4}$.

(5) $s(x)=\frac{1-x^2}{(1+x^2)^2}$, $(-1,1)$; $s\left(\frac{1}{2}\right)=\frac{12}{25}$.

3. (1) $\sin 2x=\sum_{n=1}^{\infty}(-1)^n\frac{(2x)^{2n+1}}{(2n+1)!}\quad(-\infty<x<+\infty)$.

(2) $a^x=\sum_{n=1}^{\infty}\frac{(\ln a)^n}{n!}\quad(-\infty<x<+\infty)$.

(3) $\frac{1}{1-x}=\sum_{n=1}^{\infty}x^n\quad(-1<x<1)$.

(4) $\cos 2x=\sum_{n=0}^{\infty}(-1)^n\frac{2^{2n}}{(2n)!}x^{2n}$.

4. (1) $\ln(a+x)=\ln a+\sum_{n=0}^{\infty}(-1)^n\frac{x^{n+1}}{(n+1)a^{n+1}}\quad(-a<x<a)$.

(2) $\sin^2 x=\sum_{n=0}^{\infty}(-1)^n\frac{2^{2n-1}x^{2n}}{(2n)!}\quad(-\infty<x<+\infty)$.

(3) $e^x=\sum_{n=0}^{\infty}\frac{2^n}{n!}x^n\quad(-\infty<x<+\infty)$.

(4) $\ln\frac{1+x}{1-x}=2\left(x+\frac{x^3}{3}+\frac{x^5}{5}+\cdots+\frac{x^{2n-1}}{2n-1}+\cdots\right)\quad(-1<x<1)$.

(5) $\cos^2 x=1+\sum_{n=1}^{\infty}(-1)^n\frac{(2x)^{2n}}{2(2n)!}\quad(-\infty<x<+\infty)$.

5. $xe^x=\sum_{n=0}^{\infty}\frac{x^{n+1}}{n!}\quad(-\infty<x<+\infty)$，当 $x=3$ 时，$\sum_{n=0}^{\infty}\frac{x^{n+1}}{n!}=\sum_{n=0}^{\infty}\frac{3^{n+1}}{n!}=3e^3$.

6. (1) $f(x)$，$\frac{f(x+0)+f(x-0)}{2}$，$\frac{f(-\pi+0)+f(\pi-0)}{2}$.

(2) 奇，偶.

7.

(1)

$f(x)=\frac{\pi}{2}+\sum_{n=1}^{\infty}\frac{2}{n^2\pi}[(-1)^n-1]\cos n\pi=\frac{\pi}{2}-\frac{4}{\pi}\sum_{n=1}^{\infty}\frac{1}{(2k-1)^2}\cos(2k-1)x$

$(-\pi<x<\pi)$.

(2) $f(x)=\frac{2}{\pi}-\frac{1}{\pi}\sum_{n=1}^{\infty}\frac{\cos 2nx}{4n^2-1}\quad(-\pi<x<\pi)$.

(3) $f(x)=\frac{e^\pi-1}{2\pi}+\sum_{n=1}^{\infty}\frac{(-1)^n e^\pi-1}{(n^2+1)\pi}(\cos nx-n\sin x)$

$(-\infty<x<+\infty, x\neq n\pi, n=\pm1,\pm2,\cdots)$.

(4) $f(x)=\pi^2+1+12\sum_{n=1}^{\infty}\frac{(-1)^n}{n^2}\cos nx \quad (-\infty<x<+\infty)$.

(5) $f(x)=\frac{\pi}{2}+\frac{4}{\pi}\sum_{n=1}^{\infty}\frac{\cos(2n-1)x}{(2n-1)^2} \quad (-\infty<x<+\infty)$.

8. (1) 正弦级数

$$x+1=\frac{\pi}{2}\left[(\pi+2)\sin x-\frac{\pi}{2}\sin 2x+\frac{1}{3}(\pi+2)\sin 3x-\frac{\pi}{4}\sin 4x+\cdots\right] \quad (0<x<\pi).$$

余弦级数

$$x+1=\frac{\pi}{2}+1-\frac{4}{\pi}\left(\cos x+\frac{1}{3^2}\cos 3x+\frac{1}{5^2}\cos 5x+\cdots\right) \quad (0<x<\pi).$$

(2) 正弦级数

$$f(x)=\frac{4}{\pi}\sum_{n=1}^{\infty}\left[-\frac{2}{n^3}+(-1)^n\left(\frac{2}{n^3}-\frac{\pi^2}{n}\right)\right]\sin nx \quad (-\pi<x<\pi).$$

余弦函数

$$f(x)=\frac{2}{3}\pi^2+8\sum_{n=1}^{\infty}\frac{(-1)^n}{n^2}\cos nx \quad (-\pi<x<\pi).$$

9. $f(x)=\frac{4}{\pi}\left(\sin x+\frac{1}{3}\sin 3x+\cdots+\frac{1}{2n+1}\sin(2n+1)+\cdots\right) \quad (-1<x<0 \text{ 或 } 0<x<1)$，

当 $x=0$ 和 $x=1$ 时，收敛于 0.

第 7 章单元测试

1. (1) as. (2) 绝对，条件. (3) 收敛，不收敛. (4) $\frac{2}{5}-\frac{2}{5}\left(-\frac{2}{3}\right)^n$，$\frac{2}{5}$.

(5) 正弦，常数，余弦. (6) $f(x)$，$\frac{f(x_0-0)+f(x_0+0)}{2}$.

(7) 1，$(-1,1)$. (8) $x=0$. (9) a_n，b_n.

2. (1) A. (2) D. (3) A. C. (4) C. (5) B. (6) D. (7) A.

3. (1) 发散. (2) 收敛. (3) 发散. (4) 收敛. (5) 收敛. (6) 收敛.

4. (1) 绝对收敛. (2) 条件收敛. (3) 发散. (4) 绝对收敛.

5. (1) 收敛区间 $(-3,3)$，收敛域 $(-3,3]$. (2) 收敛区间和收敛域 $(-\infty,+\infty)$.
(3) 收敛区间 $(4,6)$，收敛域 $[4,6)$. (4) 收敛区间 $(-2,2)$，收敛域 $[-2,2]$.

6. (1) $e^{-x^2}=1-x^2+\frac{x^4}{2!}-\cdots+(-1)^n\frac{x^{2n}}{n!}+\cdots$.

(2) $\sin\frac{x}{2}=\frac{x}{2}-\frac{x^3}{2^3 3!}+\frac{x^5}{2^5 5!}-\cdots+(-1)^{2n-1}\frac{x^{2n-1}}{2^{2n-1}(2n-1)!}+\cdots$.

7. $s(x)\frac{x^2}{(1-x)^2}$，$x\in(-1,1)$. $\sum_{n=1}^{\infty}\frac{n}{5^n}=\frac{5}{16}$.

8. $f(x)=\frac{\pi}{2}+2-\frac{4}{\pi}\left(\cos x+\frac{\cos 3x}{3^2}+\frac{\cos 5x}{5^2}+\cdots\right) \quad (-\infty<x<+\infty)$.